数值优化引论

董云达 主编

黄河水利出版社

内 容 提 要

本书较为系统和全面地阐述了数值优化的基本理论、方法和应用。它主要包括无约束优化方法、约束优化的基本理论和方法、线性规划及其对偶理论和方法。可以作为计算数学专业和运筹学专业的高年级本科生、研究生的教科书，也可作为其他相关专业的科研工作者的参考书。

图书在版编目（CIP）数据

数值优化引论／董云达主编．—郑州：黄河水利出版社，2007.9
ISBN 978-7-80734-258-8

Ⅰ.数… Ⅱ.董… Ⅲ.最优化算法 Ⅳ.0242.23

中国版本图书馆 CIP 数据核字（2007）第 133471 号

出 版 社：黄河水利出版社
地址：河南省郑州市金水路 11 号　　邮政编码：450003
发行单位：黄河水利出版社
发行部电话：0371-66026940　　传真：0371-66022620
E-mail：hhslcbs@126.com
承印单位：黄河水利委员会印刷厂
开本：787 mm × 1 092 mm　1／16
印张：12
字数：274 千字　　印数：1—1 000
版次：2007 年 9 月第 1 版　　印次：2007 年 9 月第 1 次印刷

书号：ISBN 978-7-80734-258-8／O · 22　　定价：22.00 元

前　言

本书较为系统和全面地阐述了数值优化的基本理论、方法和应用。它主要包括无约束优化方法、约束优化的基本理论和方法、线性规划及其对偶理论和方法。

在编写本书的过程中，一些优秀的专著、教材使我们受益不浅。尤其是袁亚湘和孙文瑜的《最优化理论和方法》(1997)，Nocedal 和 Wright 的 Numerical Optimization(1999)以及黄红选和韩继业的《数学规划》(2006)。

本书的特点是内容精炼，深入浅出。在选材上，它涉及了在优化中那些被普遍看好的数值方法以及密切相关的理论基础；在叙述上，它往往从最基本的概念出发，然后用通俗易懂的语言逐步展开，对当前的这些可能最佳的结果予以论述。

本书是由编者集中讨论、分头编写的。董云达编写第 1~3 章，第 9~11 章；左明艳编写第 4 章；黄玲玲编写第 5 章；李成芳编写第 6 章；刘甲玉编写第 7 章；李玉华编写第 8 章；任勤编写第 12~13 章；仝伟编写附录。最后由董云达对全书进行了统一润色和定稿。

由于编者水平有限，加之时间仓促，本书可能存在不妥甚至谬误之处，敬请专家批评指正。

编　者

2007 年 4 月

目 录

第1章 引 言

在人类社会中，优化现象层出不穷。比如，投资方常常设计资金运作方案，以便在可以接受的风险范围内获取最大的投资回报；在生产、销售环节中，管理方往往整合有限的人力、物力和财力资源，以便换来最大的经济效益。

在自然界，优化现象也无处不在。在一个物理系统中，各部分不断演化，使整个系统趋于最小能量状态；在一个化学系统中，分子相互作用，直至它们的电子的总体势能最小。

对于这些现象，如何用数学的方式加以描绘与研究，则是摆在人们面前的课题。

一个可行的解决办法是：适当引入自变量，将它们纳入某个数学模型中，该数学模型应包括两部分：一是用来描述自变量取值范围的，即自变量应满足什么样的约束条件；二是用来描述目标函数的。

如果目标函数以及对应于约束条件的约束函数都是线性的，则称该模型为线性规划；否则，称该模型为非线性规划。

一般来讲，自变量的引入是建立数学模型的关键步骤。自变量的个数不宜太多，否则，它会增加问题的维数；其个数也不宜太少，如果太少的话，则表明一些不宜忽略的因素被漏掉了，所得到的数学模型就会显得过于粗糙。

建立合适的数学模型后，根据目标函数与约束条件的特点，人们就可以用某种优化方法在计算机上给出一个近似的数值解。

如果是线性规划，人们用单纯形法或原始-对偶内点法来解。对于非线性规划，虽然存在不少的通用方法，但它们实际的计算性能往往并不理想，在合理的时间内计算不出结果来，这个时候，需要人们根据经验来判断应选用什么样的专门方法比较好。

一个较好的方法应至少具备下列的标准：①它首先应该是一个收敛的算法，即该方法从某个合适的初始点启动，终止于问题的一个近似解；②它应该具有较快的收敛速度。这要求从迭代开始直到一个满足精度要求的近似解被找到的过程中，需要的迭代次数较少且每次迭代的运算量不大；③它应该具备较好的鲁棒性。这里所说的鲁棒性，是指它解决同类问题中的大多数问题的能力。

值得注意的是，这些标准在实际上可能有所冲突。比如，当一个算法的迭代次数较少时，它每次迭代的平均运算量可能要大些，除了目标函数的估值外，甚至还要求一阶、二阶导数的信息。再如，一个具有较高鲁棒性的算法往往收敛得很慢，如何折中这些冲突，则是数值优化工作者必须面对的一个核心问题。

1.1 优化问题的一般模型

在本书中，优化问题常被写成以下形式：

$$\min \quad f(x) \tag{1.1}$$

$$\text{s.t.} \quad g_i(x) \geqslant 0, \quad i=1,2,\cdots,l \tag{1.2}$$

$$h_j(x)=0, \quad j=1,2,\cdots,m \tag{1.3}$$

式中：自变量 $x \in R^n$ 是 n 维向量；f：$R^n \to \mathbf{R}$ 是目标函数；式(1.2)中的函数 g_i：$R^n \to \mathbf{R}$ 称为不等式约束函数；式(1.3)中的函数 h_j：$R^n \to \mathbf{R}$ 称为等式约束函数。顺便说一下，这里的 min 以及 s.t.分别为 minimize (极小化) 和 subject to(受约束于)的英文缩写。

同时满足式(1.2)与式(1.3)的自变量集合称为上述优化问题的可行域，可行域如果非空的话，其中的任一点称为可行点；否则，称为不可行点。

1.2 优化问题的分类

为了以后叙述的方便，我们现根据目标函数、约束函数的特点将优化问题予以分类。

1.2.1 连续／离散优化

若优化问题式(1.1)～式(1.3)的可行域为 R^n 中有限个不可数的连通集的并集，则称为连续优化。对比之下，离散优化要求自变量的某个分量的可能取值仅为有限个。

本书不打算涉及离散优化，然而，需要指出的是，连续优化方法在离散优化中起着至关重要的作用。比如，离散优化中的分枝定界方法常常将原问题分解成一系列子问题，而其每一个子问题均为连续优化问题。

1.2.2 无约束优化和约束优化

若优化问题式(1.1)～式(1.3)的可行域为 R^n，则称为无约束优化问题；若其可行域不是空集也不是 R^n，则称为约束优化问题。有趣的是，一个约束优化问题常常可以通过一些技巧将它转化为无约束优化问题。因此，无约束优化算法始终在优化领域中发挥着基本的作用。

1.2.3 全局优化和局部优化

对于优化问题式(1.1)～式(1.3)，我们常常可以找到一个可行点 x^*，使得它的某个充分小的邻域内的所有可行点 x 处的目标函数值都不比 $f(x^*)$ 小，则称 x^* 为优化问题式(1.1)～式(1.3)的一个局部极小点。如果对于任意的可行点 x，总有

$$f(x^*) \leqslant f(x)$$

则称 x^* 为优化问题式(1.1)～式(1.3)的一个全局极小点。

一般来说，对于一个优化问题，找一个全局极小点要比找一个局部极小点困难得多。但一个例外是：对于凸规划，即目标函数、约束函数均为凸函数的情形，局部极小点必为全局极小点。比如，线性规划可以看作凸规划的一个特殊情形，从而它的任一局部极小点必为全局极小点。

另外，也可以将优化问题式(1.1)～式(1.3)分为光滑优化和非光滑优化、随机性优化和确定性优化等。

第2章　基本知识

2.1　关于极小点的一些定理

考察下面的无约束优化问题

$$\min_{x \in R^n} f(x) \tag{2.1}$$

式中：f：$R^n \to \mathbf{R}$ 是目标函数。

对于这样的问题，我们的目标是找出它的一个解。为了以后叙述的方便，现给出优化问题的解的定义。

设 $x^* \in R^n$，对于任意的 $x \in R^n$，有

$$f(x^*) \leqslant f(x)$$

我们则称 x^* 是优化问题式(2.1)的一个全局极小点。

与之相对应，我们给出局部极小点的定义。

设 $x^* \in R^n$，$\varepsilon > 0$，$N_\varepsilon(x^*) = \{x : \| x - x^* \| < \varepsilon\}$ 为 x^* 的某个邻域,若对于任意的 $x \in N_\varepsilon(x^*)$，总有

$$f(x^*) \leqslant f(x)$$

我们则称 x^* 是优化问题式(2.1)的一个局部极小点。

设 $x^* \in R^n$，$\varepsilon > 0$，$N_\varepsilon(x^*)$ 为 x 的某个邻域，若对于任意的 $x \in N_\varepsilon(x^*)$，$x \neq x^*$，总有

$$f(x^*) < f(x)$$

我们则称 x^* 是优化问题式(2.1)的一个严格局部极小点。

注意：在上述的定义中，$N_\varepsilon(x^*)$ 是一个开集。

根据上述定义，当目标函数 $f(x)=1$ 时，每一个 x 都是一个局部极小点而不是严格局部极小点；当目标函数 $f(x)=x^2$ 时，$x=0$ 既是一个局部极小点，也是严格局部极小点。

下面，我们讨论 $x^* \in R^n$ 为局部极小点时的一些性质。为此，考察下面的 Taylor 定理。

定理 2.1　设 f：$R^n \to \mathbf{R}$ 是连续可微的，$d \in R^n$。那么，必然存在 $t \in (0,1)$，使得

$$f(x+d) = f(x) + \nabla f(x+td)^{\mathrm{T}} d$$

而且，若 f 是二次连续可微的，必然存在 $t \in (0,1)$，使得

$$\nabla f(x+d) = \nabla f(x) + \int_0^1 \nabla^2 f(x+td) d \, \mathrm{d}t$$

以及

$$f(x+d) = f(x) + \nabla f(x)^{\mathrm{T}} d + \frac{1}{2} d^{\mathrm{T}} \nabla^2 f(x+td) d$$

其中， $\nabla f(x)$, $\nabla^2 f(x)$ **分别称为** $f(x)$ **在点** x **处的梯度、Hesse 阵，且**

$$\nabla f(x)=\begin{pmatrix}\dfrac{\partial f}{\partial x_1}\\ \vdots \\ \dfrac{\partial f}{\partial x_n}\end{pmatrix},\qquad \nabla^2 f(x)=\begin{bmatrix}\dfrac{\partial^2 f}{\partial x_1\partial x_1}\cdots\dfrac{\partial^2 f}{\partial x_1\partial x_n}\\ \vdots \qquad\qquad \vdots \\ \dfrac{\partial^2 f}{\partial x_n\partial x_1}\cdots\dfrac{\partial^2 f}{\partial x_n\partial x_n}\end{bmatrix}$$

定理 2.2　设 x^* **是** $f(x)$ **的一个局部极小点,且** $f(x)$ **在** x^* **的某个开邻域内连续，则**

$$\nabla f(x^*)=0$$

证明：设 $d\in R^n$，由 Taylor 定理，对于任意的 $t>0$，总有

$$f(x^*+td)=f(x^*)+t\,\nabla f(x^*+\theta td)^{\mathrm{T}}d\quad(0<\theta<1)$$

由于 x^* 为局部极小点，$t>0$，则

$$\nabla f(x^*+\theta\, td)^{\mathrm{T}}d\geqslant 0$$

取 $d=-\nabla f(x^*)$，则上面所述之不等式仍应成立，即

$$-\nabla f(x^*-\theta t\,\nabla f(x^*))^{\mathrm{T}}\nabla f(x^*)\geqslant 0$$

令 $t\to 0^+$，则有

$$-\nabla f(x^*)^{\mathrm{T}}\,\nabla f(x^*)\geqslant 0$$

从而必有

$$\nabla f(x^*)=0$$

若 $\nabla f(x^*)=0$，我们则称 x^* 为一个驻点。由定理 2.2 可知，对于连续可微函数 $f(x)$ 来说，它的任意一个局部极小点必为驻点。

下面，我们来讨论二阶必要条件。先回顾以下相关的概念：一个 $n\times n$ 矩阵 $\boldsymbol{A}$ 被称为正定的(正半定的)，如果对于任意的 n 维向量，$x\neq 0$，则总有 $x^{\mathrm{T}}\boldsymbol{A}x>0(x^{\mathrm{T}}\boldsymbol{A}x\geqslant 0)$。

定理 2.3　设 x^* **是** $f(x)$ **的一个局部极小点，** $\nabla^2 f(x)$ **在** x^* **的某个开邻域内连续，则** $\nabla f(x^*)=0$ **且** $\nabla^2 f(x^*)$ **是正半定的。**

证明：由定理 2.2 可知，$\nabla f(x^*)=0$。现在，我们证明 $\nabla^2 f(x^*)$ 是正半定的。事实上，根据 Taylor 定理可知，必然存在 $\delta>0$，使得对于任意的 $\lambda\in(0,\ \delta)$，总有

$$f(x^*+\lambda d)=f(x^*)+\lambda\nabla f(x^*)^{\mathrm{T}}d+\frac{1}{2}\lambda^2 d^{\mathrm{T}}\nabla^2 f(x^*)d+o(\|\lambda d\|^2)$$

既然 $\nabla f(x^*)=0$, $f(x^*+\lambda d)\geqslant f(x^*)$，则我们有

$$\frac{1}{2}\lambda^2 d^{\mathrm{T}}\nabla^2 f(x^*)d+o\,(\|\lambda d\|^2)\geqslant 0$$

两边同时除以 $\frac{1}{2}\lambda^2$，并令 $\lambda\to 0^+$，可得

$$d^{\mathrm{T}}\nabla^2 f(x^*)d\geqslant 0$$

即 $\nabla^2 f(x^*)$ 必是正半定的。

上面，我们讨论了如果可行点 x^* 是 $f(x)$ 的一个局部极小点，那么它应该具备什么样的性质。下面，我们将讨论可行点 x^* 具备哪些条件时，其一定是一个严格局部极小点。

定理 2.4　设 $\nabla^2 f(x)$ 在 x^* 的某个开邻域内连续，$\nabla f(x^*)=0$ 且 $\nabla^2 f(x^*)$ 是正定的，那么 x^* 必是 $f(x)$ 的一个严格局部极小点。

证明：由于 $\nabla^2 f(x)$ 是连续的且在 x^* 处正定，那么必然存在 $r>0$，使得 $\nabla^2 f(x)$ 在 $D=\{z:\|z-x^*\|<r\}$ 内的每一点处仍是正定的。取 $d\in R^n$，$0<\|d\|<r$，则 $x^*+d\in D$。于是

$$f(x^*+d)=f(x^*)+d^{\mathrm{T}}\nabla f(x^*)+\frac{1}{2}d^{\mathrm{T}}\nabla^2 f(x^*+t\,d)d,\qquad 0<t<1$$

既然，$x^*+td\in D$ 意味着 $\nabla^2 f(x^*+t\,d)$ 必为正定的，从而

$$f(x^*+d)>f(x^*)+d^{\mathrm{T}}\nabla f(x^*)=f(x^*)\text{。}$$

注意：定理 2.4 的逆命题不成立。一个简单的例子是：对于 $f(x)=x^4$，显然，$x=0$ 是它的一个严格局部极小点，然而 $\nabla^2 f(0)=(0)$ 却不是正定的。

下面，我们要引入一类重要的函数，它的局部极小点也是全局极小点。若 f：$R^n\to R$ 满足下列不等式：

$$f(\lambda x+(1-\lambda)\;y)\leqslant \lambda f(x)+(1-\lambda)f(y),\quad \forall\lambda\in(0,1),\forall x\text{、}\ y\in R^n$$

则称 $f(x)$ 是 R^n 上的一个凸函数。

需要指出的是，一个凸函数的定义域必须是一个凸集 C，即对于任意的 x，$y\in R^n$，任意的 $\lambda\in(0,1)$，总有

$$x\in C,\ y\in C\quad\Rightarrow\quad \lambda x+(1-\lambda)y\in C$$

现在，我们来证：一个凸函数的局部极小点是全局极小点。

定理 2.5　设 $f(x)$ 是 R^n 上的凸函数，则它的任一局部极小点必是全局极小点。若 $f(x)$ 还是可微的，那么，它的任一驻点必为全局极小点。

证明：设 x^* 是一个局部极小点而不是全局极小点，那么，必然存在 $y\in R^n$，使得 $f(x^*)>f(y)$，于是由 $f(x)$的凸性可知，

$$f(\lambda y+(1-\lambda)x^*)\leqslant\lambda f(y)+(1-\lambda)f(x^*)<f(x^*),\qquad 0<\lambda<1$$

当 λ 充分小时，$\lambda y+(1-\lambda)x^*$ 充分接近于 x^*。这表明，我们总可以在 x^* 的任一邻域内找到一点 $\lambda y+(1-\lambda)x^*$，使得它的函数值严格小于 $f(x^*)$，这与 x^* 是局部极小点是矛盾的。

接下来，我们证明该定理的第二部分。若 x^* 不是全局极小点，且 y 如上所取，那么，由 $f(x)$ 的凸性可知，

$$\nabla f(x^*)^{\mathrm{T}}(y-x^*)=\left.\frac{\mathrm{d}\, f(x^*+\lambda(y-x^*))}{\mathrm{d}\lambda}\right|_{\lambda=0}$$

$$=\lim_{\lambda\downarrow 0}\frac{f(x^*+\lambda(y-x^*))-f(x^*)}{\lambda}$$

$$=\lim_{\lambda\downarrow 0}\frac{\lambda f(y)+(1-\lambda)f(x^*)-f(x^*)}{\lambda}$$

$$=f(y)-f(x^*)<0$$

因而，$\nabla f(x^*)\neq 0$。于是，x^*不可能是驻点。

2.2 算法的一般性描述

对于优化问题式(2.1)，如何找出它的一个近似迭代解呢？

我们可以采取逐步逼近的策略。首先，我们选取一个适当的初始点 x^*，然后，找出下一个迭代点 x^1，x^1应具有 $x^1=x^0+\lambda_0 d^0$ 的形式。其中 $\lambda_0>0$，$d^0\in R^n$，并且目标函数值

$$f(x^0+\lambda_0 d^0)<f(x^0)$$

有足够的下降量。不断重复上边的过程，直到当前的迭代点 x^k 满足某个精度准则，在此情况下我们停止迭代，当前迭代点即为满足精度要求的近似解。

下面，介绍几个相关的概念。

设 f：$R^n\to\mathbf{R}$, $d\in R^n$, $\lambda'>0$。若对于任意的 $\lambda\in(0,\lambda')$，总有

$$f(x+\lambda d)<f(x)$$

则称 d 为 $f(x)$ 在 x 点处的一个下降方向，相关系数 $\lambda>0$ 称为一个步长。

基于这些概念，我们来正式描述一般的算法框架。

(1)选取适当初始点 $x^0\in R^n$, $\varepsilon>0$, $k:=0$；

(2)对于当前迭代点 x^k，给出 $f(x)$ 在 x^k 处的一个下降方向，并给出一个适当的步长 λ_k。

(3)检验 x^k 是否满足停止准则

$$a(x^k)\leqslant\varepsilon$$

若满足，停止迭代，x^k 即为所要找的一个近似解。否则，令 $k:=k+1$，转入第(2)步。

注意：适当选取步长需要一定的技巧。从直觉上讲，我们可以通过解

$$\min_{\lambda\geqslant 0}\ f(x^k+\lambda d^k) \tag{2.2}$$

来确定步长 λ_k。这样做的好处是目标函数值在迭代后达到了最大下降量，这种步长技巧为精确线搜索法，它的主要缺点是求解优化问题式(2.2)本身往往很难。作为另一种选择，我们可以考虑用不精确线搜索法，比如 Armijo 步长技巧，这一点将在后面作较详细的讨论。

对于停止准则，选择方式应根据目标函数的特点而定。比如，当它是可微的时候，我们可以取 $a(x)=\|\nabla f(x)\|$。

下面，我们重点讨论一下如何确定 $f(x)$ 在当前迭代点 x^k 处的一个下降方向，这是算法设计的一个重要环节。它在很大程度上决定了一个算法的优劣。

如果 $f(x)$ 是可微的，且它在当前迭代点 x^k 处的梯度 $\nabla f(x^k)$ 不为零向量，则负梯度 $-\nabla f(x^k)$ 可以作为一个下降方向。为了说明其中的道理，我们考虑 $f(x)$ 在 x^k 处的一阶 Taylor 展开式，即

$$f(x^k+\lambda d)=f(x^k)+\lambda\nabla f(x^k)^{\mathrm{T}}d+o(\|\lambda d\|)$$

$$=f(x^k)+\lambda\ \|\nabla f(x^k)\|\,\|d\|\ \cos\theta+o(\|\lambda d\|),\lambda>0$$

其中，θ 为 $\nabla f(x^k)$ 与 d 之间的夹角。显然，

$$d=-\frac{\nabla f(x^k)}{\|\nabla f(x^k)\|}$$

在所有的单位向量中，使 $\nabla f(x^k)^{\mathrm{T}}d$ 达到了极值。因此，负梯度 $-\nabla f(x^k)$ 称为最速下降方向。

利用 Taylor 一阶展开式，我们构造了 $f(x)$ 在 x^k 处的一个下降方向——最速下降方向。现在，我们利用 Taylor 二阶展开式来构造它在 x^k 处的另一类重要的下降方向。为此，考虑

$$f(x^k+d)=f(x^k)+\nabla f(x^k)^{\mathrm{T}}d+\frac{1}{2}d^{\mathrm{T}}\nabla^2 f(x^k)d+o(\|d\|^2)$$

这里，我们假设 $\nabla^2 f(x^k)$ 存在并且是正定的，将上式右边前 3 项极小化，便可得到

$$d^k=-\left[\nabla^2 f(x^k)\right]^{-1}\nabla f(x^k)\text{。}$$

由定义，可以验证 d^k 为 $f(x)$ 在 x^k 处的一个下降方向，它往往称作 $f(x)$ 在 x^k 处的 Newton 方向。

与最速下降方向相比，Newton 方向有一个潜在的优势：取 x^k+d^k 作为下一个迭代点，仅需较少的迭代次数便可高精度地逼近问题的最优解，这是因为它利用了 Hesse 阵所提供的曲率信息的缘故。而 Newton 方向的主要缺点在于：它要求 Hesse 阵的估值。一般来说，高精度地计算这样一个 Hesse 阵需要大量的运算，过程往往相当麻烦。

既然如此，人们期望找到一个不利用 Hesse 阵的下降方向，且仍能使算法保持类似的较快收敛性的方法。

下面将要提到的拟 Newton 方向便是这样一类理想的下降方向。它不直接使用包含二阶导数信息的 Hesse 阵，而是利用一阶导数的信息来巧妙逼近它。

事实上，由 Taylor 定理可知

$$\nabla f(x+d)=\nabla f(x)+\nabla^2 f(x+d)d+\int_0^1[\nabla^2 f(x+td)-\nabla^2 f(x+d)]d\,\mathrm{d}t \tag{2.3}$$

显然，如果 $\nabla^2 f(x)$ 是在 R^n 上 Lipschitz 连续的，即存在一个 $L>0$，使得对于任意的 x、$y\in R^n$，总有

$$\|\nabla^2 f(x)-\nabla^2 f(y)\| \leqslant L\|x-y\|$$

那么，由式(2.3)可以得到

$$\nabla f(x+d)=\nabla f(x)+\nabla^2 f(x+d)d+o(\|d\|)$$

取 $x := x^k$，$d := x^{k+1}-x^k$，我们有

$$\nabla f(x^{k+1})=\nabla f(x^k)+\nabla^2 f(x^{k+1})(x^{k+1}-x^k)+o(\|x^{k+1}-x^k\|)$$

当 x^k 、 x^{k+1} 都充分接近解 x^* 时，便可得到

$$\nabla^2 f(x^{k+1})(x^{k+1}-x^k) \approx \nabla f(x^{k+1})-\nabla f(x^k) \tag{2.4}$$

现在，我们可以考虑，相应的拟 Newton 方程(也称作割线方程)，

$$\boldsymbol{B}_{k+1}s_k = y_k$$

其中，$\boldsymbol{B}_{k+1}$ 为对称矩阵；$s_k = x^{k+1}-x^k$；$y_k=\nabla f(x^{k+1})-\nabla f(x^k)$。 (2.5)

显而易见，$\boldsymbol{B}_{k+1}$ 模拟了 $\nabla^2 f(x^{k+1})$ 的性质，可以看作它的一个近似表示。考虑到理论上的 Hesse 阵 $\nabla^2 f(x^{k+1})$ 是对称的，我们也要求 $\boldsymbol{B}_{k+1}$ 对称。另外，我们还要求 $\boldsymbol{B}_{k+1}-\boldsymbol{B}_k$ 具有较低的秩。至于 $\boldsymbol{B}_0$，可以取为单位阵。这样，我们便得到了拟 Newton 方向的一种选择

$$d^k = -\boldsymbol{B}_k^{-1}\nabla f(x^k)$$

有点令人不满意的是，它出现了 $\boldsymbol{B}_k$ 的求逆运算。事实上，这一点是可以避免的，详细的讨论可参见第 8 章。

在讨论算法时，我们常常提到收敛率的概念，它是反映算法收敛快慢的一个指标。收敛率的类型有若干种，下面我们给出几种常见的形式。

设 $\{x^k\}$ 是 R^n 中收敛于 $x^* \in R^n$ 的一个序列。若存在一个常数 $\theta \in (0,1)$，使得

$$\frac{\|x^{k+1}-x^*\|}{\|x^k-x^*\|} \leqslant \theta$$

对于所有充分大的 k 都成立，我们称序列 $\{x^k\}$ 比式线性收敛于 x^*。

比如，取 $x^k=0.5^k$，$k=0,1,\cdots$，则序列 $\{x^k\}$ 比式线性收敛于 0。

如果进一步有

$$\lim_{k\to+\infty}\frac{\|x^{k+1}-x^*\|}{\|x^k-x^*\|}=0$$

我们称序列 $\{x^k\}$ 比式超线性收敛于 x^*。

比如，取 $x^k=k^{-k}$，则

$$\frac{|x^{k+1}-0|}{|x^k-0|}=\frac{|(k+1)^{-k-1}-0|}{|k^{-k}-0|}=\frac{1}{k+1}\cdot\frac{1}{(1+\frac{1}{k})^k}$$

两边取极限，可得

$$\lim_{k\to+\infty}\frac{|x^{k+1}-0|}{|x^k-0|}=\lim\frac{1}{k+1}\cdot\frac{1}{\lim(1+\frac{1}{k})^k}=0\cdot e^{-1}=0$$

这表明，序列$\{x^k\}$比式超线性收敛于 0。

一个更快的收敛率为比式二次收敛：序列$\{x^k\}$收敛于x^*，且存在一个正数 M(未必小于 1)，使得对于充分大的k，总有

$$\frac{\|x^{k+1}-x^*\|}{\|x^k-x^*\|^2}\leqslant M$$

从本质上讲，对于一个序列而言，超线性收敛比线性收敛快而比二次收敛慢。

下面，我们讨论根式收敛的概念，若存在一个比式线性收敛于 0 的序列$\{v_k\}$，使得

$$\|x^k-x^*\|\leqslant v_k,\quad k=0,1,\cdots$$

我们则称序列$\{x^k\}$根式线性收敛于x^*。

比如，序列

$$x^k=\begin{cases}0.5^k, & k\text{为偶数}\\ 0, & k\text{为奇数}\end{cases}$$

根式线性收敛于 0。

类似地，我们还可以定义序列的根式超线性收敛等。

第3章　线搜索方法

顾名思义，线搜索方法是指确定了搜索方向 d 后，沿其寻找下一个迭代点的方法。

下面，我们讨论这样一个问题：若目标函数 $f(x)$是可微的，那么在什么样的条件下，d 是 $f(x)$在 x 处的一个下降方向？

定理 3.1　设 f：$R^n \to \mathbf{R}$ 在 x 处可微，若存在 $d \in R^n$，使得

$$\nabla f(x)^{\mathrm{T}} d < 0$$

则 d 必为 $f(x)$在 x 处的一个下降方向。

证明：由 Taylor 定理，对于任意的 $\lambda>0$，我们有

$$f(x+\lambda d) = f(x) + \lambda \nabla f(x)^{\mathrm{T}} d + o(\|\lambda d\|)$$

既然 $\lambda \nabla f(x)^{\mathrm{T}} d < 0$，从而必然存在 $\delta>0$，使得当 $\lambda \in (0, \delta)$时，

$$\nabla f(x)^{\mathrm{T}} d + \frac{o(\|\lambda d\|)}{\lambda} < 0$$

于是

$$f(x+\lambda d) = f(x) + \lambda(\nabla f(x)^{\mathrm{T}} d + \frac{o(\|\lambda d\|)}{\lambda}) < f(x)$$

根据定义，d 为 $f(x)$在 x 处的一个下降方向。

显然，在一个算法中，若 x^k 不是可微函数 $f(x)$ 的一个驻点，即 $\nabla f(x^k) \neq 0$，则对于任意的正定阵 $\boldsymbol{B}_k$ 来说，

$$d^k = -\boldsymbol{B}_k^{-1} \nabla f(x^k)$$

均可作为 $f(x)$ 在 x^k 处的一个下降方向。原因是

$$\nabla f(x^k)^{\mathrm{T}} d^k = -\nabla f(x^k)^{\mathrm{T}} \boldsymbol{B}_k^{-1} \nabla f(x^k) < 0 \text{。}$$

对于一个算法而言，一旦下降方向确定后，我们便可以沿其搜索下一个迭代点 x^{k+1}。从直觉上讲，我们期望

$$x^{k+1} := x^k + \alpha_k d^k = \underset{\alpha>0}{\arg\min}\, f(x^k + \alpha d^k)$$

其中，argmin 表示极小点。

从理论上讲，这样做的好处是：它可以使目标函数值得到最大限度的下降量。然而，从计算角度分析的话，它需要目标函数，甚至其梯度的多次估值。由此看来，用这样精确线搜索的方式确定步长 α_k 并非一种理想的选择。

实际上，在一个算法中，人们常常利用不精确线搜索的方式来确定步长 α_k，这样的

步长一般被称为可接受步长，因为它使目标函数值有足够的下降量。

一般来讲，它要求 α_k 满足下面的关系

$$f(x^k+\alpha_k d^k)\leqslant f(x^k)+c_1\alpha_k\nabla f(x^k)^{\mathrm{T}}d^k,\quad 0<c_1<1/2$$

该不等式称为 Armijo 条件。其中，c_1 是个取得很小的正数，比如，$c_1=10^{-3}$。

显然，用 Armijo 条件所确定的步长 α_k 而得到的一个迭代点

$$x^{k+1}:=x^k+\alpha_k d^k$$

的目标函数值的下降量与 α_k 及 $\nabla f(x^k)^{\mathrm{T}}d^k$ 成正比。

注意：有时候用 Armijo 条件所确定的步长可能很小，这就导致目标函数值下降的量不够理想，因此人们采用下面的 Wolfe 条件

$$f(x^k+\alpha_k d^k)\leqslant f(x^k)+c_1\alpha_k\nabla f(x^k)^{\mathrm{T}}d^k,$$

$$\nabla f(x^k+\alpha_k d^k)^{\mathrm{T}}d^k\geqslant c_2\nabla f(x^k)^{\mathrm{T}}d^k,$$

其中，$0<c_1<c_2<1$。

在 Wolfe 条件中，第二个不等式有着较为明显的几何意义。实际上，记 $\phi(\alpha)=f(x^k+\alpha d^k)$，则

$$\phi'(\alpha_k)=\frac{\mathrm{d}f(x^k+\alpha d^k)}{\mathrm{d}\alpha}\Big|_{\alpha=\alpha_k}=\nabla f(x^k+\alpha_k d^k)^{\mathrm{T}}d^k$$

$$\phi'(0)=\frac{\mathrm{d}f(x^k+\alpha d^k)}{\mathrm{d}\alpha}\Big|_{\alpha=0}=\nabla f(x^k)^{\mathrm{T}}d^k$$

这表明，Wolfe 条件要求 $f(x^k+\alpha d^k)$ 在 $\alpha=\alpha_k$ 处的斜率应不小于它在 $\alpha=0$ 处的斜率的 c_2 倍，这足以保证 α_k 不会选取得特别小。

下面的定理讨论了满足 Wolfe 条件的步长的存在性。

定理 3.2　设 f: $R^n\to\mathbf{R}$ 是连续可微的。d^k 是 $f(x)$ 在 x^k 处的一个下降方向，$f(x)$ 沿射线 $\{x^k+\alpha d^k:\alpha>0\}$ 有下界。那么，若 $0<c_1<c_2<1$，则必然存在满足 Wolfe 条件的步长。

证明：设

$$\varphi(\alpha)=f(x^k+\alpha d^k)-[f(x^k)+c_1\alpha\nabla f(x^k)^{\mathrm{T}}d^k]。$$

则由 Taylor 定理，得

$$\begin{aligned}\varphi(\alpha)&=f(x^k)+\alpha\nabla f(x^k)^{\mathrm{T}}d^k+o(\|\alpha d^k\|)-[f(x^k)+c_1\alpha\nabla f(x^k)^{\mathrm{T}}d^k]\\&=(1-c_1)\alpha\nabla f(x^k)^{\mathrm{T}}d^k+o(\|\alpha d^k\|)\end{aligned}$$

所以，当 $\nabla f(x^k)^{\mathrm{T}}d^k<0$ 时，必然存在 $\delta>0$，使得只要 $\alpha\in(0,2\delta)$，就有 $\varphi(\alpha)<0$。特别地，$\varphi(\delta)<0$。

另一方面，既然 $f(x^k+\alpha d^k)$ 有下界，从而当 $\alpha\to+\infty$ 时，$\varphi(\alpha)\to+\infty$。由连续函数

的性质可知，必然存在一点 $p\in(\delta,\ +\infty)$，使得 $\varphi(p)=0$。

设 α' 是 φ 在 $(0,+\infty)$ 上的最小零点，则由上面讨论可知，当 $\alpha\in(0,\alpha')$ 时，

$$f(x^k+\alpha d^k)\leqslant f(x^k)+c_1\alpha\nabla f(x^k)^{\mathrm T}d^k$$

且

$$f(x^k+\alpha' d^k)=f(x^k)+c_1\alpha'\nabla f(x^k)^{\mathrm T}d^k$$

由中值定理可知，存在 $\alpha''\in(0,\alpha')$，使得

$$f(x^k+\alpha' d^k)=f(x^k)+\alpha'\nabla f(x^k+\alpha'' d^k)^{\mathrm T}d^k$$

这样，综合上面两个式子，当 $0<c_1<c_1<1$ 时，我们有

$$\nabla f(x^k+\alpha'' d^k)^{\mathrm T}d^k=c_1\nabla f(x^k)^{\mathrm T}d^k>c_2\nabla f(x^k)^{\mathrm T}d^k$$

注意后面的不等式用到了条件 $\nabla f(x^k)^{\mathrm T}d^k<0$。

综上所述，α'' 满足 Wolfe 条件。

与 Wolfe 条件相似，下面的 Goldstein 条件

$$f(x^k)+(1-c)\alpha_k\nabla f(x^k)^{\mathrm T}d^k\leqslant f(x^k+\alpha_k d^k)\leqslant f(x^k)+c\alpha_k\nabla f(x^k)^{\mathrm T}d^k,\quad 0<c<1/2$$

也能保证目标函数值(右边不等式)有足够的下降量且 α_k (左边不等式)不至于太小。

Goldstein 条件常用于 Newton 型方法而不适用于拟 Newton 法。这里，我们讨论一下确定步长的后退技巧。

考察 Armijo 条件：α_k 应满足

$$f(x^k+\alpha d^k)\leqslant f(x^k)\ +c\alpha\nabla f(x^k)^{\mathrm T}d,\quad 0<c<1/2$$

α_k 可以由下面的方式确定：先任取一个正数 $\bar\alpha$，如果 $\bar\alpha$ 满足上式，则 $\alpha_k=\bar\alpha$；否则，检验 $\bar\alpha/2$ 是否满足上式，如果满足，则 $\alpha_k=\bar\alpha/2$；否则，检验 $\bar\alpha/4$，…。经过有限次的检验后，我们一定能找到一个正整数 i，使得：

(1) $\dfrac{\bar\alpha}{2^{i-1}}$ 不满足 Armijo 条件；

(2) $\dfrac{\bar\alpha}{2^{i}},\dfrac{\bar\alpha}{2^{i+1}},\ldots$，均满足 Armijo 条件。

这样，我们可以取 $\alpha_k=\dfrac{\bar\alpha}{2^i}$。其好处是：这样取到的 α_k 是所有形如

$$\bar\alpha,\ \frac{\bar\alpha}{2},\ \frac{\bar\alpha}{4},\ \cdots,\ \frac{\bar\alpha}{2^i},\ \cdots$$

的待选步长中能够满足 Armijo 条件的最大的一个，从而保证 α_k 不至于太小。因此，一旦利用这种后退技巧，Wolfe 条件中的第 2 个不等式就可以不予考虑了。

与 Goldstein 条件一样，这种确定步长的后退技巧常用于 Newton 型方法而不适用于

拟 Newton 法等。

3.1 线搜索方法的收敛性

下面的定理归功于 Zoutendijk，它在后面几个方法的收敛性分析中起着基本的作用。

定理 3.3　设 f：$R^n \to \mathbf{R}$ 是有下界的连续可微函数，且存在一个正数 $L>0$，使得

$$\|\nabla f(x)-\nabla f(y)\| \leqslant L\|x-y\|, \quad \forall x、y \in R^n$$

对于算法

$$x^{k+1}=x^k+\alpha_k d^k$$

而言，若 α_k 满足 Wolfe 条件，则所产生的序列 $\{x^k\}$ 满足

$$\lim_{k\to+\infty}\frac{\nabla f(x^k)^{\mathrm{T}} d^k}{\|d^k\|}=0 \text{。}$$

证明：由 Wolfe 条件可知

$$[\nabla f(x^{k+1})-\nabla f(x^k)]^{\mathrm{T}} d^k=[\nabla f(x^k+\alpha_k d^k)-\nabla f(x^k)]^{\mathrm{T}} d^k \geqslant (c_2-1)\nabla f(x^k)^{\mathrm{T}} d^k \text{。}$$

而由题设条件，可得

$$[\nabla f(x^{k+1})-\nabla f(x^k)]^{\mathrm{T}} d^k \leqslant \|\nabla f(x^{k+1})-\nabla f(x^k)\|\|d^k\| \leqslant \alpha_k L\|d^k\|^2$$

结合上述两个不等式，可得

$$\alpha_k \geqslant \frac{c_2-1}{L}\cdot\frac{\nabla f(x^k)^{\mathrm{T}} d^k}{\|d^k\|^2}$$

再由 Wolfe 条件，即可得到

$$f(x^{k+1}) \leqslant f(x^k)-c_1\frac{1-c_2}{L}\cdot\frac{(\nabla f(x^k)^{\mathrm{T}} d^k)^2}{\|d^k\|^2}$$

由此可以进一步得到

$$c_1\frac{1-c_2}{L}\sum_{i=0}^{k}\frac{(\nabla f(x^i)^{\mathrm{T}} d^i)^2}{\|d^i\|^2} \leqslant f(x^0)-f(x^{k+1})$$

既然 f 是有下界的，且 $1-c_2>0$，那么

$$\sum_{i=0}^{+\infty}\frac{(\nabla f(x^i)^{\mathrm{T}} d^i)^2}{\|d^i\|^2}<+\infty$$

从而

$$\lim_{k\to+\infty}\frac{\nabla f(x^k)^{\mathrm{T}} d^k}{\|d^k\|}=0$$

注意：如果将定理中的 Wolfe 条件换成 Goldstein 条件，结论仍然成立。另外，如果我们取负梯度方向作为下降方向，即 $d^k=-\nabla f(x^k)$，则容易得到

$$\lim_{k\to+\infty} \|\nabla f(x^k)\| = 0$$

值得指出的是，这里我们仅能进一步证明：$\{x^k\}$的极限若存在，则它必是 $f(x)$ 的一个驻点，而不能证明它必然是一个局部极小点。

3.2 收敛率

下面我们讨论几种基本线搜索方法的收敛速度。首先，我们考察最速下降法。

假设目标函数是正定二次函数，即

$$f(x)=\frac{1}{2}x^{\mathrm T}\boldsymbol{Q}x-b^{\mathrm T}x$$

其中，$\boldsymbol{Q}$ 是对称正定阵。

显然，梯度 $\nabla f(x)=\boldsymbol{Q}x-b$，唯一的极小点 x^*满足 $\nabla f(x^*)=0$，即 $\boldsymbol{Q}x^*=b$。

若当前迭代点 x^k 不是极小点 x^*，则 $d^k=-\nabla f(x^k)$ 可以作为 $f(x)$ 在 x^k 处的一个下降方向，沿其进行精确线搜索，则可确定步长 α_k，即 α_k 应满足

$$\begin{aligned}f(x^k-\alpha_k\nabla f(x^k))&=\min_{\alpha>0} f(x^k-\alpha\nabla f(x^k))\\&=\min_{\alpha>0}\frac{1}{2}(x^k-\alpha\nabla f(x^k))^{\mathrm T}\boldsymbol{Q}(x^k-\alpha\nabla f(x^k))-b^{\mathrm T}(x^k-\alpha\nabla f(x^k))\end{aligned}$$

微分可得最优步长 α_k 为

$$\alpha_k=\frac{\nabla f(x^k)^{\mathrm T}\nabla f(x^k)}{\nabla f(x^k)^{\mathrm T}\boldsymbol{Q}\nabla f(x^k)}。$$

这样，最速下降法的迭代格式可以写成

$$x^{k+1}=x^k+\alpha_k d^k=x^k-\frac{\nabla f(x^k)^{\mathrm T}\nabla f(x^k)}{\nabla f(x^k)^{\mathrm T}\boldsymbol{Q}\nabla f(x^k)}\nabla f(x^k)$$

再考虑到 $x^{k+1}=x^k-\alpha_k\nabla f(x^k)$ 以及

$$\begin{aligned}\|x^k-x^*\|_Q^2&=(x^k-x^*)^{\mathrm T}\boldsymbol{Q}(x^k-x^*)=(\boldsymbol{Q}x^k-\boldsymbol{Q}x^*)^{\mathrm T}\boldsymbol{Q}^{-1}(\boldsymbol{Q}x^k-\boldsymbol{Q}x^*)\\&=(\boldsymbol{Q}x^k-b)^{\mathrm T}\boldsymbol{Q}^{-1}(\boldsymbol{Q}x^k-b)=\nabla f(x^k)^{\mathrm T}\boldsymbol{Q}^{-1}\nabla f(x^k)\end{aligned}$$

可得

$$\begin{aligned}\frac{\|x^k-x^*\|_Q^2-\|x^{k+1}-x^*\|_Q^2}{\|x^k-x^*\|_Q^2}&=\frac{\|x^k-x^*\|_Q^2-\|x^k-x^*-\alpha_k\nabla f(x^k)\|_Q^2}{\|x^k-x^*\|_Q^2}\\&=\frac{2\alpha_k\nabla f(x^k)^{\mathrm T}\nabla f(x^k)-\alpha_k^2\nabla f(x^k)^{\mathrm T}\boldsymbol{Q}\nabla f(x^k)}{\nabla f(x^k)^{\mathrm T}\boldsymbol{Q}^{-1}\nabla f(x^k)}\end{aligned}$$

$$=\frac{(\nabla f(x^k)^{\mathrm{T}}\nabla f(x^k))^2}{(\nabla f(x^k)^{\mathrm{T}}\boldsymbol{Q}\nabla f(x^k))(\nabla f(x^k)^{\mathrm{T}}\boldsymbol{Q}^{-1}\nabla f(x^k))}$$

由 Kantorovich 不等式(参见附录 B)

$$\frac{(x^{\mathrm{T}}x)^2}{(x^{\mathrm{T}}\boldsymbol{Q}x)(x^{\mathrm{T}}\boldsymbol{Q}^{-1}x)}\geqslant\frac{4\lambda_1\lambda_n}{(\lambda_1+\lambda_n)^2}$$

其中，λ_1 和 λ_n 分别是 $n\times n$ 正定矩阵 $\boldsymbol{Q}$ 的最小和最大特征值，$x\in R^n$ 是任意的向量，可以进一步得到

$$\|x^{k+1}-x^*\|_Q^2\leqslant(1-\frac{4\lambda_1\lambda_n}{(\lambda_1+\lambda_n)^2})\|x^k-x^*\|_Q^2=(\frac{\lambda_n-\lambda_1}{\lambda_n+\lambda_1})^2\|x^k-x^*\|_Q^2$$

这个关系式表明：在椭球模的意义下，序列 $\{\|x^k-x^*\|\}$ 线性收敛于 0。并且，条件数 λ_n/λ_1 越接近于 1，收敛速度越快。

当目标函数是一般的非线性函数时，最速下降法有下面的收敛性结论。

定理 3.4　设 f: $R^n\to\mathbf{R}$ 是二次连续可微的，且存在两个正数 $0<m\leqslant M$，使得对于任意的 $d\in R^n$, $\nabla^2 f(x)$ 满足下列性质

$$m\|d\|^2\leqslant d^{\mathrm{T}}\nabla^2 f(x)d\leqslant M\|d\|^2,\quad\forall x\in R^n$$

那么，精确线搜索最速下降法产生的序列 $\{x^k\}$ 必然满足下面的不等式

$$\frac{f(x^{k+1})-f(x^*)}{f(x^k)-f(x^*)}=\gamma_k$$

并且

$$\limsup_{k\to+\infty}\gamma_k\leqslant 1-\frac{m}{M}<1$$

证明：根据 Taylor 定理及 $\nabla^2 f(x)$ 的性质，我们有

$$f(x)-f(x^k)\leqslant\nabla f(x^k)^{\mathrm{T}}(x-x^k)+\frac{1}{2}M\|x-x^k\|^2$$

将 $x=x^k-\alpha\nabla f(x^k)$ 代入上式可得

$$f(x^k-\alpha\nabla f(x^k))-f(x^k)\leqslant-\alpha(1-\frac{M}{2}\alpha)\|\nabla f(x)\|^2$$

令上式左边的 $\alpha=\alpha_k$，右边的 $\alpha=1/M$，上面的不等式仍成立，从而有

$$f(x^{k+1})-f(x^k)\leqslant-\frac{1}{2M}\|\nabla f(x^k)\|^2\tag{3.1}$$

由这个关系式立即可得

$$\gamma_k\leqslant 1-\frac{\|\nabla f(x^k)\|^2}{2M[f(x^k)-f(x^*)]}\tag{3.2}$$

令 $(x^k - x^*) / \| x^k - x^* \| \to d$，则当 x^k 离 x^* 充分近时，我们有

$$\| \nabla f(x^k) \|^2 = \| x^k - x^* \|^2 [\| \nabla^2 f(x^*) d \|^2 + o(1)]$$

$$f(x^k) - f(x^*) = \frac{1}{2} \| x^k - x^* \|^2 [d^{\mathrm{T}} \nabla^2 f(x^*) d + o(1)]$$

利用这两个关系式可知，下面的不等式成立

$$\liminf_{k \to +\infty} \frac{\| \nabla f(x^k) \|^2}{f(x^k) - f(x^*)} = 2 \frac{\| \nabla^2 f(x^*) d \|^2}{d^{\mathrm{T}} \nabla^2 f(x^*) d} \geqslant 2m$$

这样，由上式和式(3.2)可知命题成立。

实际上，对于最速下降法的收敛行为，我们还可以得到一个更好的结果。

定理 3.5　设 f：$R^n \to \mathbf{R}$ 是二次连续可微的，Hesse 阵 $\nabla^2 f(x)$ 在 $f(x)$ 的极小点 x^* 的特征值分别为 $0 < \lambda_1 \leqslant \cdots \leqslant \lambda_n$，则精确线搜索最速下降法产生的序列 $\{x^k\}$ 满足

$$f(x^{k+1}) - f(x^*) \leqslant \left(\frac{\lambda_n - \lambda_1}{\lambda_n + \lambda_1}\right)^2 [f(x^k) - f(x^*)]$$

这个定理告诉我们：对于最速下降法，既使采用精确线搜索技巧，也不可能收敛得很快。比如，如果 $\lambda_n / \lambda_1 = 800$, $f(x^1) = 1$ 及 $f(x^*) = 0$。那么，经过 1 000 次迭代后，目标函数值才能由初始值 1 下降至 0.08。

下面我们讨论 Newton 法所产生的序列趋于目标函数极小点 x^* 的速度。

考虑到在 Newton 方向中

$$d^k = -[\nabla^2 f(x^k)]^{-1} \nabla f(x^k)$$

$\nabla^2 f(x^k)$ 未必是可逆的，既使是可逆的，也未必是正定的，因此不能保证 d^k 一定提供了一个下降方向，即

$$\nabla f(x^k)^{\mathrm{T}} d^k < 0$$

未必成立。

基于这样的考虑，我们假定：① $\nabla^2 f(x^*)$ 是正定的；②所有的 x^k 离 x^* 都充分近，即保证所有的 $\nabla^2 f(x^k)$ 正定。这样，所有的 Newton 方向都是有定义的，在下面的定理中，所有步长 α_k 总取为 1。

定理 3.6　设 $f: R^n \to \mathbf{R}$ 是二次连续可微的，Hesse 阵 $\nabla^2 f(x)$ 是 Lipschitz 连续的，即存在一个正数 $L > 0$，使得对于任意的 $x, y \in R^n$，总有

$$\| \nabla^2 f(x) - \nabla^2 f(y) \| \leqslant L \| x - y \|$$

且 $\nabla^2 f(x^*)$ 是正定的，那么由 Newton 法

$$x^{k+1} = x^k + d^k = x^k - [\nabla^2 f(x^k)]^{-1} \nabla f(x^k)$$

所产生的序列 $\{x^k\}$ 满足：

(1)若初始点 x^0 离 x^* 充分近，则迭代序列 $\{x^k\}$ 收敛于 x^*；

(2)点列$\{x^k\}$具有二次收敛性；

(3)梯度模序列$\{\|\nabla f(x^k)\|\}$二次收敛于 0。

证明：首先，由 $\nabla f(x^*)=0$ 及 Newton 法迭代公式，可得

$$x^{k+1}-x^*=x^k-[\nabla^2 f(x^k)]^{-1}\nabla f(x^k)-x^*$$

$$=[\nabla^2 f(x^k)]^{-1}[\nabla^2 f(x^k)(x^k-x^*)-(\nabla f(x^k)-\nabla f(x^*))]$$

因为由 Taylor 定理可知

$$\nabla f(x^k)-\nabla f(x^*)=\int_0^1 \nabla^2 f(x^k+t(x^*-x^k))(x^k-x^*)\,\mathrm{d}t$$

那么，我们便可得到

$$\|\nabla^2 f(x^k)(x^k-x^*)-\nabla f(x^k)-\nabla f(x^*)\|$$

$$=\left\|\int_0^1[\nabla^2 f(x^k)-\nabla^2 f(x^k+t(x^*-x^k))](x^k-x^*)\,\mathrm{d}t\right\|$$

$$\leqslant \int_0^1 \|\nabla^2 f(x^k)-\nabla^2 f(x^k+t(x^*-x^k))(x^k-x^*)\|\,\mathrm{d}t$$

$$\leqslant \int_0^1 L\|t(x^*-x^k)\|\|x^k-x^*\|\,\mathrm{d}t$$

$$=\int_0^1 L\|x^k-x^*\|^2\,t\,\mathrm{d}t$$

$$=\frac{1}{2}L\|x^k-x^*\|^2$$

另一方面，由于 $\nabla^2 f(x^k)$ 连续且 $\nabla^2 f(x^*)$ 正定，所以当 x^k 充分接近于 x^* 时，$\nabla^2 f(x)$ 正定，且

$$\|[\nabla^2 f(x^k)]\|^{-1}\leqslant 2\|[\nabla^2 f(x^*)]^{-1}\|$$

综合上述，我们可得

$$\|x^{k+1}-x^*\|\leqslant L\|[\nabla^2 f(x^*)]^{-1}\|\|x^k-x^*\|^2=\tilde{L}\|x^k-x^*\|^2$$

其中，$\tilde{L}=L\|[\nabla f(x^*)]^{-1}\|$。这表明$\{x^k\}$二次收敛于 x^*。

考虑到

$$\nabla f(x^k)+\nabla^2 f(x^k)(x^{k+1}-x^k)=0$$

可得

$$\|\nabla f(x^{k+1})\|=\|\nabla f(x^{k+1})-\nabla f(x^k)-\nabla^2 f(x^k)(x^{k+1}-x^k)\|$$

$$=\left\|\int_0^1\nabla^2 f(x^k+t(x^{k+1}-x^k))(x^{k+1}-x^k)\,\mathrm{d}t-\nabla^2 f(x^k)(x^{k+1}-x^k)\right\|$$

$$=\left\|\int_0^1[\nabla^2 f(x^k+t(x^{k+1}-x^k))-\nabla^2 f(x^k)](x^{k+1}-x^k)\,\mathrm{d}t\right\|$$

$$
\begin{aligned}
&\leqslant \int_0^1 L \| x^{k+1} - x^k \|^2 \, dt \\
&= \frac{1}{2} L \| x^{k+1} - x^k \|^2 \\
&= \frac{1}{2} L \| [\nabla^2 f(x^k)]^{-1} \nabla f(x^k) \|^2 \\
&\leqslant \frac{1}{2} L \| [\nabla^2 f(x^k)]^{-1} \|^2 \| \nabla f(x^k) \|^2 \\
&\leqslant 2L \| [\nabla^2 f(x^*)]^{-1} \|^2 \| \nabla f(x^k) \|^2 \\
&= \overline{L} \| \nabla f(x^k) \|^2
\end{aligned}
$$

其中，$\overline{L} = 2L \| [\nabla f(x^*)^{-1}] \|^2$。

现在，我们讨论拟 Newton 法的收敛行为。拟 Newton 法的迭代格式为

$$x^{k+1} = x^k + d^k = x^k - \boldsymbol{B}_k^{-1} \nabla f(x^k)$$

其中，$\boldsymbol{B}_k$ 是对称正定阵。

定理 3.7　设 f: $R^n \to \mathbf{R}$ 是三次连续可微的。如果拟 Newton 法产生的序列 $\{x^k\}$ 收敛于 x^* 且 $\nabla f(x^*) = 0$、$\nabla^2 f(x^*)$ 正定。那么，当且仅当

$$\lim_{k \to +\infty} \frac{\| (\boldsymbol{B}_k - \nabla^2 f(x^*)) d^k \|}{\| d^k \|} = 0 \tag{3.3}$$

$\{x^k\}$ 超线性收敛。

证明：首先，我们来证明式(3.3)等价于

$$d^k - d_N^k = o(\| d^k \|)$$

其中，$d_N^k = -[\nabla^2 f(x^k)]^{-1} \nabla f(x^k)$ 是 Newton 方向。

由于 $\nabla^2 f(x^*)$ 正定，当 x^k 离 x^* 充分近时，$\| [\nabla^2 f(x^k)]^{-1} \|$ 是有界的。因此，如果式(3.3)成立，则有

$$
\begin{aligned}
d^k - d_N^k &= [\nabla^2 f(x^k)]^{-1} (\nabla^2 f(x^k) d^k + \nabla f(x^k)) \\
&= [\nabla^2 f(x^k)]^{-1} (\nabla f(x^k) - \boldsymbol{B}_k) d^k \\
&= O(\| \nabla^2 f(x^k) - \boldsymbol{B}_k d^k \|) \\
&= O(\| (\nabla^2 f(x^k)) - \nabla^2 f(x^*)) d^k + (\nabla^2 f(x^*) - \boldsymbol{B}_k) d^k \|) \\
&= o(\| d^k \|)
\end{aligned}
$$

其次，由 Newton 法的二次收敛性可知

$$
\begin{aligned}
\| x^k + d^k - x^* \| &\leqslant \| x^k + d_N^k - x^* \| + \| d^k - d_N^k \| \\
&= O(\| x^k - x^* \|^2) + o(\| d^k \|)
\end{aligned}
$$

这个式子表明：当 $x^k \to x^*$ 时，$d^k \to 0$，且

$$\| d^k \| = O(\| x^k - x^* \|)$$

于是，可得

$$\| x^{k+1} - x^* \| = \| x^k + d^k - x^* \| \leqslant o(\| x^k - x^* \|)$$

即拟 Newton 法所产生的序列是超线性收敛的。

3.3 计算步长

在一个优化问题的数值方法中，一旦当前的迭代点 x^k 以及下降方向 d^k 确定后，一般来讲，我们会面临一个重要的问题，即如何计算相应的步长。

首先，人们想到的是最优步长 α_k，它是下面的一维函数

$$\phi(\alpha) = f(x^k + \alpha\, d^k)$$

的极小点，即

$$\alpha_k = \arg\min_{\alpha>0} f(x^k + \alpha\, d^k),$$

当 $f(x)$ 为凸二次函数时，$f(x)=\frac{1}{2}x^{\mathrm{T}}\boldsymbol{Q}x + b^{\mathrm{T}}x + c$，则它的沿射线 $x^k + \alpha\, d^k$ 的一维极小点，可以解析地计算出来。实际上，它等于

$$\alpha_k = -\frac{\nabla f(x^k)^{\mathrm{T}} d^k}{(d^k)^{\mathrm{T}} \boldsymbol{Q} d^k}$$

对于一般的非线性情形，人们则需要用某种迭代方法来给出它的最优步长的一个近似解，与此相关的线搜索技巧在所有非线性优化问题的鲁棒性分析中起着重要的作用。

线搜索技巧可以根据是否使用导数的信息加以分类，仅利用函数估值的方法往往效率很低。相比之下，利用梯度信息不仅可以加快线搜索的速度，而且还可以知道当前的值是否可作为可接受步长。比如，人们利用 Wolfe 条件或 Goldstein 条件便可以做到这一点。通常，当迭代点离极小点很近时，如果 α_k 是当前可接受步长，则 α_k 或 $\rho\alpha_k(0<\rho<1$ =往往可以取作下一个可接受步长。每逢这样有利的情形，步长的计算就显得简单易行了。下面，我们介绍一类重要的线搜索方法——插值法。其基本思想是某个区间上用一般超过 3 次的插值多项式来近似表示目标函数 $\phi(\alpha)$，并用该插值多项式的极小点来近似表示 $\phi(\alpha)$ 的极小点。

设 $\alpha_0>0$。若 α_0 满足某个步长准则，比如 Wolfe 条件或 Goldstein 条件，则 α_0 可作为一个可接受步长。否则，考虑用二次函数

$$\phi_q(\alpha) = a\alpha^2 + b\alpha + c$$

来近似目标函数 $\phi(\alpha)$，且满足插值条件：

(1) $\phi_q(0) = \phi(0)$；

(2) $\phi_q(\alpha_0)=\phi(\alpha_0)$；

(3) $\phi_q'(0)=\phi'(0)$。

这样一来，可得

$$\phi_q(\alpha)=\left(\frac{\phi(\alpha_0)-\phi(0)-\alpha_0\phi'(0)}{\alpha_0^{\ 2}}\right)\alpha^2+\phi'(0)\alpha+\phi(0),$$

并用$\phi_q(\alpha)$的极小点作为步长尝试值α_1，即

$$\alpha_1=-\frac{\phi'(0)\alpha_0^{\ 2}}{2(\phi(\alpha_0)-\phi(0)-\phi'(0)\alpha_0)}$$

若α_1满足刚才的步长准则，则α_1即为一个可接受步长。否则，考虑用三次函数

$$\phi_c(\alpha)=a\alpha^3+b\alpha^2+c\alpha+d$$

来近似目标函数$\phi_c(\alpha)$，且满足插值条件

(1) $\phi_c(0)=\phi(0)$；

(2) $\phi_c(\alpha_0)=\phi(\alpha_0)$；

(3) $\phi_c(\alpha_1)=\phi(\alpha_1)$；

(4) $\phi_c'(0)=\phi'(0)$。

由此可知

$$\phi_c(\alpha)=a\alpha^3+b\alpha^2+\alpha\phi'(0)+\phi(0)$$

其中

$$\begin{bmatrix}a\\b\end{bmatrix}=\frac{1}{\alpha_0^{\ 2}\alpha_1^{\ 2}(\alpha_1-\alpha_0)}\begin{bmatrix}\alpha_0^{\ 2} & -\alpha_1^{\ 2}\\ -\alpha_0^{\ 3} & \alpha_1^{\ 3}\end{bmatrix}\begin{bmatrix}\phi(\alpha_1)-\phi(0)-\phi'(0)\alpha_1\\ \phi(\alpha_0)-\phi(0)-\phi'(0)\alpha_0\end{bmatrix}$$

将$\phi_c'(\alpha)=0$的位于区间$[0,\alpha_1]$内的一个正根作为步长的尝试值α_2，即

$$\alpha_2=\frac{-b+\sqrt{b^2-3a\phi'(0)}}{3a}$$

重复这些过程，直到找到可接受步长为止。

当$\phi(\alpha)$的性态不太坏时，用插值法确定可接受步长往往是可行的，不过，在一些实际问题中，目标函数可能是不可微的，或者虽然可微，但梯度不易解出。遇到这种情形，我们可以采用下面的 0.618 法。

用于通过一维线搜索确定步长的 0.618 法基于一种朴素的思想：选取尝试点，并比较它们的函数值，从而不断地缩小包含$\phi(\alpha)$的极小点的一个足够好的近似。

0.618 法要求$\phi(\alpha)=f(x^k+\alpha d^k)$是单峰函数(unimodal function)。$\phi:[a,b]\to R$，称为闭区间$[a,b]$上的单峰函数。则如果存在$\lambda^*\in[a,b]$，可使得$\phi(\alpha)$在$[a,\lambda^*]$上严格单调下降，在$[\lambda^*,b]$上严格单调上升。

设$\phi(\lambda)$为$[a,b]$上的单峰函数，$a<\lambda_1<\lambda_2<b$，则由定义知

$$\phi(\lambda_1)\leqslant\phi(\lambda_2)\Rightarrow\lambda^*\in[a,\lambda_2]$$

$$\phi(\lambda_1) > \phi(\lambda_2) \Rightarrow \lambda^* \in [\lambda_1, b]$$

这个性质表明，通过比较 $\phi(\lambda_1)$ 、$\phi(\lambda_2)$ 的大小，可以将包含极小点 λ^* 的区间由 $[a,b]$ 缩小为 $[a,\lambda_2]$ 或 $[\lambda_1,b]$。

下面来分析如何选取 λ_1、λ_2。令 $\lambda_2 - a = b - \lambda_1$

$$w = \frac{\lambda_2 - a}{b-a} = \frac{b-\lambda_1}{b-a}$$

则

$$\lambda_1 = a + (1-w)(b-a)\text{，}\quad \lambda_2 = a + w(b-a)$$

这样，不论选取 $[a,\lambda_2]$ 还是 $[\lambda_1,b]$，其区间长度总是被缩小为原区间 $[a,b]$ 长度的 w 倍。我们希望，在下一次搜索中情况也是如此。不妨假设所选取的区间为 $[a,\lambda_2]$。考虑到其中的点 λ_1 处的函数值已计算过，我们很想利用一下这样一个已知信息。为此，选取 λ_1', λ_2' 使其满足 $0 < \lambda_1' < \lambda_2'$

$$\frac{\lambda_2' - a}{\lambda_2 - a} = \frac{\lambda_2 - \lambda_1'}{\lambda_2 - a} = w$$

而且，λ_1' 或 λ_2' 恰为 λ_1。这是否可能，我们分两种情况加以讨论。

若 $\lambda_1' = \lambda_1$，则

$$\lambda_2 - \lambda_1 = w(\lambda_2 - a) = w^2(b-a)$$

$$\lambda_2 - \lambda_1 = (2w-1)(b-a)$$

从而 $w^2 - 2w + 1 = 0$，即 $w = 1$。这与 w 的定义矛盾。

若 $\lambda_2' = \lambda_1$ 则

$$\lambda_1 - a = w(\lambda_2 - a) = w^2(b-a),$$

$$\lambda_1 - a = (1-w)(b-a)$$

从而 $w^2+w-1=0$。考虑到 $w > 0$，我们有

$$w = \frac{\sqrt{5}-1}{2} \approx 0.618$$

思考：(1)如何根据刚才的讨论写出 0.618 法执行步骤？

(2)如何说明所得到的 0.618 法是线性收敛的？

第 4 章　信赖域方法

对于无约束优化问题

$$\min_{x \in R^n} f(x) \tag{4.1}$$

我们谈到几种常用的数值方法：最速下降法、Newton 法、拟 Newton 法等。这些方法的共同特征是：在当前迭代点 x^k 处，先找一个下降方向 d^k，然后找出相应的可接受步长 α_k，从而得到下一个迭代点 $x^{k+1}=x^k+a_k d^k$。

下面要研究的信赖域方法则与这些“先方向，后步长”的方法截然不同。为了说明这一点，我们先介绍几个概念。

对于当前迭代点 x^k，我们考察 $f(x^k+d)$ 与 $m_k(d)$ 的差。

$$f(x^k+d)-m_k(d)=\frac{1}{2}d^{\mathrm{T}}\left[\nabla^2 f(x^k+\theta d)-\boldsymbol{B}_k\right]d,\quad 0<\theta<1$$

式中：$m_k(d)=f(x^k)+\nabla f(x^k)^{\mathrm{T}}d+\frac{1}{2}d^{\mathrm{T}}\boldsymbol{B}_k d$，$\boldsymbol{B}_k$ 是一个对称阵，它可以取作 $\nabla^2 f(x^k)$ 或其近似阵。

显然，如果 $f(x)$ 是二次连续可微的，那么当 $\|d\|$ 充分小时，该差也充分小。在这种情况下，用二次函数 $m_k(d)$ 近似 $f(x^k+d)$ 的话，效果是比较好的。如果 $\Delta_k>0$，且当 $\|d\|<\Delta_k$ 时，可以用 $m_k(d)$ 较好地模拟 $f(x^k+d)$ 的性态的话，我们就称区域 $\{x:\|x-x^k\|\leqslant\Delta_k\}$ 为 $f(x^k+d)$ 在 x^k 处的一个信赖域。其中，Δ_k 称为信赖域半径；$m_k(d)$ 称为模型函数。

信赖域方法的本质在于：选取适当的信赖域半径，在相应的信赖域内找到 $m_k(d)$ 的极小点，如果 $f(x^k+d^k)$ 与 $f(x^k)$ 相比，有足够的下降量，则 x^k+d^k 作为下一个迭代点 x^{k+1}。重复以上过程，直到找出原优化问题式(4.1)的一个近似解。

对于模型函数 $m_k(d)$ 中的矩阵 $\boldsymbol{B}_k$，我们有几种常见的选取方式。若 $\boldsymbol{B}_k=\nabla^2 f(x^k)$，则子问题

$$\min\quad m_k(d)=f(x^k)+\nabla f(x^k)^{\mathrm{T}}d+\frac{1}{2}d^{\mathrm{T}}B_k d,\quad \text{s.t. } \|d\|\leqslant\Delta_k \tag{4.2}$$

对应着信赖域 Newton 方法。这是一类较实用的优化算法。

若 $\boldsymbol{B}_k$ 为拟 Newton 矩阵，则子问题式(4.2)对应着信赖域拟 Newton 方法。

对于信赖域方法，第一个问题是如何选取信赖域半径，这需要利用模型函数和目标函数的信息。给定 d^k，我们定义

$$\rho_k=\frac{f(x^k)-f(x^k+d^k)}{m_k(0)-m_k(d^k)} \tag{4.3}$$

分子 $f(x^k)-f(x^k+d^k)$ 为实际下降量，而分母 $m_k(0)-m_k(d^k)$ 称为预测下降量。

注意： 既然 d^k 是模型函数 $m_k(d)$ 在包含 $d=0$ 的信赖域内的极小点，从而 $m_k(0)-m_k(d^k)$ 总是非负的。若 $\rho_k \leqslant 0$，则 $f(x^k) \leqslant f(x^k+d^k)$。这表明我们应该拒绝当前的 d^k，并减少信赖域半径。若 ρ_k 接近于 1，则说明模型函数较好地近似了目标函数，因此可以在下一次迭代中增加信赖域半径；若 ρ_k 接近于 0.5，则可以保持在下一次迭代中信赖域半径不变。

下面的算法对于这一过程做了细致的描述。

算法 4.1(信赖域方法)

给出最大信赖域半径 $\tilde{\Delta} > 0, \Delta_0 \in (0, \tilde{\Delta}), \eta \in [0, 0.25)$，

for $k=0,1,2,\cdots$

  解式(4.2)得到 d^k；

  由式(4.3)计算 ρ_k；

  if $\rho_k < 0.25$

    $\Delta_{k+1} = 0.25 \| d^k \|$

  else

    if $\rho_k > 0.75$ 以及 $\| d^k \| = \Delta_k$

      $\Delta_{k+1} = \min\{2\Delta_k, \tilde{\Delta}\}$

    else $\Delta_{k+1} = \Delta_k$

  if $\rho_k > \eta$

    $x^{k+1} = x^k + d^k$

  else

    $x^{k+1} = x^k$；

end (for)

注意： 仅当 ρ_k 比较接近于 1 且 d^k 确实位于信赖域边界上，我们才在下一次迭代中增加信赖域半径。

对于信赖域方法，第二个问题是如何求解子问题式(4.2)。目前，已有较好的数值解法，它们大致分为两类：近似解法和几乎精确解法。在接下来的两小节中，我们将分别讨论这些方法。

4.1 子问题的近似解法

我们求解信赖域方法的问题式(4.2)的目的在于：给出它的一个近似解，使模型函数值有足够的下降量，从而保证信赖域方法的全局收敛性。

如何定量地刻画模型函数值是否有足够的下降量呢？我们可以使用 Cauchy 点这个概念，其定义和估值包含在下面这个简单的算法中。

算法 4.2

计算

$$d_s^k = \arg\min\{ f(x^k) + \nabla f(x^k)^{\mathrm{T}} d : d \leqslant \Delta_k \}; \tag{4.4}$$

然后计算

$$\tau_k = \arg\min\{m_k(\tau\, d_s^k) : \tau > 0, \|\tau\, d_s^k\| \leqslant \Delta_k\};\tag{4.5}$$

令 $d_c^k = \tau_k d_s^k$

在上面这个算法中，d_c^k 被称为模型函数 $m_k(d)$ 在相应信赖域 $\|d\| \leqslant \varDelta_k$ 上的一个 Cauchy 点。由定义，τ_k 和 d_s^k 的计算公式可以写成

$$d_s^k = -\varDelta_k \frac{\nabla f(x^k)}{\|\nabla f(x^k)\|}$$

和

$$\tau_k = \begin{cases} 1, & \nabla f(x^k)^{\mathrm{T}} \boldsymbol{B}_k \nabla f(x^k) \leqslant 0 \\ \min\left\{1, \ -\dfrac{\nabla f(x^k)^{\mathrm{T}} d_s^k}{(d_s^k)^{\mathrm{T}} \boldsymbol{B}_k d_s^k}\right\}, & \nabla f(x^k)^{\mathrm{T}} \boldsymbol{B}_k \nabla f(x^k) > 0 \end{cases}$$

从这些公式可以看出，Cauchy 点的计算是简单易行的。

有了 Cauchy 点的概念后，人们就可以用它判断模型函数值是否有足够的下降量了。进一步讲，如果存在常数 $c \in (0, 1)$，使得

$$m_k(0) - m_k(d^k) \geqslant c(m_k(0) - m_k(d_c{}^k))$$

则称模型函数 $m_k(d)$有足够的下降量。

现在，我们讨论三种常用的近似求解子问题式(4.2)的方法。为了简化起见，我们去掉原子问题式(4.2)中的标号，将它简写成下面的形式

$$\min m(d) = f(x) + \nabla f(x)^{\mathrm{T}} d + \frac{1}{2} d^{\mathrm{T}} \boldsymbol{B} d, \ \ \text{s.t.} \ \|d\| \leqslant \varDelta \tag{4.6}$$

并记 $d^*(\varDelta)$为该问题的解，它与 $\varDelta$ 有关。

4.1.1　Dogleg 方法

我们知道，当 $\boldsymbol{B}$ 是一个正定矩阵时，

$$d_{\boldsymbol{B}} = -\boldsymbol{B}^{-1} \nabla f(x)$$

是 $m(d)$的无约束极小点。如果它是子问题式(4.6)的一个可行点，则必为一个解，也就是说，当 $\|d\| \leqslant \varDelta$时，

$$d^*(\varDelta) = d_{\boldsymbol{B}}$$

当$\varDelta$很小时，限制条件 $\|d\| \leqslant \varDelta$ 保证了：$m(d)$中的二次项对式(4.6)的解所产生的影响甚微，它的解可以用

$$\min f(x) + \nabla f(x)^{\mathrm{T}} d, \ \ \text{s.t.} \ \|d\| \leqslant \varDelta$$

的解来近似。即当$\varDelta$很小时，

$$d^*(\varDelta) \approx -\varDelta \frac{\nabla f(x)}{\|\nabla f(x)\|}$$

不难理解，子问题式(4.6)的最优的 $d^*(\varDelta)$ 是一段以$\varDelta$为自变量的曲线，起点为 0，终点为 d_B。而且，容易算出，模型函数 $m(d)$沿这条折线找出这个子问题中模型函数的极小点为

$$d_u = -\frac{\nabla f(x)^{\mathrm{T}} f(x)}{\nabla f(x)^{\mathrm{T}} \boldsymbol{B} \nabla f(x)} \nabla f(x)$$

所谓的 Dogleg 方法是指用一条从原点出发，经过 d_u 后到达 d_B 的折线

$$\tilde{d}(\tau)=\begin{cases}\tau d_u, & 0\leqslant\tau\leqslant 1\\ d_u+(\tau-1)(d_B-d_u), & 1\leqslant\tau\leqslant 2\end{cases}$$

来近似子问题式(4.6)的最优解曲线 $d^*(\Delta)$。然后，沿这条折线找出这个子问题中模型函数的极小点。

通常，人们称折线 $\tilde{d}(\tau)$ 为 Dogleg 的路径。关于它的性质，我们有以下结论。

定理 4.1　若 $\boldsymbol{B}$ 是正定的，那么

(1) $\|\tilde{d}(\tau)\|$ 是 τ 的增函数；

(2) $m(\|\tilde{d}(\tau)\|)$ 是 τ 的减函数。

证明： 当 $\tau\in[0,1]$ 时，结论(1)，(2)显然成立，我们仅讨论 $\tau\in[1,2]$ 的情形。

对于(1)我们考察

$$\begin{aligned}h(\alpha)&=\frac{1}{2}\|\tilde{d}(1+\alpha)\|^2\\&=\frac{1}{2}\|d_u+\alpha(d_B-d_u)\|^2\\&=\frac{1}{2}\|d_u\|^2+\alpha\, d_u^{\mathrm{T}}(d_B-d_u)+\frac{1}{2}\alpha^2\|d_B-d_u\|^2\end{aligned}$$

显然

$$\begin{aligned}h'(\alpha)&=-d_u^{\mathrm{T}}(d_u-d_B)+\alpha\|d_u-d_B\|^2\\&\geqslant -d_u^{\mathrm{T}}(d_u-d_B)\\&=\frac{\nabla f(x)^{\mathrm{T}}\nabla f(x)}{\nabla f(x)^{\mathrm{T}}\boldsymbol{B}\nabla f(x)}\nabla f(x)^{\mathrm{T}}\left[-\frac{\nabla f(x)^{\mathrm{T}}\nabla f(x)}{\nabla f(x)^{\mathrm{T}}\boldsymbol{B}\nabla f(x)}\nabla f(x)+\boldsymbol{B}^{-1}\nabla f(x)\right]\\&=\nabla f(x)^{\mathrm{T}}\nabla f(x)\frac{\nabla f(x)^{\mathrm{T}}\nabla f(x)}{\nabla f(x)^{\mathrm{T}}\boldsymbol{B}\nabla f(x)}\left[1-\frac{(\nabla f(x)^{\mathrm{T}}\nabla f(x))^2}{\nabla f(x)^{\mathrm{T}}\boldsymbol{B}\nabla f(x)\cdot\nabla f(x)^{\mathrm{T}}\boldsymbol{B}^{-1}\nabla f(x)}\right]\\&\geqslant 0\end{aligned}$$

思考： 最后一个不等式的依据是什么？

既然 $h(\alpha)$ 在 $[0,1]$ 上是增函数，那么命题(1)得证。

对于(2)，我们定义

$$g(\alpha)=m(\tilde{d}(1+\alpha)),\quad \alpha\in[0,1]$$

则

$$\begin{aligned}g'(\alpha)&=(d_B-d_u)^{\mathrm{T}}(\nabla f(x)+\boldsymbol{B}d_u)+\alpha(d_B-d_u)^{\mathrm{T}}\boldsymbol{B}(d_B-d_u)\\&\leqslant(d_B-d_u)^{\mathrm{T}}\left[\nabla f(x)+\boldsymbol{B}d_u+\boldsymbol{B}(d_B-d_u)\right]\\&=(d_B-d_u)^{\mathrm{T}}(\nabla f(x)+\boldsymbol{B}d_B)\\&=(d_B-d_u)^{\mathrm{T}}\left\{\nabla f(x)+\boldsymbol{B}\left[-\boldsymbol{B}^{-1}\nabla f(x)\right]\right\}\\&=0\end{aligned}$$

由此可见，命题(2)成立。

这个定理告诉我们：仅当 $\| d_B \| \geqslant \Delta$ 时，Dogleg 路径恰好与信赖域边界 $\| d_B \| = \Delta$ 相交一次。既然 $m(d)$ 沿该路径是递减的，那么当 $\| d_B \| < \Delta$ 时，d_B 便是模型函数的极小点。否则，相应的极小点就是该路径与信赖域边界的交点了。对于后一种情况，我们需要解方程

$$\| d_u + (\tau - 1)(d_B - d_u) \|^2 = \Delta^2$$

来确定 τ 的大小。

4.1.2 二维空间极小化法

当 $\boldsymbol{B}$ 正定时，我们考察下面的二维优化问题

$$\min \quad m(d) = f(x) + \nabla f(x)^{\mathrm{T}} d + \frac{1}{2} d^{\mathrm{T}} \boldsymbol{B} d \tag{4.7a}$$

$$\text{s.t.} \quad \| d \| \leqslant \Delta, \ d \in \operatorname{span}\{-\nabla f(x), -\boldsymbol{B}^{-1} \nabla f(x)\} \tag{4.7b}$$

其中，$\operatorname{span}\{u,v\}$ 表示由向量 u,v 生成的子空间。

所谓的二维子空间极小化法是指将式(4.7)的最优解作为式(4.6)的近似解的方法。由于式(4.7)中的子空间包含了 Dogleg 路径，所以二维空间极小化法优于 Dogleg 方法。而且，式(4.7)的可行域还包含了 Cauchy 点，从而保持了算法的全局收敛性。

当 $\boldsymbol{B}$ 的最小特征值为 0 时，Cauchy 点 d_c 可作为子问题式(4.6)的近似解。

当 $\boldsymbol{B}$ 的最小特征值 $\lambda_1 < 0$ 时，式(4.7)中的二维子空间可取作

$$\operatorname{span}\{-\nabla f(x), -(\boldsymbol{B} + \mu I)^{-1} \nabla f(x)\}, \quad \mu \in (-\lambda_1, -2\lambda_1)$$

4.1.3 Steihaug 方法

刚才描述的两种方法都要求求解一个以 $\boldsymbol{B}$ 或 $\boldsymbol{B}+\mu I$ 为系数矩阵的线性方程组，当 $\boldsymbol{B}$ 的阶数比较大时，所导致的运算量往往相当大，那么能否找到一个方法，它既不需要求解一个线性方程组，又能改善 Cauchy 点呢？在 1983 年，Steihaug 给出了这个问题的一个令人满意的答案。

Steihaug 方法的执行依赖于共轭梯度(CG)法(参考本书第 5 章)，描述如下：

算法 4.3(CG–Steihaug)

取 $d^0=0$，$g^0=\nabla f(x)$，初始搜索 $r^0=-g^0$，容许误差 $\varepsilon>0$；$k:=0$。

if $\| g^k \| < \varepsilon$

  return $d=d^k$;

for $j=0,1,2,\cdots$

  if $(r^j)^{\mathrm{T}} \boldsymbol{B} r^j \leqslant 0$

    沿直线 $d = x^j + \tau d^j$ 极小化式(4.6)，得到满足 $\| d \| = \Delta$ 的近似解；

    return d;

  设 $\alpha_k = \dfrac{(g^k)^{\mathrm{T}} g^k}{(r^k) \boldsymbol{B} r^k}$；

$d^{k+1} = d^k + \alpha_k r^k$；

if $\| d^{k+1} \| \geqslant \Delta$

找出满足$\| d^k + \tau r^k \| = \Delta$非负实数$\tau_k$

return d;

设 $g^{k+1} = g^k + \alpha_k B r^k$

if $\| g^{k+1} \| < \varepsilon \| g^0 \|$

return $d = d^{k+1}$；

设 $\beta_k = \dfrac{(g^{k+1})^{\mathrm{T}} g^{k+1}}{(g^k)^{\mathrm{T}} g^k}$；

$r^{k+1} = -g^{k+1} + \beta_k r^k$；

end (for)

注意：在这个算法中，强调$d^0 = 0$这一点非常必要的，对于$\| g^0 \| \geqslant \varepsilon$的情形，一次迭代后便可得到

$$d^1 = \alpha_0 r^0 = -\frac{\nabla f(x)^{\mathrm{T}} \nabla f(x)}{\nabla f(x)^{\mathrm{T}} \boldsymbol{B} \nabla f(x)} \nabla f(x)$$

当$\boldsymbol{B}$是正定阵时，d^1就是 Dogleg 路径中的点d_u。如果$\| d^1 \| < \Delta$，d^1就是 Cauchy 点。既然共轭梯度法的每次迭代都使$m(d)$的函数值有所下降，那么，信赖域方法的全局收敛性便得到了保证。

4.2 子问题的几乎精确解法

现在，我们来讨论几个基本问题：如果d^*是子问题式(4.6)的一个解，那么它应该具备什么样的性质？利用这些性质，我们是否可以设计出相应的算法？如果能的话，它具有哪些优点？

下面的定理回答了第一个问题，它给出最优解d^*的一个完整刻划。

定理 4.2 $d^* \in R^n$是子问题式(4.6)的一个极小点，当且仅当d^*是子问题式(4.6)的一个可行点，且存在$\lambda^* \geqslant 0$使得下面所述成立：

$$(\boldsymbol{B} + \lambda^* \boldsymbol{I}) d^* = -\nabla f(x) \tag{4.8a}$$

$$\lambda^* (\Delta - \| d^* \|) = 0 \tag{4.8b}$$

$$\boldsymbol{B} + \lambda^* \boldsymbol{I} \geqslant 0 \tag{4.8c}$$

证明：假设存在$\lambda^* \geqslant 0$使得式(4.8)成立，则d^*是二次函数

$$\hat{m}(d) = f(x) + \nabla f(x)^{\mathrm{T}} d + \frac{1}{2} d^{\mathrm{T}} (\boldsymbol{B} + \lambda^* \boldsymbol{I}) d$$

的一个全局极小点，因为对于任意的$w \in R^n$，总有$\hat{m}(d^* + w) \geqslant \hat{m}(d^*)$。考虑到$\hat{m}(d) = m(d) + \dfrac{\lambda^*}{2} d^{\mathrm{T}} d$及$\hat{m}(d) \geqslant \hat{m}(d^*)$，我们有

$$m(d) \geqslant m(d^*) + \frac{\lambda^*}{2}((d^*)^{\mathrm{T}} d^* - d^{\mathrm{T}} d)$$

由于从式(4.8b)中可以推出 $\lambda^*(\Delta^2 - (d^*)^{\mathrm{T}} d^*) = 0$，因此

$$m(d) \geqslant m(d^*) + \frac{\lambda^*}{2}(\Delta^2 - d^{\mathrm{T}} d)$$

这个关系表明：当 $\lambda^* \geqslant 0$时，对于所有满足$\| d \| \leqslant \varDelta$的 d，总有

$$m(d) \geqslant m(d^*)。$$

即 d^* 是子问题式(4.6)的一个极小点。

现在证明其逆命题也成立。设 $d^* \in R^n$ 是子问题式(4.6)的一个极小点。若$\| d^* \| < \varDelta$，则 d^* 是 $m(d)$的一个无约束极小点，则对于任意的 $t>0$、$w \in R^n$ 总有

$$m(d^*) \leqslant m(d^* + tw) = m(d^*) + t(Bd^* + \nabla f(x))^{\mathrm{T}} w + \frac{1}{2} t^2 w^{\mathrm{T}} B w$$

由此可见(也可参考定理 2.3)，$\boldsymbol{B} d^* + \nabla f(x) = 0$，而且 $\boldsymbol{B}$ 是正半定的。这表明性质式(4.8)对于$\lambda^*=0$ 成立。

若$\|d^*\|=\varDelta$，则 d^*也是约束优化问题

$$\min \quad m(d)\ ,\ \text{s.t.}\ \ \| d \| = \varDelta$$

的极小点。

设 Lagrange 函数 $L(d,\lambda)$为

$$L(d, \lambda) = m(d) + \frac{\lambda}{2}(d^{\mathrm{T}} d - \varDelta^2)$$

则

$$\nabla_d L(d^*, \lambda^*) = \boldsymbol{B} d^* + \nabla f(x) + \lambda^* d^* = 0\ ,$$

$$\nabla_\lambda L(d^*, \lambda^*) = \frac{1}{2}((d^*)^{\mathrm{T}} d^* - \varDelta^2) = 0\ 。$$

将 $\nabla f(x) = -(\boldsymbol{B} + \lambda^* \boldsymbol{I}) d^*$ 代入

$$m(d) \geqslant m(d^*)\ ,\ \ \forall d \in \{d : \| d \| = \varDelta\}$$

可以整理得

$$\frac{1}{2}(d - d^*)^{\mathrm{T}}(\boldsymbol{B} + \lambda^* \boldsymbol{I})(d - d^*) \geqslant 0$$

这表明，对于 $\omega = \pm(d - d^*)$，我们总有

$$\omega^{\mathrm{T}}(\boldsymbol{B} + \lambda^* \boldsymbol{I})\omega \geqslant 0$$

由 d 的任意性(即ω的任意性)可知，$\boldsymbol{B}+\lambda^*\boldsymbol{I}$ 是正半定的。

这样，我们证明了性质式(4.8)成立。

下面用反证法，证明 $\lambda^* \geqslant 0$。假设(4.8a)、(4.8c)仅当λ^*取负数时成立。由刚才的讨论可知，(4.8a)、(4.8c)意味着

$$m(d) \geqslant m(d^*) + \frac{\lambda^*}{2}((d^*)^{\mathrm{T}} d^* - d^{\mathrm{T}} d)$$

再由假设 $\lambda^* < 0$，这样一来，只要$\| d \| > \| d^* \| = \varDelta$，就有

$$m(d) \geqslant m(d^*)$$

再加上我们已经知道了 d^*是子问题(4.6)的一个极小点，这些足以说明 d^*实际上也是 $m(d)$的一个无约束极小点。从而 d^*应满足 $\boldsymbol{B}d^* + \nabla f(x) = 0$，而且 $\boldsymbol{B}$ 是正半定的，即(4.8a)、(4.8c)当$\lambda^*=0$ 时成立。与假设矛盾。

定理 4.2 不仅刻划了子问题极小点 d^*的性质，而且还暗示了一个求解 d^*的方法。即 $d(\lambda) = -(\boldsymbol{B} + \lambda I)^{-1}\nabla f(x)$，由于 $\boldsymbol{B}$ 是对称的，从而必存在一个正交阵 $\boldsymbol{Q}$ 以及一个对角阵 $\boldsymbol{D} = \mathrm{diag}(\lambda_1, \lambda_2, \cdots, \lambda_n)$，其中 $\lambda_1 \leqslant \lambda_2 \leqslant \cdots \leqslant \lambda_n$，使得 $\boldsymbol{B} = \boldsymbol{QDQ}^{\mathrm{T}}$ (参见附录 A)。

显然，$\boldsymbol{B} + \lambda I = \boldsymbol{Q}(\boldsymbol{D} + \lambda I)\boldsymbol{Q}^{\mathrm{T}}$，并且当 $\lambda \neq -\lambda_i,\ i = 1,2,\cdots,n$ 时，有

$$d(\lambda) = -\boldsymbol{Q}(\boldsymbol{D} + \lambda I)^{-1}\boldsymbol{Q}^{\mathrm{T}}\nabla f(x) = -\sum_{i=1}^{n} \frac{\nabla f(x)^{\mathrm{T}} q_i}{\lambda + \lambda_i} q_i,$$

其中，q_i 为 $\boldsymbol{Q}$ 的第 i 列，所以由 $\boldsymbol{Q}$ 的正交性质

$$q_i^{\mathrm{T}} q_j = \begin{cases} 1, & i = j \\ 0, & i \neq j \end{cases}$$

可知

$$\| d(\lambda) \|^2 = \sum_{i=1}^{n} \frac{(\nabla f(x)^{\mathrm{T}} q_i)^2}{(\lambda + \lambda_i)^2} \tag{4.9}$$

接下来，我们分四种情形描述子问题式(4.6)的几乎精确解的求法。

情形 1　$\lambda_1 > 0$ 且 $\| \boldsymbol{B}^{-1}\nabla f(x) \| \leqslant \Delta$。此时，$\lambda$=0 满足式(4.8)。

情形 2　$\lambda_1 > 0$ 且 $\| \boldsymbol{B}^{-1}\nabla f(x) \| > \Delta$。对于这种情形，通过考察式(4.9)发现

(1) $\| d(0) \| = \| \boldsymbol{B}^{-1}\nabla f(x) \| > \Delta$；

(2) $\| d(\lambda) \|$ 在开区间 $(0, +\infty)$ 内是一个严格递减的连续函数；

(3)当 $\lambda \to +\infty$ 时，$\| d(\lambda) \| \to 0$。

从而必然存在唯一的 $\lambda^* \in (0, +\infty)$，使得

$$\| d(\lambda^*) \| = 0$$

情形 3　$\lambda_1 \leqslant 0$ 且 $\nabla f(x)^{\mathrm{T}} q_1 \neq 0$。此时，$\| d(\lambda) \|$ 具有下列性质：

(1)当 $\lambda \to -\lambda_1$ 时，$\| d(\lambda) \| \to +\infty$；

(2) $\| d(\lambda) \|$ 在开区间 $(-\lambda_1, +\infty)$ 内是一个严格递减的连续函数；

(3)当 $\lambda \to +\infty$ 时，$\| d(\lambda) \| \to 0$。

从而必然存在唯一的 $\lambda^* \in (-\lambda_1, +\infty)$，使得

$$\| d(\lambda^*) \| = \Delta$$

记作

$$\phi(\lambda) = \frac{1}{\Delta} - \frac{1}{\| d(\lambda) \|}$$

则当λ大于$-\lambda_1$且接近$-\lambda_1$时，必存在某个正数 C>0，使得

$$\phi(\lambda) \approx \frac{1}{\Delta} - \frac{\lambda + \lambda_1}{C}$$

此时，$\phi(\lambda)$几乎是线性的。

至于$\phi(\lambda)$的零点的求法，人们可利用 Newton 迭代公式

$$\tilde{\lambda}_{k+1}=\tilde{\lambda}_k-\frac{\phi(\tilde{\lambda}_k)}{\phi'(\tilde{\lambda}_k)}, \quad k=0,1,2,\cdots \tag{4.10}$$

其中$\phi(\lambda)$的求导过程如下：

$$\begin{aligned}\phi'(\lambda)&=\left(\frac{1}{\Delta}-\frac{1}{\|d(\lambda)\|}\right)'\\&=-[(\|d(\lambda)\|^2)^{-\frac{1}{2}}]'\\&=\frac{1}{2}(\|d(\lambda)\|^2)^{-\frac{3}{2}}(\|d(\lambda)^2\|)'\\&=\frac{1}{2}(\|d(\lambda)\|^2)^{-\frac{3}{2}}\left(-2\sum_{j=1}^{n}\frac{(\nabla f(x)^{\mathrm T}q_j)^2}{(\lambda+\lambda_j)^3}\right)\\&=-\left(\sum_{i=1}^{n}\frac{(\nabla f(x)^{\mathrm T}q_i)^2}{(\lambda+\lambda_i)^3}\right)^{-\frac{3}{2}}\left(\sum_{i=1}^{n}\frac{(\nabla f(x)^{\mathrm T}q_j)^2}{(\lambda+\lambda_j)^3}\right)\end{aligned}$$

情形 4(the hard case)　$\lambda_1\leqslant 0$，且 $\nabla f(x)^{\mathrm T}q_1=0$。若$\lambda_i=\lambda_1$，则假设 $\nabla f(x)^{\mathrm T}q_i=0$。此时，若 $\lim\limits_{\lambda\to -\lambda_1}\|d(\lambda)\|$大于$\Delta$，则仍然可用式(4.10)来解。否则，必须 $\lambda^*=-\lambda_1$(为什么?)。

由于 $\boldsymbol{B}+\lambda^*\boldsymbol{I}=\boldsymbol{B}-\lambda_1\boldsymbol{I}$ 是奇异的，从而必然存在单位向量 z，使得 $(\boldsymbol{B}-\lambda_1\boldsymbol{I})z=0$。记

$$\tilde{d}=-\sum_{j:\lambda_j\neq\lambda_1}\frac{\nabla f(x)^{\mathrm T}q_j}{\lambda+\lambda_j}q_j-\mu z$$

由于 z 实际上是对称阵 $\boldsymbol{B}$ 的对应于λ_1的特征向量，从而对于$\lambda_j\neq\lambda_1$的 j 来说，$z^{\mathrm T}q_{\mathrm j}=0$。于是

$$\|\tilde{d}\|^2=\sum_{j:\lambda_j\neq\lambda_1}\frac{(\nabla f(x)^{\mathrm T}q_j)^2}{(\lambda+\lambda_j)^2}+\mu^2$$

显然，可以找到满足$\|\tilde{d}\|=\Delta^2$的μ。这样的μ和$-\lambda_1$所对应的$\tilde{d}$便满足式(4.8)了。

【例 4.1】　考虑下面信赖域子问题

$$\begin{aligned}\min\quad & f(d_1,d_2)=-2d_1+3d_2-4d_1^2-\frac{3}{2}d_2^2-6d_1d_2\\ \text{s.t.}\quad & d_1^2+d_2^2\leqslant 1\end{aligned}$$

解：令

$$\boldsymbol{B}=\begin{pmatrix}-8, & -6\\ -6, & -3\end{pmatrix},\ \boldsymbol{b}=\begin{pmatrix}-2\\ 3\end{pmatrix}$$

则该子问题等价于

$$\begin{aligned}\min\quad & f(d)=\frac{1}{2}d^{\mathrm T}\boldsymbol{B}d+\boldsymbol{b}^{\mathrm T}d\\ \text{s.t.}\quad & \|d\|\leqslant 1\end{aligned}$$

由定理 4.2 可知，d^*为它的极小点，当且仅当存在$\lambda^*\geqslant 0$时，可得

(1) $(\boldsymbol{B}+\lambda^* \boldsymbol{I})d^* = -b$；

(2) $\lambda^*(\| d^* \| - 1) = 0$；

(3) $\boldsymbol{B}+\lambda^* \boldsymbol{I}$ 是正半定的。

经计算，$\boldsymbol{B}$ 的特征值及其与之对应的特征向量为

$$\lambda_1 = -12 \quad \lambda_2 = 1,$$

$$q_1 = \frac{1}{\sqrt{13}}\begin{pmatrix}3\\2\end{pmatrix}, \quad q_2 = \frac{1}{\sqrt{13}}\begin{pmatrix}-2\\3\end{pmatrix},$$

由于$\lambda_1<0$ 且 $b^{\mathrm{T}}q_1=0$，从而由上面的讨论(见情形 4)，可知$\lambda^*=-\lambda_1=12$，且子问题的最优解具有如下形式

$$\| \tilde{d} \| = -\frac{b^{\mathrm{T}} q_2}{\lambda^* + \lambda_2} q_2 + \mu q_1$$

令$\| \tilde{d} \| = 1$，则

$$\mu^* = \pm\sqrt{\frac{12}{13}}$$

从而

$$\begin{aligned} d^* &= -\frac{b^{\mathrm{T}} q_2}{\lambda^* + \lambda_2} q_2 + \mu^* q_1 \\ &= -\frac{1}{13}\begin{pmatrix}-2\\3\end{pmatrix} \pm \sqrt{\frac{12}{13}}\begin{pmatrix}3\\2\end{pmatrix} \\ &= \frac{1}{13}\begin{pmatrix}2\pm 6\sqrt{3}\\-3\pm 4\sqrt{3}\end{pmatrix} \end{aligned}$$

它们两个都是子问题的最优解。

4.3 信赖域方法的全局收敛性

在信赖域方法的全局收敛分析中，我们常常用到 Cauchy 点的如下性质。

引理 4.1 设 d_c 是子问题式(4.6)的一个 Cauchy 点，则

$$m(0) - m(d_c) \geqslant \frac{1}{2} \| \nabla f(x) \| \min\{\varDelta, \frac{\| \nabla f(x) \|}{\| \boldsymbol{B} \|}\}$$

证明：分两种情形加以讨论

情形 1 $\nabla f(x)^{\mathrm{T}} \boldsymbol{B} \nabla f(x) \leqslant 0$，则有

$$\begin{aligned} m(d_c) - m(0) &= -\frac{\varDelta}{\| \nabla f(x) \|} \| \nabla f(x) \|^2 + \frac{1}{2} \frac{\varDelta^2}{\| \nabla f(x) \|^2} \nabla f(x)^{\mathrm{T}} \boldsymbol{B} \nabla f(x) \\ &\leqslant -\varDelta \| \nabla f(x) \| \\ &\leqslant -\| \nabla f(x) \| \min\{\Delta, \frac{\| \nabla f(x) \|}{\| B \|}\} \end{aligned}$$

从而命题成立。

情形 2 $\nabla f(x)^{\mathrm{T}} \boldsymbol{B} \nabla f(x) > 0$。如果

$$\frac{\|\nabla f(x)\|^3}{\Delta\nabla f(x)^{\mathrm{T}}\boldsymbol{B}\nabla f(x)}\leqslant 1 \tag{4.11}$$

也同时成立，则

$$m(d_c)-m(0)=-\frac{\|\nabla f(x)\|^4}{\nabla f(x)^{\mathrm{T}}\boldsymbol{B}\nabla f(x)}+\frac{1}{2}\nabla f(x)^{\mathrm{T}}\boldsymbol{B}\nabla f(x)\frac{\|\nabla f(x)\|^4}{(\nabla f(x)^{\mathrm{T}}\boldsymbol{B}\nabla f(x))^2}$$

$$=-\frac{1}{2}\frac{\|\nabla f(x)\|^4}{\nabla f(x)^{\mathrm{T}}\boldsymbol{B}\nabla f(x)}$$

$$\leqslant-\frac{1}{2}\frac{\|\nabla f(x)\|^2}{\|\boldsymbol{B}\|}$$

因此命题成立。

如果式(4.11)不成立，则

$$m(d_c)-m(0)=-\frac{\Delta}{\|\nabla f(x)\|}\|\nabla f(x)\|^2+\frac{1}{2}\frac{\Delta^2}{\|\nabla f(x)\|^2}\nabla f(x)^{\mathrm{T}}B\nabla f(x)$$

$$\leqslant-\Delta\|\nabla f(x)\|+\frac{1}{2}\frac{\Delta^2}{\|\nabla f(x)\|^2}\frac{\|\nabla f(x)\|^3}{\Delta}$$

$$=-\frac{1}{2}\Delta\|\nabla f(x)\|$$

即命题成立。

现在，我们分析信赖域方法(算法 4.1)的全局收敛性，首先，作以下假设：

(1)水平集 $S=\{x:f(x)\leqslant f(x^0)\}$ 有界； $f(x)$ 是该水平集上的连续可微函数并且有下界； $\nabla f(x)$ 在 S 上是 Lipschitz 连续的，即存在 $L>0$，使得

$$\|\nabla f(x)-\nabla f(y)\|\leqslant L\|x-y\|,\quad \forall\ x,y\in S \tag{4.12a}$$

(2)$\boldsymbol{B}_k$ 是依范数一致有界的，即存在某个正数 $\beta>0$，使得

$$\|\boldsymbol{B}_k\|\leqslant\beta,\quad k=0,1,2,\cdots \tag{4.12b}$$

(3)存在某个正数 $\gamma\geqslant 1$，使得

$$\|d^k\|\leqslant\gamma\,\Delta_k,\quad k=0,1,2,\cdots \tag{4.12c}$$

(4)存在某个正数 $c\in(0,1)$，使得

$$m_k(0)-m_k(d^k)\geqslant c(m_k(0)-m_k(d_c^k)),\quad k=0,1,2,\cdots \tag{4.12d}$$

接下来，我们分两种情形讨论算法 4.1 的全局收敛性。

定理 4.3　设算法 4.1 中的 η =0。如果式(4.12)成立，则

$$\liminf_{k\to+\infty}\|\nabla f(x^k)\|=0 \tag{4.13}$$

证明：考察

$$|\rho_k - 1| = \left| \frac{f(x^k) - f(x^k + d^k) - (m_k(0) - m_k(d^k))}{m_k(0) - m_k(d^k)} \right|$$

$$= \left| \frac{m_k(d^k) - f(x^k + d^k)}{m_k(0) - m_k(d^k)} \right| \tag{4.14}$$

由 Taylor 定理

$$f(x^k + d^k) = f(x^k) + \nabla f(x^k)^{\mathrm{T}} d^k + \int_0^1 [\nabla f(x^k + td^k) - \nabla f(x^k)]^{\mathrm{T}} d^k \mathrm{d}t$$

从而结合式(4.12a)可知，

$$|m_k(d^k) - f(x^k + d^k)|$$

$$= \left|\frac{1}{2}(d^k)^{\mathrm{T}} \boldsymbol{B}_k d^k - \int_0^1 [\nabla f(x^k + td^k) - \nabla f(x^k)]^{\mathrm{T}} d^k \,\mathrm{d}t\right|$$

$$\leqslant \frac{1}{2}|(d^k)^{\mathrm{T}} \boldsymbol{B}_k d^k| + \int_0^1 L \| d^k \|^2 \, t\mathrm{d}t$$

$$= \frac{1}{2}(L + \beta) \| d^k \|^2 \tag{4.15}$$

假设存在一个正数 $\delta > 0$，一个正整数 K，使得

$$\| \nabla f(x^k) \| \geqslant \delta, \quad \forall k \geqslant K$$

则由引理 4.1 及式(4.12d)可知，对于所有的不小于 K 的 k，总有

$$m_k(0) - m_k(d^k) \geqslant \frac{c}{2} \| \nabla f(x^k) \| \min\{\Delta_k, \frac{\| \nabla f(x^k) \|}{\| \boldsymbol{B}_k \|}\}$$

$$\geqslant \frac{c}{2} \delta \min\{\Delta_k, \frac{\delta}{\beta}\} \tag{4.16}$$

这样，由式(4.14)~式(4.16)及式(4.12c)可知，

$$|\rho_k - 1| \leqslant \frac{L + \beta}{c\delta} \cdot \frac{\gamma^2 \Delta_k^2}{\min\{\Delta_k, \dfrac{\delta}{\beta}\}}$$

显然，必然存在一个充分小的 $\tilde{\Delta}$(算法 4.1 中最大的信赖域半径)，使得上面这个不等式右边小于 0.25，即得

$$\rho_k > 0.75 \tag{4.17}$$

由算法 4.1 可知，关系式(4.17)意味着，当 $k \geqslant K$ 时，

$$\Delta_{k+1} \geqslant \min\{\Delta_k, \tilde{\Delta}\} \geqslant \min\{\Delta_k, \tilde{\Delta}\},$$

以及

$$f(x^k) - f(x^{k+1}) = f(x^k) - f(x^k + d^k)$$

$$\geqslant \frac{3}{4}[m_k(0) - m_k(d^k)]$$

$$\geqslant \frac{3}{4}c[m_k(0)-m_k(d_c^k)]$$

$$\geqslant \frac{3}{8}c\delta\min\left\{\varDelta_k, \frac{\delta}{\beta}\right\} \quad (\text{见式}(4.16))$$

$$\geqslant \frac{3}{8}c\delta\min\left\{\varDelta_k, \tilde{\varDelta}, \frac{\delta}{\beta}\right\}$$

这表明，序列 $\{f(x^k)\}$ 在水平集 $\{x: f(x)\leqslant f(x^0)\}$ 上是单调递减无下界的，与上述矛盾。因此，只能是 $\lim\limits_{k\to+\infty}\inf\|\nabla f(x^k)\|=0$，即命题成立。

第二个收敛性结果对应于 $\eta\in(0,\ 0.25)$ 的情形。

定理 4.4　设算法 4.1 中的 $\eta\in(0,\ 0.25)$。如果式(4.12)成立，则

$$\lim_{k\to+\infty}\nabla f(x^k)=0$$

证明：考虑使 $\nabla f(x^m)\neq 0$ 的 m，由式(4.12a)，可得

$$\|\nabla f(x)-\nabla f(x^m)\|\leqslant L\|x-x^m\|$$

定义

$$\varepsilon=\frac{1}{2}\|\nabla f(x^m)\|, r=\frac{\|\nabla f(x^m)\|}{2L}=\frac{\varepsilon}{L}$$

以及

$$B(x^m;r)=\{x:\|x-x^m\|\leqslant r\}$$

则有下面的关系式成立

$$x\in B(x^m;\ r)\ \Rightarrow \|\nabla f(x)\|\geqslant\|\nabla f(x^m)\|-\|\nabla f(x)-\nabla f(x^m)\|\geqslant\varepsilon$$

如果整个序列 $\{x^k\}$ 包含在 $x\in B(x^m;\ r)$ 内，则

$$\|\nabla f(x^m)\|\geqslant\varepsilon>0$$

由定理 4.3 的分析可知，这是不可能的。所以，序列 $\{x^k\}_{k\geqslant m}$ 最终不会包含在 $x\in B(x^m;\ r)$ 中。

设 $\lambda\geqslant m$，且 $x^{\lambda+1}$ 是迭代点 x^m 后边第一个离开 $B(x^m;\ r)$的迭代点。既然对于 $k=m, m+1, \cdots, l,\ \|\nabla f(x^k)\|\geqslant\varepsilon$，利用式(4.16)，可得

$$f(x^m)-f(x^{\lambda+1})=\sum_{k=m}^{\lambda}[f(x^k)-f(x^{k+1})]$$

$$\geqslant\sum_{k=m}^{\lambda}\eta[m_k(0)-m_k(d^k)]$$

$$\geqslant\sum_{k=m}^{\lambda}\eta c\varepsilon\min\{\varDelta_k, \frac{\varepsilon}{\beta}\}$$

实际上，上面的式子仅对 $x^k\neq x^{k+1}$ 的 k 来取，因为仅在此情况下，迭代点才真正地发生了变化。如果 $\varDelta_k\leqslant\varepsilon/\beta$，则

$$f(x^m)-f(x^{\lambda+1})\geqslant\eta c\varepsilon\sum_{k=m}^{\lambda}\varDelta_k$$

而

$$\sum_{k=m}^{l} \varDelta_k \geqslant \sum_{k=m}^{l} \| d^k \| = \sum_{k=m}^{l} \| x^{k+1} - x^k \| \geqslant \| x^{l+1} - x^m \| \geqslant r$$

于是

$$f(x^m) - f(x^{l+1}) \geqslant \eta c \varepsilon r = \eta c \varepsilon^2 \ / \ L \tag{4.18}$$

否则

$$\varDelta_k > \varepsilon / \beta, \quad k = m, m+1, \cdots, \lambda$$

此时

$$f(x^m) - f(x^{\lambda+1}) \geqslant \eta c \varepsilon^2 \ / \ \eta \tag{4.19}$$

既然序列$\{f(x^k)\}$是递减的且有下界，那么必存在某个 $f^* < -\infty$ ，使得

$$f(x^k) \downarrow f^*$$

所以，利用式(4.18)、式(4.19)，可得

$$\begin{aligned} f(x^m) - f^* &\geqslant f(x^m) - f(x^{l+1}) \\ &\geqslant \eta c \varepsilon^2 \min\left\{\frac{1}{L}, \frac{1}{\beta}\right\} \\ &\geqslant \frac{1}{4} \eta c \min\left\{\frac{1}{L}, \frac{1}{\beta}\right\} \| \nabla f(x^m) \|^2 \end{aligned}$$

因此

$$\lim_{m \to +\infty} \nabla f(x^m) = 0$$

第 5 章　共轭梯度法

共轭梯度法是优化中最常用的方法之一。对于共轭梯度法，我们主要关注两个方面：它不但是求解大规模的线性方程组的最有效的方法之一，同时也可以用于求解非线性优化问题。我们把这两类方法分别称为线性共轭梯度法和非线性共轭梯度法。本章将分别介绍它们卓越的性质。

线性共轭梯度法最早是由 Hestenes 和 Stiefel 在 1952 年为求解具有正定系数矩阵的线性方程组

$$\boldsymbol{A}x = b$$

而提出的。他们合作的文章被认为是共轭梯度法的奠基之作。线性共轭梯度法的实际效果和系数矩阵特征值的分布是有关系的。通过转化或者预处理线性方程组，我们可以改善特征值的分布，并且明显地改善算法的收敛性。预处理对设计实用的共轭梯度法起着关键性的作用。

非线性共轭梯度法最早由 Fletcher 和 Reeves 在 1964 年提出。它是已知的求解大规模的非线性优化问题的最早的方法之一。该算法的许多种变形已经被广泛应用于实际计算之中。这些算法的主要特征是不需要存储矩阵，并且比最速下降法的收敛速度快。

5.1　线性共轭梯度法

这一节，我们将要介绍线性共轭梯度法，并且讨论它的基本的收敛性质。为方便起见，以后我们将省略“线性”二字。

共轭梯度法是求解线性方程组

$$\boldsymbol{A}x=b \tag{5.1}$$

的一种迭代算法，其中 $\boldsymbol{A}$ 为 $n\times n$ 阶正定对称矩阵。问题式(5.1)可以被等价地阐述为下面的极小化问题：

$$\phi(x)=\frac{1}{2}x^{\mathrm{T}}\boldsymbol{A}x-b^{\mathrm{T}}x \tag{5.2}$$

即问题式(5.1)和问题式(5.2)具有相同的唯一解。这种等价性意味着共轭梯度法不仅可以求解线性方程组，又可以求解凸二次函数极小化问题。

注意：$\phi(x)$ 的梯度等于线性方程组的残量，即

$$\nabla\phi(x)=\boldsymbol{A}x-b=r(x) \tag{5.3}$$

5.1.1　共轭方向法

共轭梯度法的一个值得注意的性质是：它能以较小的代价来生成一组共轭向量。我们称一组非零向量 $\{d^0,d^1,\cdots,d^l\}$ 为关于正定矩阵 $\boldsymbol{A}$ 共轭的，如果

$$(d^i)^{\mathrm{T}} \boldsymbol{A}\, d^j = 0,\ \ i \neq j \tag{5.4}$$

则容易证明，满足这个性质的任意一组向量也是线性无关的。

共轭性的重要性在于我们可以沿着任意一组共轭方向不超过 n 次迭代得到$\phi(\cdot)$的极小点。为了证明这个事实，我们考虑下面的共轭方向法。

算法 5.1 给定一个初始点 $x^0 \in R^n$ 和一个共轭方向集 $\{d^0, d^1, \cdots, d^{n-1}\}$，通过下面的迭代公式生成 $\{x^k\}$：

$$x^{k+1} = x^k + \alpha_k d^k \tag{5.5}$$

其中

$$\alpha_k = -\frac{r(x^k)^{\mathrm{T}} d^k}{(d^k)^{\mathrm{T}} \boldsymbol{A}\, d^k} \tag{5.6}$$

我们有下面的结果。

定理 5.1 对于任意的 $x^0 \in R^n$，由共轭方向法中式(5.5)生成的序列 $\{x^k\}$ 在不超过 n 次迭代收敛到线性方程组(5.1)的解点 x^*。

证明：因为方向$\{d^i\}$是线性无关的，所以它们可以扩张成整个空间 R^n。因此，我们有

$$x^* - x^0 = \sigma_0 d^0 + \sigma_1 d^1 + \cdots + \sigma_{n-1} d^{n-1}$$

其中，σ_k 为固定的常数。将此式左边乘以$(d^k)^{\mathrm{T}}\boldsymbol{A}$，并且利用共轭性式(5.4)，可得

$$\sigma_k = \frac{(d^k)^{\mathrm{T}} \boldsymbol{A}\,(x^* - x^0)}{(d^k)^{\mathrm{T}} \boldsymbol{A}\, d^k} \tag{5.7}$$

下面我们证明σ_k和由公式(5.6)生成的步长α_k是一致的。因为$\{x^k\}$是由算法 5.1 中式(5.5)、式(5.6)生成的，所以

$$x^k = x^0 + \alpha_0 d^0 + \alpha_1 d^1 + \cdots + \alpha_{k-1} d^{k-1}$$

通过将上面的式子左边乘以 $(d^k)^{\mathrm{T}}\boldsymbol{A}$，并且利用共轭性(见式(5.4))，可得

$$(d^k)^{\mathrm{T}} \boldsymbol{A}\,(x^k - x^0) = 0$$

因此

$$(d^k)^{\mathrm{T}} \boldsymbol{A}\,(x^* - x^0) = (d^k)^{\mathrm{T}} \boldsymbol{A}\,(x^* - x^k) = (d^k)^{\mathrm{T}}(b - \boldsymbol{A}x^k) = -(d^k)^{\mathrm{T}} r(x^k) \tag{5.8}$$

利用式(5.8)，并且比较式(5.6)和式(5.7)，我们得到 $\sigma_k = \alpha_k$。证明完毕。

利用式(5.3)和式(5.5)，容易证明

$$r(x^{k+1}) = r(x^k) + \alpha_k \boldsymbol{A}\, d^k \tag{5.9}$$

定理 5.2 设 $x^0 \in R^n$ 是任意一个初始点，并且假设由共轭方向法中式(5.5)、式(5.6)生成序列 $\{x^k\}$。那么

$$r(x^k)^{\mathrm{T}} d^i = 0,\ \ \forall i = 0, \cdots, k-1 \tag{5.10}$$

并且 x^k 是 $\phi(x) = \frac{1}{2} x^{\mathrm{T}} \boldsymbol{A} x - b^{\mathrm{T}} x$ 在集合

$$\{x : x = x^0 + \mathrm{span}\{d^0, d^1, \cdots, d^{k-1}\}\} \tag{5.11}$$

上的极小点。

证明： 我们首先证明 $\tilde{x}$ 是 ϕ 在集合(5.11)上的极小点，当且仅当 $r(\tilde{x})^{\mathrm{T}}d^i=0$ $(i=0,1,\cdots,k-1)$。我们定义 $h(\sigma)=\phi(x^0+\sigma_0 d^0+\cdots+\sigma_{k-1}d^{k-1})$，其中 $\sigma=(\sigma_0,\sigma_1,\cdots,\sigma_{k-1})^{\mathrm{T}}$。因为 $h(\sigma)$ 是一个严格的凸二次函数，它有唯一的极小点 σ^* 并且满足

$$\frac{\partial h(\sigma^*)}{\partial \sigma_i}=0,\quad i=0,1,\cdots,k-1.$$

由链式法则，有

$$\nabla\phi(x^0+\sigma_0^* d^0+\cdots+\sigma_{k-1}^* d^{k-1})^{\mathrm{T}}d^i=0,\ i=0,1,\cdots,k-1$$

根据定义式(5.3)，我们立即得到所要证明的结果。

现在我们用归纳法证明 x^k 满足式(5.10)。由 α_k 的定义，我们立即可以得到 $r(x^1)^{\mathrm{T}}d^0=0$。下面我们做归纳假设，即 $r(x^{k-1})^{\mathrm{T}}d^i=0(\forall i=0,1,\cdots,k-2)$。由式(5.9)可得

$$r(x^k)=r(x^{k-1})+\alpha_{k-1}\boldsymbol{A}d^{k-1}$$

所以

$$r(x^k)^{\mathrm{T}}d^{k-1}=r(x^{k-1})^{\mathrm{T}}d^{k-1}+\alpha_{k-1}(d^{k-1})^{\mathrm{T}}\boldsymbol{A}\,d^{k-1}=0$$

同时，对于其他向量 $d^i\,(i=0,1,\cdots,k-2)$，我们有

$$r(x^k)^{\mathrm{T}}d^i=r(x^{k-1})^{\mathrm{T}}d^i+\alpha_{k-1}(d^i)^{\mathrm{T}}\boldsymbol{A}\,d^{k-1}=0$$

这是由于 d^i 的共轭性和归纳假设。对于 $i=0,1,\cdots,k-1$，我们得到 $r(x^k)^{\mathrm{T}}d^i=0$。证明完毕。

实际上，式(5.10)表示的残量 $r(x^k)$和它前面的所有搜索方向是正交的。这个性质将在本章中有着广泛的应用。

到目前为止，我们的讨论是具有一般性的，因为共轭方向法对共轭方向集 $\{d^0,d^1,\cdots,d^{n-1}\}$ 的选择具有任意性。选择共轭方向集的方法有很多种。例如，因为 $\boldsymbol{A}$ 的特征向量 $v^1,\cdots,v^n$ 是互相正交的并且是关于 $\boldsymbol{A}$ 共轭的，所以可以取 $v^1,\cdots,v^n$ 作为 $\{d^0,d^1,\cdots,d^{n-1}\}$。然而，对于大规模问题，计算全部的特征值是不切实际的，因为这需要大量的计算。一种解决方法就是改进 Gram-Schmidt 正交化过程，从而产生一组共轭方向而不是一组正交方向。这种改进是容易做到的，因为共轭性和正交性在本质上是密切联系的。在计算方面，这个方法需要存储整个方向集。

5.1.2 共轭梯度法的基本性质

共轭梯度法是最著名的共轭方向法，它具有一种特殊的性质，即可以通过前一个向量 d^{k-1} 来生成 d^k，从而生成共轭向量集。我们不需要知道在共轭向量集中位于 d^{k-1} 前面的所有元素 d^0、d^1、$\cdots$、d^{k-2}，d^k 会自动地和这些向量共轭。这一性质表明该算法需要很小的存储量和计算量。

下面我们就来详细叙述一下共轭梯度法。由最速下降方向 $\nabla\phi(x^k)$(它和负残量 $-r(x^k)$ 是相等的)和方向 d^{k-1} 的线性组合作为方向 d^k。我们写成

$$d^k=-r(x^k)+\beta_k d^{k-1}\tag{5.12}$$

其中，常数 β_k 必须保证 d^{k-1} 和 d^k 关于 $\boldsymbol{A}$ 共轭。通过将式(5.12)左边乘以 $(d^{k-1})^{\mathrm{T}}\boldsymbol{A}$，并且加上条件 $(d^{k-1})^{\mathrm{T}}\boldsymbol{A}\,d^k=0$，我们有

$$\beta_k = \frac{r(x^k)^{\mathrm{T}} \boldsymbol{A}\, d^{k-1}}{(d^{k-1})^{\mathrm{T}} \boldsymbol{A}\, d^{k-1}}$$

自然地，我们在初始点 x^0 处选择最速下降方向(负梯度方向)作为初始搜索方向 d^0。同其他的共轭方向法一样，我们依次沿着每个搜索方向进行连续的线性极小化。下面我们完整地给出算法。

算法 5.2

给定 x^0;

令 $r(x^0) = \boldsymbol{A}x^0 - b,\ d^0 = -r(x^0),\ k = 0$；

while $r(x^k) \neq 0$

$$\alpha_k = -\frac{r(x^k)^{\mathrm{T}} d^k}{(d^k)^{\mathrm{T}} \boldsymbol{A}\, d^k}; \tag{5.13a}$$

$$x^{k+1} = x^k + \alpha_k d^k; \tag{5.13b}$$

$$r(x^{k+1}) = \boldsymbol{A}x^{k+1} - b; \tag{5.13c}$$

$$\beta_{k+1} = \frac{r(x^{k+1})^{\mathrm{T}} \boldsymbol{A}\, d^k}{(d^k)^{\mathrm{T}} \boldsymbol{A}\, d^k}; \tag{5.13d}$$

$$d^{k+1} = -r(x^{k+1}) + \beta_{k+1} d^k; \tag{5.13e}$$

$$k = k+1; \tag{5.13f}$$

end (while)

这个算法对于研究共轭梯度法的性质是很有意义的。我们可以证明 $d^0,\cdots,d^{n-1}$ 的确是共轭的，因此由定理 5.1 可知迭代过程将在 n 步内终止。下面的定理给出了这个性质和另外两个重要性质：残量 $r(x^i)$是互相正交的，并且每个搜索方向 d^k 和残量 $r(x^k)$都包含在关于 $r(x^0)$的 k 阶 Krylov 子空间中，其中

$$K(r(x^0);k) = \mathrm{span}\{r(x^0), Ar(x^0), \cdots, A^k r(x^0)\} \tag{5.14}$$

定理 5.3　假设由共轭梯度法生成的第 k 个迭代点不是 x^*，则下列四个性质成立

$$r(x^k)^{\mathrm{T}} r(x^i) = 0,\quad \forall i = 0,\ \cdots, k-1 \tag{5.15}$$

$$\mathrm{span}\{r(x^0), r(x^1), \cdots, r(x^k)\} = \mathrm{span}\{r(x^0), \boldsymbol{A}r(x^0), \cdots, \boldsymbol{A}^k r(x^0)\} \tag{5.16}$$

$$\mathrm{span}\{d^0, d^1, \cdots, d^k\} = \mathrm{span}\{r(x^0), \boldsymbol{A}r(x^0), \cdots, \boldsymbol{A}^k r(x^0)\} \tag{5.17}$$

$$(d^k)^{\mathrm{T}} \boldsymbol{A}\, d^i = 0,\quad \forall i = 0,1,\cdots,k-1 \tag{5.18}$$

因此，序列 $\{x^k\}$ 至多 n 步收敛到解点 x^*。

证明：利用归纳法。显然，性质式(5.16)和式(5.17)在 k=0 时是成立的；性质式(5.18)在 k=1 时是成立的。假设这 3 个式子对于某个 k 是成立的，下面证明在 k+1 时它们也是成立的。

为了证明性质式(5.16)，我们首先证明等式左边的集合包含在右边的集合中。由归纳假设，可得

$$r(x^k)\in \text{span}\{r(x^0), Ar(x^0),\cdots, A^k r(x^0)\}$$

$$d^k \in \text{span}\{r(x^0), Ar(x^0),\cdots, A^k r(x^0)\}$$

将上面的式子左边乘以 A，可得

$$A\,d^k \in \text{span}\{Ar(x^0), A^2 r(x^0),\cdots, A^{k+1} r(x^0)\} \tag{5.19}$$

由式(5.9)，可知

$$r(x^{k+1})\in \text{span}\{r(x^0), Ar(x^0),\cdots, A^{k+1} r(x^0)\}$$

再考虑对性质式(5.16)的归纳假设，可得

$$\text{span}\{r(x^0), r(x^1),\cdots, r(x^{k+1})\}\subset \text{span}\{r(x^0), Ar(x^0),\cdots, A^{k+1} r(x^0)\}$$

为了证明反方向的包含关系是成立的，我们利用对性质式(5.17)的归纳假设，得到

$$A^{k+1} r(x^0) = A(A^k r(x^0)) \in \text{span}\{A\,d^0, A\,d^1,\cdots, A\,d^k\}$$

由式(5.9)，可得 $A\,d^i = (r(x^{i+1}) - r(x^i))\ /\ \alpha_i\,(\forall i = 0,1,\cdots k)$。因此

$$A^{k+1} r(x^0)\in \text{span}\{r(x^0), r(x^1),\cdots, r(x^{k+1})\}$$

再考虑对性质式(5.16)的归纳假设，我们有

$$\text{span}\{r(x^0), Ar(x^0),\cdots, A^{k+1} r(x^0)\}\subset \text{span}\{r(x^0), r(x^1),\cdots, r(x^{k+1})\}$$

因此，当 k 换成 k+1 时，性质式(5.16)也是成立的。

下面我们证明当 k 换成 k+1 时，性质式(5.17)也是成立的。

$$\begin{aligned}\text{span}\{d^0, d^1,\cdots, d^k, d^{k+1}\} &= \text{span}\{d^0, d^1,\cdots, d^k, r(x^{k+1})\}\\ &= \text{span}\{r(x^0), Ar(x^0),\cdots, A^k r(x^0), r(x^{k+1})\}\\ &= \text{span}\{r(x^0), r(x^1),\cdots, r(x^k), r(x^{k+1})\}\\ &= \text{span}\{r(x^0), Ar(x^0),\cdots, A^{k+1} r(x^0)\}\end{aligned}$$

接下来，我们证明当 k 换成 k+1 时，共轭条件式(5.18)是成立的。把式(5.13e)左边乘以 $Ad^i(i\text{=}0,1,\cdots,k)$，可得

$$(d^{k+1})^{\mathrm T} A\,d^i = -r(x^{k+1})^{\mathrm T} A\,d^i + \beta_{k+1}(d^k)^{\mathrm T} A\,d^i \tag{5.20}$$

由 β_k 的定义式(5.13d)可知，当 i=k 时，式(5.20)的右端为 0；当 $i\leqslant k$–1 时，我们需要做一些观察：首先，由对共轭条件式(5.18)的归纳假设可得方向 d^0、d^1、…、d^k 是共轭的。由定理 5.2，可得

$$r(x^{k+1})^{\mathrm T} d^i = 0,\quad \forall i = 0,1,\cdots,k \tag{5.21}$$

其次，重复利用性质式(5.17),当 $i = 0,1,\cdots,k-1$ 时，我们有下面的结论成立：

$$\begin{aligned}A\,d^i \in A\ &\text{span}\{r(x^0), Ar(x^0),\cdots, A^i r(x^0)\}\\ &= \text{span}\{Ar(x^0), A^2 r(x^0),\cdots, A^{i+1} r(x^0)\}\\ &\subset \text{span}\{d^0, d^1,\cdots, d^{i+1}\}\end{aligned} \tag{5.22}$$

由式(5.21)和式(5.22)，可得

$$r(x^{k+1})^{\mathrm T} A\,d^i = 0,\ \forall i = 0,1,\cdots,k-1$$

所以，当 $i = 0,1,\cdots,k-1$ 时，式(5.20)的右端的第 1 项为 0。由对共轭条件式(5.18)的归纳

假设，第 2 项也为 0。我们得到 $(d^{k+1})^{\mathrm{T}} \boldsymbol{A}\, d^i = 0 (i = 0,1,\cdots,k)$。因此，对共轭条件式(5.18)的归纳假设是成立的。

因此，由共轭梯度法生成的方向集的确是共轭方向集。由定理 5.1 可知，该算法至多 n 步后停止迭代。

最后，我们证明性质式(5.15)。因为方向集是共轭的，由式(5.10)可知 $r(x^k)^{\mathrm{T}} d^i = 0 (\forall i = 0,1,\cdots,k-1$，且 $k = 1,2,\cdots,n-1)$。由式(5.13e)，可得

$$d^i = -r(x^i) + \beta_i d^{i-1}$$

所以，$r(x^i) \in \mathrm{span}\{d^i, d^{i-1}\} (\forall i = 1,\cdots,k-1)$。则我们得到 $r(x^k)^{\mathrm{T}} r(x^i) = 0 \ (i = 1,\cdots,k-1)$。证明完毕。

这个定理的证明是建立在第一个方向 d^0 取最速下降方向 $-r(x^0)$ 的基础上的；实际上，这个结果在 d^0 取其他值时是不成立的。因为梯度 $r(x^k)$ 是互相正交的，术语“共轭梯度法”实际上是不恰当的，不是梯度而是搜索方向关于 $\boldsymbol{A}$ 共轭。

5.1.3　共轭梯度法的一个更加实用的版本

由定理 5.2 和定理 5.3，我们可以得到共轭梯度法的一个更好的版本。首先，我们可以利用式(5.13e)和式(5.10)代替 α_k 的式(5.13a)，得到

$$\alpha_k = \frac{r(x^k)^{\mathrm{T}} r(x^k)}{(d^k)^{\mathrm{T}} \boldsymbol{A}\, d^k}$$

其次，由式(5.9)可得 $\alpha_k \boldsymbol{A}\, d^k = r(x^{k+1}) - r(x^k)$，因此我们可以再一次利用式(5.13e)和式(5.10)来简化 β_{k+1}，则

$$\beta_{k+1} = \frac{r(x^{k+1})^{\mathrm{T}} r(x^{k+1})}{r(x^k)^{\mathrm{T}} r(x^k)}$$

利用这两个式子和式(5.9)，我们得到了下面的共轭梯度法的标准形式。

算法 5.3

给定 x^0；

令 $r(x^0) = Ax^0 - b, d^0 = -r(x^0),\quad k = 0$；

while　$r(x^k) \neq 0$

$$\alpha_k = \frac{r(x^k)^{\mathrm{T}} r(x^k)}{(d^k)^{\mathrm{T}} \boldsymbol{A}\, d^k}; \tag{5.23a}$$

$$x^{k+1} = x^k + \alpha_k d^k; \tag{5.23b}$$

$$r(x^{k+1}) = r(x^k) + \alpha_k \boldsymbol{A}\, d^k; \tag{5.23c}$$

$$\beta_{k+1} = \frac{r(x^{k+1})^{\mathrm{T}} r(x^{k+1})}{r(x^k)^{\mathrm{T}} r(x^k)}; \tag{5.23d}$$

$$d^{k+1} = -r(x^{k+1}) + \beta_{k+1} d^k; \tag{5.23e}$$

$$k = k+1 \tag{5.23f}$$

end(while)

在算法 5.3 的任何一个生成点处，我们根本不需要知道它前面的两次迭代之前的向量 x，r 和 d。共轭梯度法仅适用于求解大规模问题；在其他情形，高斯消去法或者其他的分解算法如奇异值分解算法是很有效的，因为它们对舍入误差不敏感。共轭梯度法的一个优点是它不需要转化系数矩阵。它的另外一个关键性质是它有时的收敛速度非常快，下面我们将要讨论这个问题。

5.1.4 收敛率

我们已经知道了共轭梯度法至多 n 次迭代就能找到问题的解点。更加值得注意的是，当 $\boldsymbol{A}$ 的特征值的分布相对集中时，算法 5.3 所需的迭代次数将会远少于 n。为了证明这个结论，我们首先回顾定理 5.2，并且利用它来证明该算法在某种意义上是最优的。

由式(5.23b)和性质式(5.17)，可得

$$\begin{aligned}x^{k+1}&=x^0+\alpha_0 d^0+\cdots+\alpha_k d^k\\&=x^0+\gamma_0 r(x^0)+\gamma_1 \boldsymbol{A}r(x^0)+\cdots+\gamma_k \boldsymbol{A}^k r(x^0)\end{aligned}\tag{5.24}$$

其中，γ_i 为常数。我们定义 $P_k^*(\cdot)$ 是系数为 γ_0、γ_1、…、γ_k 的 k 阶多项式，像其他的多项式一样，$P_k^*(\cdot)$ 既可以取常数也可以取方阵作为它的自变量。对于自变量是矩阵 $\boldsymbol{A}$ 的情形，有

$$P_k^*(\boldsymbol{A})=\gamma_0\boldsymbol{I}+\gamma_1\boldsymbol{A}+\cdots+\gamma_k\boldsymbol{A}^k$$

因此，我们可以把式(5.24)改写为

$$x^{k+1}=x^0+P_k^*(\boldsymbol{A})r(x^0)\tag{5.25}$$

当 k 个迭代点都位于由式(5.14)定义的 Krylov 子空间 $K(r(x^0);\mathrm{k})$ 时，我们发现在所有的这样的算法中，算法 5.3 在 k 步后对到解点的距离的极小化程度最佳，这个距离记为 $\|\cdot\|_{\boldsymbol{A}}$，定义如下：

$$\|z\|_{\boldsymbol{A}}^2=z^{\mathrm{T}}\boldsymbol{A}\,z\tag{5.26}$$

利用这个范数和 ϕ 的定义式(5.2)，容易证明

$$\frac{1}{2}\|x-x^*\|_{\boldsymbol{A}}^2=\frac{1}{2}(x-x^*)^{\mathrm{T}}\boldsymbol{A}\,(x-x^*)=\phi(x)-\phi(x^*)\tag{5.27}$$

定理 5.2 表明，在集合 $x^0+\mathrm{span}\{d^0,d^1,\cdots,d^k\}$ 上，x^{k+1} 极小化函数 ϕ，因此也极小化 $\|x-x^*\|_{\boldsymbol{A}}^2$。由式(5.25)可得，$P_k^*(\cdot)$ 是下面的问题的解：

$$\min_{P_k}\|x^0+P_k(\boldsymbol{A})r(x^0)-x^*\|_{\boldsymbol{A}}\tag{5.28}$$

因为

$$r(x^0)=\boldsymbol{A}x^0-b=\boldsymbol{A}x^0-\boldsymbol{A}x^*$$

我们有

$$x^{k+1}-x^*=x^0+P_k^*(\boldsymbol{A})r(x^0)-x^*=[\boldsymbol{I}+P_k^*(\boldsymbol{A})\boldsymbol{A}](x^0-x^*)\tag{5.29}$$

令 $\boldsymbol{A}$ 的特征值为 $0<\lambda_1\leqslant\lambda_2\leqslant\cdots\leqslant\lambda_n$，且 v^1、v^2、…、v^n 是相应的正交特征向量。因为这些向量可以生成整个空间 R^n，即有

$$x^0-x^*=\sum_{i=1}^n\delta_i v^i\tag{5.30}$$

其中 δ_i 为常数。容易证明，对于任意的多项式 P_k，$\boldsymbol{A}$ 的特征向量也是 $P_k(\boldsymbol{A})$的特征向量。对于特定的矩阵 $\boldsymbol{A}$ 和它的特征值λ_i、特征向量 v^i，可得

$$P_k(\boldsymbol{A})v^i = P_k(\lambda_i)v^i,\quad i=1,2,\cdots,n$$

把式(5.30)代入式(5.29)，可得

$$x^{k+1}-x^* = \sum_{i=1}^{n}[1+\lambda_i P_k^*(\lambda_i)]\delta_i v^i$$

因此

$$\| x^{k+1}-x^* \|_A^2 = \sum_{i=1}^{n}\lambda_i[1+\lambda_i P_k^*(\lambda_i)]^2\delta_i^2 \tag{5.31}$$

因为由共轭梯度法生成的多项式 P_k^* 关于这个范数是最优的，则

$$\begin{aligned}\| x^{k+1}-x^* \|_A^2 &= \min_{P_k}\sum_{i=1}^{n}\lambda_i[1+\lambda_i P_k^*(\lambda_i)]^2\delta_i^2 \\ &\leqslant \min_{P_k}\max_{1\leqslant i\leqslant n}[1+\lambda_i P_k(\lambda_i)]^2\left(\sum_{i=1}^{n}\lambda_j\delta_j^2\right) \\ &= \min_{P_k}\max_{1\leqslant i\leqslant n}[1+\lambda_i P_k(\lambda_i)]^2 \| x^0-x^* \|_A^2 \end{aligned} \tag{5.32}$$

这里我们利用了$\| x^0-x^* \|_A^2 = \sum_{j=1}^{n}\lambda_j\delta_j^2$。

我们可以通过估计表达式(5.32)中的

$$\min_{P_k}\max_{1\leqslant i\leqslant n}[1+\lambda_i P_k(\lambda_i)]^2 \tag{5.33}$$

来表示共轭梯度法的收敛率。换句话说，我们寻找多项式 P_k 使得这个多项式越小越好。在一些实际情况下，我们可以明显地找到这个多项式，并且得到一些关于共轭梯度法的有趣的性质。下面的结果就是一个例子。

定理 5.4　如果矩阵 $\boldsymbol{A}$ 仅有 r 个不同的特征值，那么共轭梯度法将在至多 r 次迭代内收敛到问题的解点。

证明：假设特征值 $\lambda_1,\lambda_2,\cdots,\lambda_n$ 具有 r 个不同的值 $\tau_1<\tau_2<\cdots<\tau_r$。我们定义多项式 $Q_r(\lambda)$ 为

$$Q_r(\lambda)=\frac{(-1)^r}{\tau_1\tau_2\cdots\tau_r}(\lambda-\tau_1)(\lambda-\tau_2)\cdots(\lambda-\tau_r)$$

并且注意到 $Q_r(\lambda_i)=0(\forall i=1,2,\cdots,n)$，且 $Q_r(0)=1$。由 $Q_r(0)=1$ 可知，$Q_r(\lambda)-1$ 是一个 r 次多项式并且 $\lambda=0$ 是它的一个根，所以通过多项式分解，函数 $\overline{P}_{r-1}$ 可定义为

$$\overline{P}_{r-1}(\lambda)=(Q_r(\lambda)-1)/\lambda$$

它是一个 r–1 次的多项式。在式(5.33)中令 $k=r-1$，得

$$0\leqslant \min_{P_{r-1}}\max_{1\leqslant i\leqslant n}[1+\lambda_i P_{r-1}(\lambda_i)]^2 \leqslant \max_{1\leqslant i\leqslant n}[1+\lambda_i \overline{P}_{r-1}(\lambda_i)]^2 = \max_{1\leqslant i\leqslant n}Q_r(\lambda_i)=0$$

因此，当 $k=r-1$ 时，式(5.33)中的常数为 0，代入式(5.32)，得到$\| x^r-x^* \|_A^2=0$，因此 $x^r=x^*$。证明完毕。

运用相似的推理，Luenberger 给出了下面的估计，这是关于共轭梯度法的实际表现的一个很好的刻划。

定理 5.5　如果矩阵 A 的特征值为 $\lambda_1 \leqslant \lambda_2 \leqslant \cdots \leqslant \lambda_n$，那么有

$$\| x^{k+1} - x^* \|_A^2 \leqslant \left(\frac{\lambda_{n-k} - \lambda_1}{\lambda_{n-k} + \lambda_1} \right)^2 \| x^0 - x^* \|_A^2 \tag{5.34}$$

证明：定义

$$P_{k+1}(t) = (1 - \frac{t}{\mu}) \prod_{j=n-k+1}^{n} (1 - \frac{t}{\lambda_j})$$

其中，$\mu = \dfrac{\lambda_{n-k} + \lambda_1}{2}$。定义函数

$$\overline{P}_k(t) = \frac{P_{k+1}(t) - 1}{t}$$

注意到 $P_{k+1}(\lambda_j) = 0, (n-k+1 \leqslant j \leqslant n)$，并且由式(5.32)，可得

$$\begin{aligned} \frac{\| x^{k+1} - x^* \|_A^2}{\| x^0 - x^* \|_A^2} &\leqslant \max_i [P_{k+1}(\lambda_i)]^2 = \max_{1 \leqslant i \leqslant n-k} [P_{k+1}(\lambda_i)]^2 \\ &\leqslant \max_{1 \leqslant i \leqslant n-k} (1 - \frac{\lambda_i}{\mu})^2 \prod_{j=n-k+1}^{n} (1 - \frac{\lambda_i}{\lambda_j})^2 \leqslant \max_{1 \leqslant i \leqslant n-k} (1 - \frac{\lambda_i}{\mu})^2 \\ &\leqslant \max_{\lambda_1 \leqslant \lambda \leqslant \lambda_{n-k}} (1 - \frac{\lambda}{\mu})^2 = \left(\frac{\lambda_{n-k} - \lambda_1}{\lambda_{n-k} + \lambda_1} \right)^2 \end{aligned}$$

证明完毕。

一般地，如果矩阵 A 的特征值集结在 r 个不同的点附近，共轭梯度法将在 r 步后近似地解出该问题的解点。进一步，建立在 A 的条件数上的共轭梯度法的收敛表达式为

$$\| x^k - x^* \|_A \leqslant \left(\frac{\sqrt{\kappa(A)} - 1}{\sqrt{\kappa(A)} + 1} \right)^{2k} \| x^0 - x^* \|_A \tag{5.35}$$

其中

$$\kappa(A) = \| A \|_2 \| A^{-1} \|_2 = \lambda_n / \lambda_1$$

这个界通常过高地估计了误差，但是在我们仅有关于 A 的极大、极小特征值的估计值的情况下，它是很有用的。我们可以把这个界和最速下降法的界做一下比较。它们形式上类似，但是最速下降法取决于条件数 $\kappa(A)$ 而不是 $\sqrt{\kappa(A)}$。

5.1.5　预处理

我们可以转化线性方程组，从而改善 A 的特征值的分布，加快共轭梯度法的收敛速度。这个过程的关键即预处理是通过一个非奇异的矩阵 C 把变量经 x 变成 $\hat{x}$ 的，即

$$\hat{x} = Cx \tag{5.36}$$

因此，由式(5.2)定义的二次函数ϕ转化为

$$\hat{\phi}(\hat{x})=\frac{1}{2}\hat{x}^{\mathrm{T}}(\boldsymbol{C}^{-\mathrm{T}}\boldsymbol{A}\boldsymbol{C}^{-1})\hat{x}-(\boldsymbol{C}^{-\mathrm{T}}b)^{\mathrm{T}}\hat{x} \tag{5.37}$$

如果我们利用算法 5.3 极小化 $\hat{\phi}$ 或者等价地求解线性方程组

$$(\boldsymbol{C}^{-\mathrm{T}}\boldsymbol{A}\boldsymbol{C}^{-1})\hat{x}=\boldsymbol{C}^{-\mathrm{T}}b$$

那么收敛率将会取决于 $\boldsymbol{C}^{-\mathrm{T}}\boldsymbol{A}\boldsymbol{C}^{-1}$ 的特征值而不是 $\boldsymbol{A}$ 的特征值。因此，我们旨在选择 $\boldsymbol{C}$，使得 $\boldsymbol{C}^{-\mathrm{T}}\boldsymbol{A}\boldsymbol{C}^{-1}$ 的特征值对于应用上面讨论的收敛理论更加地有利。我们可以选择 $\boldsymbol{C}$，使得 $\boldsymbol{C}^{-\mathrm{T}}\boldsymbol{A}\boldsymbol{C}^{-1}$ 的条件数比 $\boldsymbol{A}$ 的初始条件数要小。我们也可以选择 $\boldsymbol{C}$，使得 $\boldsymbol{C}^{-\mathrm{T}}\boldsymbol{A}\boldsymbol{C}^{-1}$ 的特征值分布比较集中，从而使迭代次数不会比特征值集结的“堆数”大多少。

明显地执行转化式(5.36)是不必要的，更加确切地说，我们可以把算法 5.3 应用到问题式(5.37)。然后，逆推用 x 表示的方程组。接下来，我们给出算法 5.4。算法 5.4 并没有明显地利用 $\boldsymbol{C}$，而是利用了对称且正定的矩阵 $\boldsymbol{M}=\boldsymbol{C}^{\mathrm{T}}\boldsymbol{C}$。

算法 5.4

给定 x^0，预条件数 $\boldsymbol{M}$；

令 $r(x^0)=\boldsymbol{A}x^0-b$；

解 $\boldsymbol{M}y^0=r(x^0)$ 得到 y^0；

令 $d^0=-r(x^0),k=0$；

while $r(x^k)\neq 0$

$$\alpha_k=\frac{r(x^k)^{\mathrm{T}}y^k}{(d^k)^{\mathrm{T}}\boldsymbol{A}d^k}; \tag{5.38a}$$

$$x^{k+1}=x^k+\alpha_k d^k; \tag{5.38b}$$

$$r(x^{k+1})=r(x^k)+\alpha_k\boldsymbol{A}d^k; \tag{5.38c}$$

$$\boldsymbol{M}y^{k+1}=r(x^{k+1}); \tag{5.38d}$$

$$\beta_{k+1}=\frac{r(x^{k+1})^{\mathrm{T}}y^{k+1}}{r(x^k)^{\mathrm{T}}y^k}; \tag{5.38e}$$

$$d^{k+1}=-y^{k+1}+\beta_{k+1}d^k; \tag{5.38f}$$

$$k=k+1$$

end (while)

如果我们在算法 5.4 中令 $\boldsymbol{M}=\boldsymbol{I}$，就得到了标准形式的共轭梯度法算法 5.3。

在计算方面，经过预处理和未经过预处理的共轭梯度法的主要区别在于，是否需要求解形如 $\boldsymbol{M}y=r$ 的方程组。

5.2 非线性共轭梯度法

我们注意到，共轭梯度法的算法 5.3 可以看作是用来求解由式(5.2)定义的凸二次函

数ϕ的极小化问题的一种解法。自然地，我们会考虑这个算法是否可以用来极小化一般的凸函数，甚至一般的非线性函数。

对于无约束优化问题

$$\min_{x\in R^n} f(x) \tag{5.39}$$

给定一个初始点 x^0，通过迭代生成 x^1，x^2，…最终得到解点。设当前迭代点为 x^k,线搜索方法将产生一个搜索方向 $d^k \in R^n$ 。然后，下一个迭代点为

$$x^{k+1} = x^k + \alpha_k d^k$$

其中，$\alpha_k > 0$ 是步长因子，它满足某些线搜索条件。

线搜索方法每步由两部分组成：①搜索方向 d^k 的计算；②步长因子α_k的计算。通常要求搜索方向 d^k 是下降方向，即

$$\nabla f(x^k)^{\mathrm{T}} d^k < 0$$

这个不等式保证了一定存在$\alpha > 0$，使得

$$f(x^k + \alpha d^k) < f(x^k)$$

也就是说，沿着 d^k 方向搜寻，一定可以找比 x^k 更好的点。最简单的下降方向是负梯度方向，即 $d^k = -\nabla f(x^k)$ 。可以称负梯度方向为最速下降方向。

由线性共轭梯度法推广而来的非线性共轭梯度法，其搜索方向是负梯度方向与上一步迭代的搜索方向的线性组合，它表示为

$$d^k = -\nabla f(x^k) + \beta_k d^{k-1}$$

其中

$$\beta_k = \frac{\| \nabla f(x^k) \|^2}{\| \nabla f(x^{k-1}) \|^2}$$

这就是著名的 Fletcher–Reeves 公式。f 为二次凸函数时，参数β_k还有许多其他的等价的计算公式。当$f(x)$为一般非线性函数时，这些公式的性质可能大相径庭。

步长因子α_k的计算对于一个线搜索方法也是至关重要的。显然，最好的点是在这个方向上函数值达到最小的点，即满足

$$f(x^k + \alpha_k d^k) = \min_{\alpha > 0} f(x^k + \alpha d^k)$$

这时，我们称之为精确线搜索。对于线性共轭梯度法，其α_k可以看成是由精确线搜索得到的。

精确线搜索需要求解一个单变量函数的极小值，计算量较大。所以，在实际计算中常常进行非精确线搜索，简称 Wolfe 线搜索。要求α_k满足条件：

$$f(x^k + \alpha_k d^k) \leqslant f(x^k) + c_1 \alpha_k \nabla f(x^k)^{\mathrm{T}} d^k$$

$$\nabla f(x^k + \alpha_k d^k)^{\mathrm{T}} d^k \leqslant c_2 \nabla f(x^k)^{\mathrm{T}} d^k$$

其中，c_1、c_2是满足 $0 < c_1 < c_2 < 1$ 的常数。第 1 个不等式要求函数值的下降至少要与切线的下降成比例；第 2 个不等式防止步长过小，因而保证目标函数值有足够的下降。只要目标函数 $f(x)$在 $\{x^k + \alpha d^k, \alpha > 0\}$ 上可微并且有下界，即知存在α_k满足 Wolfe 条件。

强 Wolfe 非精确线搜索要求α_k满足 Wolfe 条件中的第 1 个不等式和

$$|\nabla f(x^k+\alpha_k d^k)^{\mathrm T} d^k| \leqslant c_2 |\nabla f(x^k)^{\mathrm T} d^k|$$

当 $c_2=0$ 时，必有 $\nabla f(x^{k+1})^{\mathrm T} d^k=0$。因此，强 Wolfe 非精确线搜索可以看成是精确线搜索的一种推广。在非线性共轭梯度法的许多理论分析和实际计算中，常常使用强 Wolfe 非精确线搜索。下面我们将详细介绍非线性共轭梯度法。

5.2.1 Fletcher–Reeves 方法

Fletcher 和 Reeves 证明了将算法 5.3 做两个简单的改变就可以将该算法推广。

首先，代替求步长因子 α_k(α_k 沿着搜索方向 d^k 极小化 ϕ)的式(5.23a)，我们执行一个线搜索，它沿着 d^k 得到非线性函数 f 的近似极小值。其次，在算法 5.3 中残量 r 仅仅是 ϕ 的梯度，它将被换成非线性目标函数 f 的梯度。这两个改变产生了下面的求解非线性极小化化问题的算法。

算法 5.5

给定 x^0；

估值 $f(x^0),\nabla f(x^0)$；

令 $d^0=-\nabla f(x^0), k=0$；

while $\nabla f(x^k)\neq 0$

计算 α_k 并令 $x^{k+1}=x^k+\alpha_k d^k$；

估值 $\nabla f(x^{k+1})$；

$$\beta_{k+1}^{\mathrm{FR}}=\frac{\nabla f(x^{k+1})^{\mathrm T}\nabla f(x^{k+1})}{\nabla f(x^k)^{\mathrm T}\nabla f(x^k)}; \tag{5.40a}$$

$$d^{k+1}=-\nabla f(x^{k+1})+\beta_{k+1}^{\mathrm{FR}} d^k; \tag{5.40b}$$

$$k=k+1; \tag{5.40c}$$

end (while)

如果 f 为二次凸函数，α_k 是精确的步长因子，那么算法 5.5 便简化成了算法 5.3。算法 5.5 适用于求解大规模的非线性优化问题，因为每步迭代仅仅需要对目标函数和它的梯度估值。算法 5.5 不需要进行矩阵计算，仅需要存储几个向量。

为了更加详细地说明算法 5.5，我们需要更加精确地选择步长因子 α_k。由式(5.40b)右边的第二项，只有当 α_k 满足一定的条件时，搜索方向 d^k 才会成为下降方向。用式(5.40b)(把 k+1 换成 k)和梯度向量 $\nabla f(x^k)$ 做内积，可得

$$\nabla f(x^k)^{\mathrm T} d^k=-\|\nabla f(x^k)\|^2+\beta_k^{FR}\nabla f(x^k)^{\mathrm T} d^{k-1} \tag{5.41}$$

如果线搜索是精确的，α_{k-1} 就是 f 沿着方向 d^{k-1} 的一个局部极小点，即有 $\nabla f(x^k)^{\mathrm T} d^{k-1}=0$。在这种情况下，由式(5.41)可得，$\nabla f(x^k)^{\mathrm T} d^k<0$，所以 d^k 的确是一个下降方向。如果线搜索是不精确的，式(5.41)的右端的第 2 项可能不超过第 1 项，我们就可能有 $\nabla f(x^k)^{\mathrm T} d^k>0$，即实际上 d^k 可能是一个上升方向。幸运的是，为了避免这种情况，我们可以要求步长 α_k 满足强 Wolfe 条件，即

$$f(x^k+\alpha_k d^k)\leqslant f(x^k)+c_1\alpha_k\nabla f(x^k)^{\mathrm T} d^k \tag{5.42a}$$

$$|\nabla f(x^k+\alpha_k d^k)^{\mathrm{T}} d^k| \leqslant c_2 |\nabla f(x^k)^{\mathrm{T}} d^k| \tag{5.42b}$$

其中 $0<c_1<c_2<\dfrac{1}{2}$(注意：在这里我们令 $c_2<\dfrac{1}{2}$，而不是 $c_2<1$)。利用后面将要介绍的引理 5.1，我们可以由条件式(5.42b)得到式(5.41)是负数，并且我们可以得到任意的线搜索过程生成的α_k只要满足条件式(5.42)，就可以保证所有的方向 d^k 都是函数f的下降方向。

5.2.2 Polak–Ribière 方法

Fletcher–Reeves 方法的变形有很多种，它们的主要区别在于对β_k的不同选择上。在这些变形中，最重要的一个方法是由 Polak 和 Ribière 提出的，其中β是如下定义的：

$$\beta_{k+1}^{\mathrm{PR}} = \frac{\nabla f(x^{k+1})^{\mathrm{T}}[\nabla f(x^{k+1}) - \nabla f(x^k)]}{\nabla f(x^k)^{\mathrm{T}} \nabla f(x^k)} \tag{5.43}$$

把式(5.40a)换成式(5.43)的算法称为 PR 共轭梯度法。将算法 5.5 称为 FR 共轭梯度法。当 f 是二次的强凸函数并且线搜索精确的时候，这两种算法是相同的，因为由式(5.15)可知，梯度是互相正交的，所以 $\beta_{k+1}^{\mathrm{PR}}=\beta_{k+1}^{\mathrm{FR}}$。当求解具有不精确的线搜索的一般的非线性函数的时候，这两种算法的实际表现有着明显的不同。数值经验表明，在这两种算法中，PR 共轭梯度法更加有效。

关于 PR 共轭梯度法的一个令人意外的事实是，强 Wolfe 条件式(5.42)不能保证 $\{d^k\}$ 都是下降方向。如果我们将参数 β 定义为

$$\beta_{k+1}^{+} = \max\{\beta_{k+1}^{\mathrm{PR}}, 0\} \tag{5.44}$$

产生的算法我们称为 PR^+算法，那么一种简单改变过的强 Wolfe 条件可以确保下降性质仍然成立。

当目标函数是二次函数并且线搜索过程精确的时候，β_{k+1} 的选择常常和 Fletcher–Reeves 公式的 $\beta_{k+1}^{\mathrm{FR}}$ 是一致的。Hestenes–Stiefel 公式，定义如下

$$\beta_{k+1}^{\mathrm{HS}} = \frac{\nabla f(x^{k+1})^{\mathrm{T}}\left[\nabla f(x^{k+1}) - \nabla f(x^k)\right]}{(\nabla f(x^{k+1}) - \nabla f(x^k))^{\mathrm{T}} d^k} \tag{5.45}$$

它产生的算法无论在理论上还是在实际中，都是和共轭梯度法相似的。

目前，提出的任何一个关于β_k的定义，都没有明显地比 Polak–Ribière 公式(5.43)更加有效。

5.2.3 二次终止性和重新开始策略

非线性共轭梯度法通常和线性共轭梯度法保持着密切的联系。通常情况下，线搜索过程中包含着沿方向 d^k 的二次(或三次)插值。这个特征使得当 f 是严格的凸函数并且步长因子α_k精确的时候，非线性共轭梯度法可以简化成线性共轭梯度法的算法 5.3。

另外，在非线性共轭梯度法的迭代过程中，人们常常令式(5.40a)中的β_k=0，即利用一个最速下降步，每 n 步迭代后重新开始。重新开始策略可以周期性地刷新算法，擦除没有用处的旧信息。我们可以证明一个关于重新开始策略的很强的结果：它具有 n 步二

次收敛性，即

$$\| x^{k+n} - x \| = O(\| x^k - x^* \|^2) \tag{5.46}$$

稍做思考，我们可以看出这个结果并不是令人意外的。考虑函数 f，它在解点的某个邻域中是二次的强凸函数，但在其他点处不是二次的。假设算法收敛到问题的解点，迭代点最终会进入到二次区域，算法将在该区域中的某个点处采用重新开始策略。在接下来的迭代中，该算法的实际表现就像线性共轭梯度法的算法 5.3 一样。特别地，算法将在采用重新开始策略后的 n 步迭代内停止迭代。重新开始策略是很重要的，因为算法 5.3 的有限终止性仅当它的初始搜索方向取负梯度方向时才成立。

尽管在理论方面，式(5.46)是很有趣的，但是在实际应用中它并不常用，因为非线性共轭梯度法仅用来求解 n 阶的问题。在这些问题中，我们根本不需要采用重新开始策略，因为通常不超过 n 步迭代就可以得到问题的最优解。因此，非线性共轭梯度法并不经常采用重新开始策略，或者它包含的重新开始策略基于其他考虑而不是迭代数目。使用最广泛的重新开始策略利用了对性质(5.15)的观察，即当 f 是二次函数的时候，梯度是互相正交的。当两个相邻的梯度向量正交程度很差的时候(通过下式来衡量，其中，参数 γ 通常取做 0.1。)，执行重新开始策略是很有必要的。

$$\frac{|\nabla f(x^k)^{\mathrm{T}} \nabla f(x^{k-1})|}{\|\nabla f(x^k)\|^2} \geqslant \gamma \tag{5.47}$$

重新开始策略的另外一个改进是利用一个不是最速下降方向的方向来重新设定方向。我们也可以考虑把公式(5.44)作为重新开始策略，因为当 β_k^{PR} 是负数的时候，d^{k+1} 将会等于最速下降方向。然而，与公式(5.47)相比，这个重新开始策略是相当罕见的，因为 β_k^{PR} 在大多数情况下是正的。

5.2.3 Fletcher–Reeves 方法的行为

引理 5.1　假设算法 5.5 的步长因子 α_k 满足强 Wolfe 条件且 $0 < c_2 < 1/2$，那么由该算法生成的下降方向 d^k 满足下面的不等式

$$-\frac{1}{1-c_2} \leqslant \frac{\nabla f(x^k)^{\mathrm{T}} d^k}{\|\nabla f(x^k)\|^2} \leqslant \frac{2c_2 - 1}{1-c_2}, \quad \forall k = 0,1,\cdots \tag{5.48}$$

证明：注意到函数 $t(\delta)=(2\delta-1)(1-\delta)$ 在区间 [0, 1/2] 上是单调递增的且 $t(0)=-1$，$t(1/2)=0$。因此，由 $c_2 \in (0,\ 1/2)$，可得

$$-1 < \frac{2c_2-1}{1-c_2} < 0 \tag{5.49}$$

一旦确立了式(5.48)，下降条件 $\nabla f(x^k)^{\mathrm{T}} d^k < 0$ 也就成立了。

用数学归纳法证明。当 k=0 时，不等式(5.48)的中间项就变成了−1，由式(5.49)，我们可以看出式(5.48)两端的不等式都是成立的。接下来，假设式(5.48)在当某个 $k \geqslant 1$ 时是成立的。由式(5.40b)和式(5.40a)，可得

$$\frac{\nabla f(x^{k+1})^{\mathrm{T}} d^{k+1}}{\|\nabla f(x^{k+1})\|^2} = -1 + \beta_{k+1} \frac{\nabla f(x^{k+1})^{\mathrm{T}} d^k}{\|\nabla f(x^{k+1})\|^2} = -1 + \frac{\nabla f(x^{k+1})^{\mathrm{T}} d^k}{\|\nabla f(x^k)\|^2} \tag{5.50}$$

利用线搜索条件(5.42b)，可得

$$|\nabla f(x^{k+1})^{\mathrm{T}} d^k| \leqslant -c_2 \nabla f(x^k)^{\mathrm{T}} d^k$$

综合式(5.50)，得

$$-1+c_2\frac{\nabla f(x^k)^{\mathrm{T}} d^k}{\|\nabla f(x^k)\|^2} \leqslant \frac{\nabla f(x^{k+1})^{\mathrm{T}} d^{k+1}}{\|\nabla f(x^{k+1})\|^2} = -1-c_2\frac{\nabla f(x^k)^{\mathrm{T}} d^k}{\|\nabla f(x^k)\|^2}$$

把归纳假设的式(5.48)左端的 $\nabla f(x^k)^{\mathrm{T}} d^k / \|\nabla f(x^k)\|^2$ 项代入上式，得

$$-1-\frac{c_2}{1-c_2} \leqslant \frac{\nabla f(x^{k+1})^{\mathrm{T}} d^{k+1}}{\|\nabla f(x^{k+1})\|^2} \leqslant -1+\frac{c_2}{1-c_2}$$

这表明当 $k+1$ 时，式(5.48)也是成立的。证明完毕。

这个结果仅利用了第二个强 Wolfe 条件式(5.42b)，第一个 Wolfe 条件将在后面被用来建立全局收敛性。式(5.48)中 $\nabla f(x^k)^{\mathrm{T}} d^k$ 的界给出了范数 $\|d^k\|$ 的增长速度的一个极限，而且它也将在下面的收敛性分析中起到关键性的作用。

引理 5.1 也可以用来说明 Fletcher–Reeves 算法的一个缺点。即如果该算法生成一个坏的方向和很小的步长，那么下一个方向和下一个步长也可能不好。令 θ_k 表示 d^k 和最速下降方向 $-\nabla f(x^k)$ 的夹角，θ_k 定义如下：

$$\cos\theta_k = \frac{-\nabla f(x^k)^{\mathrm{T}} d^k}{\|\nabla f(x^k)\| \cdot \|d^k\|} \tag{5.51}$$

假设 d^k 不是一个好的搜索方向，即它和 $-\nabla f(x^k)$ 的夹角几乎成 90°，也就是 $\cos\theta_k \approx 0$ 。将式(5.48)两端同时乘以 $\|\nabla f(x^k)\| / \|d^k\|$ ，并且利用式(5.51)，得

$$\chi_1 \frac{\|\nabla f(x^k)\|}{\|d^k\|} \leqslant \cos\theta_k \leqslant \chi_2 \frac{\|\nabla f(x^k)\|}{\|d^k\|}, \quad \forall k = 0,1,\cdots \tag{5.52}$$

其中 χ_1 和 χ_2 是两个正的常数。由不等式的右端，我们可以得到 $\cos\theta_k \approx 0$ ，当且仅当

$$\|\nabla f(x^k)\| \ll \|d^k\|$$

因为 d^k 和梯度 $\nabla f(x^k)$ 几乎是正交的，所以从 x^k 到 x^{k+1} 的步长很小，即 $x^{k+1} \approx x^k$ 。此时，我们有 $\nabla f(x^k) \approx \nabla f(x^{k+1})$ ，因此

$$\beta_{k+1}^{\mathrm{FR}} \approx 1 \tag{5.53}$$

又因为 $\|\nabla f(x^{k+1})\| \approx \|\nabla f(x^k)\| \ll \|d^k\|$ ，可以得到

$$d^{k+1} \approx d^k$$

所以搜索方向仅改进了一点儿。也就是说，如果在某一次迭代时 $\cos\theta_k \approx 0$ 并且 α_k 很小，那么所有迭代的效果都不会很好。

在这些情况下，Polak-Ribière 方法的实际表现与众不同。如果像前面讨论的情况那样，在某个 k 时，搜索方向 d^k 满足 $\cos\theta_k \approx 0$，并且下一个步长很小，在式(5.43)中 $\nabla f(x^k) \approx \nabla f(x^{k+1})$ ，就得到 $\beta_{k+1}^{\mathrm{PR}} \approx 0$ 。由公式(5.40b)，我们发现新的搜索方向 d^{k+1} 和最速下降方向 $-\nabla f(x^k)$ 十分接近，并且 $\cos\theta_{k+1}$ 将和 1 十分接近。因此，在遇到了一个坏的方向之后，PR 方法实际上执行了一次重新开始策略。类似的讨论也可以应用到 PR^+ 和 HS 共轭梯度法。

5.2.4 全局收敛性

线性共轭梯度法的收敛性比较容易理解，但是非线性共轭梯度法的性质往往是令人

意外的。下面我们将给出 Fletcher–Reeves 方法和 Polok–Ribière 方法在利用线搜索时的一些已知的主要结果。

我们主要的分析工具就是下面的 Zoutendijk 定理。

定理 5.6　假设：

(1)水平集 $\tilde{L}=\{x: f(x)\leqslant f(x^0)\}$ 有界；

(2)在 $\tilde{L}$ 的某个邻域 N 中，目标函数 f 是 Lipschitz 连续可微的，即存在某个常数 $L>0$，使得

$$\|\nabla f(x)-\nabla f(\tilde{x})\|\leqslant L\|x-\tilde{x}\|,\quad \forall x,\tilde{x}\in N \tag{5.54}$$

这个假设说明存在常数 $\bar{\gamma}$，使得下式成立

$$\|\nabla f(x)\|\leqslant \bar{\gamma},\quad \forall x\in \tilde{L} \tag{5.55}$$

考虑由迭代公式 $x^{k+1}=x^k+\alpha_k d^k$ 在线搜索下生成的迭代序列 $\{x^k\}$，其中 d^k 为下降方向且 α_k 满足 Wolfe 条件式(5.42)。那么

$$\sum_{k=1}^{\infty}\cos^2\theta_k\|\nabla f(x^k)\|^2<\infty \tag{5.56}$$

利用这个定理，我们可以证明通过周期性地令 $\beta_k=0$ 进行重新开始策略的算法的全局收敛性。令 k_1，k_2，…表示重新开始策略发生时的迭代指标，由式(5.56)可得

$$\sum_{k=k_1,k_2,\cdots}\|\nabla f(x^k)\|^2<\infty \tag{5.57}$$

如果在两次“重新开始”中间不允许超过 $\bar{n}$ 步迭代，即 $k_{i+1}-k_i\leqslant\bar{n}$,序列 $\{k_j\}_{j=1}^{\infty}$ 将是无限的，并且由式(5.57)可得 $\lim\limits_{j\to\infty}\|\nabla f(x^{k_j})\|=0$，即梯度序列 $\{\nabla f(x^k)\}$ 的子序列趋近于零，或者等价于

$$\liminf_{k\to\infty}\|\nabla f(x^k)\|=0 \tag{5.58}$$

研究不采用重新开始策略的非线性共轭梯度法的全局收敛性是非常有趣的，因为对于大规模问题，我们希望在远小于 n 次迭代内找到它的解点。

我们可以在引理 5.1 和定理 5.6 的基础上证明 Fletcher–Reeves 方法的全局收敛性，但是无法证明梯度序列 $\{\nabla f(x^k)\}$ 的极限是 0。

定理 5.7　假设同定理 5.6 中的(1)、(2)，并且假设算法 5.4 的线搜索满足强 Wolfe 条件式(5.42)，其中 $0<c_1<c_2<1/2$。那么

$$\liminf_{k\to\infty}\|\nabla f(x^k)\|=0 \tag{5.59}$$

证明：利用反证法。假设式(5.59)不成立，即存在常数 $\gamma>0$，使得对于充分大的 k，总有

$$\|\nabla f(x^k)\|\geqslant\gamma \tag{5.60}$$

利用引理 5.1 和定理 5.6 即可推出矛盾。

由引理 5.1，可得

$$\cos\theta_k\geqslant\frac{1}{1-c_2}\frac{\|\nabla f(x^k)\|}{\|d^k\|},\quad k=1,2,\cdots \tag{5.61}$$

将该式代入 Zoutendijk 条件式(5.56)中，可得

$$\sum_{k=1}^{\infty}\frac{\|\nabla f(x^k)\|^4}{\|d^k\|^2}<\infty \tag{5.62}$$

利用式(5.42b)和引理 5.1，可得

$$|\nabla f(x^k)^{\mathrm{T}}d^{k-1}|\leqslant -c_2\nabla f(x^{k-1})^{\mathrm{T}}d^{k-1}\leqslant\frac{c_2}{1-c_2}\|\nabla f(x^{k-1})\|^2 \tag{5.63}$$

因此，由式(5.40b)和 β_k^{FR} 的定义式(5.40a)，可得

$$\begin{aligned}\|d^k\|^2&\leqslant\|\nabla f(x^k)\|^2+2\beta_k^{\mathrm{FR}}|\nabla f(x^k)^{\mathrm{T}}d^{k-1}|+(\beta_k^{\mathrm{FR}})^2\|d^{k-1}\|^2\\&\leqslant\|\nabla f(x^k)\|^2+\frac{2c_2}{1-c_2}\beta_k^{\mathrm{FR}}\|\nabla f(x^{k-1})\|^2+(\beta_k^{\mathrm{FR}})^2\|d^{k-1}\|^2\\&\leqslant\frac{1+c_2}{1-c_2}\|\nabla f(x^k)\|^2+(\beta_k^{\mathrm{FR}})^2\|d^{k-1}\|^2\end{aligned}$$

定义 $c_3=(1+c_2)/(1-c_2)\geqslant 1$，重复地利用上面的关系和 β_k^{FR} 的定义式(5.40a)，可得

$$\begin{aligned}\|d^k\|^2&\leqslant c_3\|\nabla f(x^k)\|^2+(\beta_k^{\mathrm{FR}})^2[\chi_3\|\nabla f(x^{k-1})\|^2+(\beta_{k-1}^{\mathrm{FR}})^2\|d^{k-2}\|^2]\\&=c_3\|\nabla f(x^k)\|^4\left[\frac{1}{\|\nabla f(x^k)\|^2}+\frac{1}{\|\nabla f(x^{k-1})\|^2}\right]+\frac{\|\nabla f(x^k)\|^4}{\|\nabla f(x^{k-2})\|^4}\|d^{k-2}\|^2\\&\leqslant c_3\|\nabla f(x^k)\|^4\sum_{j=1}^{k}\|\nabla f(x^j)\|^{-2}\end{aligned} \tag{5.64}$$

其中我们利用了

$$(\beta_k^{\mathrm{FR}})^2(\beta_{k-1}^{\mathrm{FR}})^2\cdots(\beta_{k-i}^{\mathrm{FR}})^2=\frac{\|\nabla f(x^k)\|^4}{\|\nabla f(x^{k-i-1})\|^4}$$

并且 $d^1=-\nabla f(x^1)$。通过把式(5.55)和式(5.60)用于式(5.64)，可得

$$\|d^k\|^2\leqslant\frac{\chi_3\bar{\gamma}^4}{\gamma^2}k \tag{5.65}$$

这表明

$$\sum_{k=1}^{\infty}\frac{1}{\|d^k\|^2}\geqslant\gamma_4\sum_{k=1}^{\infty}\frac{1}{k} \tag{5.66}$$

其中，γ_4 为正的常数。

为了推出矛盾，假设式(5.60)成立。由式(5.62)，我们有

$$\sum_{k=1}^{\infty}\frac{1}{\|d^k\|^2}<\infty \tag{5.67}$$

又由式(5.66)，我们可得到 $\sum_{k=1}^{\infty}\frac{1}{k}<\infty$，这与事实相悖。因此，式(5.60)不成立。证明完毕。

一般地，如果我们能证明存在常数 $c_4>0$，使得

$$\cos\theta_k\geqslant c_4\frac{\|\nabla f(x^k)\|}{\|d^k\|},\quad k=1,2,\cdots$$

并且存在另一个常数 c_5，使得

$$\frac{\|\nabla f(x^k)\|}{\|d^k\|} \geqslant c_5 > 0, \quad k=1,2,\cdots$$

由定理 5.6，可得

$$\lim_{k\to\infty}\|\nabla f(x^k)\|=0$$

这个结果可以用来证明，当 f 是强凸的而且采用了精确线搜索的时候，Polak–Ribière 方法是收敛的。

对于一般的(非凸的)函数，不可能证明出像 PR 算法的定理 5.7 这样的结果。这是我们不希望看到的，因为 PR 算法的实际表现比 FR 算法要好。实际上，下面的使人意外的结果表明了 PR 算法可以无限地循环而不接近解点。甚至利用了理想（"理想"的意思是 α_k 的值等于函数 $t(\alpha)=f(x^k+\alpha d^k)$ 的第一个驻点。)的线搜索也是如此。

定理 5.8　考虑采用了理想的线搜索的 PR 算法式(5.43)。存在一个二次连续可微的目标函数 $f: R^3 \to \mathbf{R}$ 和一个初始点 $x^0 \in R^3$，使得梯度序列 $\{\|\nabla f(x^k)\|\}$ 严格大于零。

关于共轭梯度法的收敛率的大部分理论都假设所采取的线搜索是精确的。

第 6 章 实用 Newton 法

我们已经知道，由于目标函数在极小点附近近似于二次函数，故当初始点靠近极小点时，Newton 法的收敛速度一般是较快的。然而，在实际应用 Newton 法时，迭代序列不一定收敛。在目标函数非凸的区域内，即使从某些初始点出发的序列收敛，但由于 Newton 方向不一定是下降方向，所以算法也可能不稳定。我们设计一个实用 Newton 法的首要目标是使得它在所有的情形下都稳定和收敛。

基本 Newton 方向 d_N^k 是由解如下的 $n \times n$ 对称线性系统得到的

$$\nabla^2 f(x^k)\ d_N^k = -\nabla f(x^k) \tag{6.1}$$

为了得到全局性收敛结果，我们要求搜索方向 d_N^k 是一个下降方向，如果 Hesse 阵 $\nabla^2 f(x^k)$ 是正定的，d_N^k 就是一个下降方向。但是，应用 Newton 法面临的主要困难是 Hesse 阵 $\nabla^2 f(x^k)$ 可能奇异，或者接近奇异；即使该矩阵是可逆的，它也未必是正定矩阵。此时，导出 Newton 法迭代格式的二次函数不一定有极小点，甚至没有驻点。这一章，我们描述两个保持方向 d_N^k 总为下降方向的策略。在第一个策略中我们用共轭梯度法解系统式(6.1)，遇到负曲率时停止迭代，我们称之为 Newton–CG 法；第二个策略是在解系统式(6.1)之前或过程中修正 Hesse 阵 $\nabla^2 f(x^k)$ 使它变得正定。这时保证了近似于目标函数的二次函数是严格凸的，存在极小点。我们称之为修正 Newton 法。

设计实用 Newton 法的另一个需要注意的地方是保持计算量尽可能小。在 Newton–CG 法中，我们通过在系统式(6.1)的精确解找到之前停止迭代来实现这个目标，这时非精确 Newton 法得到了一个近似于 Newton 方向 d_N^k 的方向 d^k。

Hesse 阵 $\nabla^2 f(x^k)$ 的计算在 Newton 法的实施中通常是一个主要的任务。如果 Hesse 阵不能在解析形式下得到，我们可以用自动微分技巧计算它或利用有限差分来估计它。这一章所描述的 Newton 法适合于解大、小规模无约束优化问题。

我们先来讨论非精确 Newton 法，因为它在线搜索和信赖域实施中起重要作用。

6.1 非精确 Newton 法

我们注意到 Newton 法的一个缺点是需要精确解出方程(6.1)，以 Gauss 消去法或其他类型的系数矩阵分解为基础的技巧在变量数目很多时计算量可能很大。另外，由于导出 Newton 方程的二次模型未必能对函数 f 的变化做出较好的预测，尤其在当前迭代点 x^k 离解点 x^* 较远时，因此我们不能保证在任何情形下都能得到系统式(6.1)的精确解。从而，要求对系统式(6.1)应用一个迭代法，在这个系统的某一近似解处停止迭代。

许多终止系统式(6.1)的迭代解的准则以残差

$$r^k = \nabla^2 f(x^k)\ d^k + \nabla f(x^k) \tag{6.2}$$

为基础，其中 d^k 是非精确 Newton 方向。考虑到目标函数尺度化的影响，终止准则可以

设定为

$$\| r^k \| \leqslant \eta_k \| \nabla f(x^k) \| \tag{6.3}$$

这里序列 $\{\eta_k\}(0<\eta_k<1,\forall k)$ 是一个控制不精确程度的序列，称之为控制序列。当 $\eta_k=0$ 时，非精确 Newton 法就变为 Newton 法。

我们现在讨论以式(6.1) ~ 式(6.3)为基础的非精确 Newton 法的收敛率是如何受控制序列的选择的影响的。下面我们说明局部收敛性仅仅是在序列 $\{\eta_k\}$ 一致小于 1 的条件下得到的。

定理 6.1 设 $\nabla f(x)$ 在极小点 x^* 的一个邻域内是连续可微的，且 $\nabla^2 f(x^*)$ 是正定的。考虑迭代 $x^{k+1}=x^k+d^k$，其中 d^k 满足式(6.3)，并且假设对某一常数 $\eta\in[0,1)$，$\eta_k\leqslant\eta$。那么如果初始点 x^0 充分接近 x^*，序列 $\{x^k\}$ 线性收敛于 x^*，即存在一个正数 $c\in(0,1)$，使得对于充分大的 k，有

$$\| x^{k+1}-x^* \| \leqslant c \| x^k-x^* \|$$

注意：对控制序列 $\{\eta_k\}$ 的要求是非常苛刻的，在某种程序上我们如果对它做微小的改动，将产生一个明显不收敛的算法。特别地，如果我们允许 $\eta_k\geqslant 1$，方向 d^k=0；在每一步迭代时都满足式(6.3)，但是，这时对于充分大的 k，x^k=x^0，因此序列 $\{x^k\}$ 不收敛于解点。

现在我们给出定理 6.1 的证明。

证明：因为 Hesse 矩阵 $\nabla^2 f(x^*)$ 是正定的，所以存在两个正常数 L_1、L_2>0，对于所有充分接近 x^* 的 x^k，有

$$\| \nabla^2 f(x^k) \| \leqslant L_1 \quad \| \nabla^2 f(x^k)^{-1} \| \leqslant L_2$$

由式(6.2)可知，非精确 Newton 方向 d^k 满足

$$\| d^k \| \leqslant L_2(\| \nabla f(x^k) \| + \| r^k \|) \leqslant 2L_2 \| \nabla f(x^k) \|$$

第 2 个不等式是由式(6.3)和 $\eta_k<1$ 得到的。

另外，根据 Taylor 展开式，有

$$\begin{aligned}\nabla f(x^{k+1}) &= \nabla f(x^k)+\nabla^2 f(x^k)\ d^k+O(\| d^k \|^2)\\ &= r^k+O(\| d^k \|^2)\\ &= r^k+O(\| \nabla f(x^k) \|^2)\end{aligned} \tag{6.4}$$

由式(6.3)、式(6.4)，可得

$$\| \nabla f(x^{k+1}) \| \leqslant \eta_k \| \nabla f(x^k) \| + O(\| \nabla f(x^k) \|^2) \tag{6.5}$$

这就是说，当 x^0 充分接近 x^* 时，$\{\| \nabla f(x^k) \|\}$ 是单调下降趋于零的序列，并且

$$\limsup_{k\to+\infty} \frac{\| \nabla f(x^{k+1}) \|}{\| \nabla f(x^k) \|} \leqslant \eta < 1$$

因此，当 x^0 充分靠近 x^* 时，迭代序列 $\{x^k\}$ 线性收敛到 x^*。

由关系式(6.4)可知，如果 $r^k=o(\| \nabla f(x^k) \|)$，那么梯度 $\nabla f(x^k)$ 的收敛率是超线性的，这时

$$\limsup_{k\to+\infty} \frac{\| \nabla f(x^{k+1}) \|}{\| \nabla f(x^k) \|} = 0$$

类似地，如果 $r^k = O(\|\nabla f(x^k)\|^2)$，有

$$\limsup_{k \to +\infty} \frac{\|\nabla f(x^{k+1})\|}{\|\nabla f(x^k)\|^2} = \gamma$$

其中，γ 是某一常数，且 $\gamma > 0$。这说明这时非精确 Newton 法是二次收敛的。

下面我们说明迭代序列 $\{x^k\}$ 收敛到 x^* 的速度与梯度序列 $\{\nabla f(x^k)\}$ 收敛到 0 的速度是同阶的。

事实上，由 $\nabla f(x^*) = 0$ 及中值定理，可得

$$\nabla f(x^k) = \nabla f(x^k) - \nabla f(x^*) = \nabla^2 f(\xi)(x^k - x^*)$$

其中，ξ 介于 x^k 与 x^* 之间。于是

$$\|\nabla f(x^k)\| \leqslant L_1 \|x^k - x^*\|$$

$$\|x^k - x^*\| \leqslant L_2 \|\nabla f(x^k)\|$$

这表明 $\{\|\nabla f(x^k)\|\}$ 与 $\{\|x^k - x^*\|\}$ 的收敛速度是同阶的。

定理 6.2　假设定理 6.1 的条件成立，并且假设由非精确 Newton 法产生的迭代序列 $\{x^k\}$ 收敛于 x^*。那么当 $\eta_k \to 0$ 时，梯度序列 $\{\nabla f(x^k)\}$ 超线性收敛到 0；当 $\eta_k = O(\|\nabla f(x^k)\|)$ 时，序列 $\{\nabla f(x^k)\}$ 具有二次收敛阶。

这个定理的证明可以由 Taylor 定理和关系式(6.4)得出。

由定理 6.2 可知，如果设定参数 $\eta_k = \min\{0.5, \sqrt{\|\nabla f(x^k)\|}\}$，那么收敛过程是超线性的。如果设参数 $\eta_k = \min\{0.5, \|\nabla f(x^k)\|\}$，那么收敛过程是二次的。

这部分的所有结果都是局部的，这是因为我们假设序列 $\{x^k\}$ 最终进入解点 x^* 的邻近区域内。不精确 Newton 法可以应用于各种 Newton 型方法，尤其对于大型问题将会收到很好的效果。

6.2　线搜索 Newton 法

现在，我们来描述适用于解大规模和小规模问题的线搜索 Newton 法。它的迭代形式为 $x^{k+1} = x^k + \alpha_k d^k$ (其中，α_k 是步长；d^k 是 Newton 方向 d_N^k 或接近 Newton 方向 d_N^k)。可以选择 α_k 满足 Wolfe 条件、Goldstein 条件或 Armijo 条件。我们强调线搜索应该总是先尝试单位步长 α_k=1，当它可接受时，我们就取 α_k=1，现在我们考虑计算搜索方向 d^k 的两个技巧(这两个技巧将在算法 6.1、算法 6.2 中描述)。

设 $f: R^n \to \mathbf{R}$ 在开集 D 上二次连续可微，

(1)如果 $\nabla^2 f(x)$ 至少有一个负的特征根，则称 $x \in D$ 为一个不定点。

(2)如果 x 是不定点，若方向 d 满足

$$d^{\mathrm{T}} \nabla^2 f(x)\ d < 0$$

则称 d 为 $f(x)$ 在 x 处的负曲率方向。

在线搜索 Newton–CG 法(也称为平切 Newton 法)中，我们通过对 Newton 方程(6.1)应用共轭梯度法来计算搜索方向，并且试图使之满足停止准则式(6.3)。我们要注意，共轭梯度法是用来解正定系统的，但是 Hesse 阵可能有远离解点的负特征根。因此，一旦出现负曲率方向我们就停止共轭梯度迭代。这里用共轭梯度法是为了保证方向 d^k 是一个

下降方向，并且保持 Newton 法的快速收敛性。

现在我们详细讨论这个内共轭梯度迭代，它是第 5 章中的共轭梯度算法的一个微小修正。我们记系数矩阵为 $\boldsymbol{A}=\nabla^2 f(x^k)$，右端向量为 $b=-\nabla f(x^k)$。我们将 $\{x_{\mathrm{CG}}^k\}$ 和 $\{d_{\mathrm{CG}}^k\}$ 分别记为共轭梯度迭代生成的序列和搜索方向，这是为了区别 Newton 迭代生成的序列 $\{x^k\}$ 和搜索方向 $\{d^k\}$。为了解线性系统式(6.1)，我们需要对共轭梯度迭代做以下 3 点要求：

(1)令共轭梯度迭代的初始点是 $\{x_{\mathrm{CG}}^0\}=0$；

(2)负曲率测试。如果由共轭梯度迭代生成的搜索方向 $\{d_{\mathrm{CG}}^k\}$ 满足

$$(d_{\mathrm{CG}}^k)^{\mathrm{T}}\boldsymbol{A}\,d_{\mathrm{CG}}^k \leqslant 0 \tag{6.6}$$

那么我们检查这是否为共轭梯度法的第一步迭代。如果是，我们用共轭梯度法进行第一步迭代，计算出新的迭代点 x_{CG}^1，停止。如果条件式(6.6)成立且 $k>0$，那么我们立即停止共轭梯度迭代并且输出最新生成的解点 x_{CG}^k；

(3)Newton 方向 d^k 由最终生成的共轭梯度迭代 x^f 来定义。

如果条件式(6.6)不满足，那么共轭梯度法的第 k 步迭代就如共轭梯度算法中所描述的。如果向量 d_{CG}^k 是满足条件式(6.6)的严格不等式，那么它是 $\boldsymbol{A}$ 的一个负曲率方向。

注意： 如果在共轭梯度法的第一步迭代时遇到负曲率，那么 Newton–CG 方向 d^k 就是最速下降方向 $-\nabla f(x^k)$。这就是在共轭梯度迭代中将初值选作 $x_{\mathrm{CG}}^0=0$ 的原因；另一方面，如果共轭梯度迭代执行不止一次，Newton–CG 方向也是一个下降方向。

Newton–CG 法不要求有 Hesse 阵 $\nabla^2 f(x^k)$ 的具体信息，然而它要求能给出 $\nabla^2 f(x^k)\ d$ 的矩阵向量乘积。这在下述情形下有用：不易给出计算二阶导数的准则或 Hesse 阵需要较多存储。在这些情形时，我们可以用自动微分和有限差分技巧来计算 Hesse 阵和向量乘积。

现在我们给出 Newton–CG 法的大概描述。我们选择 $\eta_k=\min\{0.5,\sqrt{\|\nabla f(x^k)\|}\}$，这是为了得到超线性收敛率。

算法 6.1(线搜索 Newton–CG)

给出初始点 x^0；

for　$k=0,1,2,\cdots$

从 $x_{\mathrm{CG}}^0=0$ 出发，通过对 $\nabla^2 f(x^k)\ d=-\nabla f(x^k)$ 应用共轭梯度法来计算搜索方向 d^k。当 $\|r^k\|\leqslant\min\{0.5,\sqrt{\|\nabla f(x^k)\|}\}\|\nabla f(x^k)\|$ 时，或遇到负曲率时，停止迭代；

计算 $x^{k+1}=x^k+\alpha_k d^k$ (其中 α_k 满足 Wolfe 条件、Goldstein 条件或 Armijo 条件)。

end

线搜索 Newton–CG 法适合于大规模问题，但它有一个缺点：当 Hesse 阵 $\nabla^2 f(x^k)$ 接近奇异时，Newton–CG 方向的范数可能非常大，在线搜索中需要许多函数估值。

在应用中我们希望直接用线性代数技巧，如用 Gauss 消去法来解 Newton 方程(6.1)。如果 Hesse 阵不是正定的或者是接近奇异的，那么，我们可以在解方程(6.1)的过程之中或之前修正这个矩阵来保证计算出的方向 d^k 满足线性系统方程(6.1)。Hesse 阵修正是对 Hesse 阵 $\nabla^2 f(x^k)$ 加上一个校正矩阵，使之成为正定矩阵，这样可以保证搜索方向是目标函数的下降方向。

算法 6.2(修正 Newton 法)

给出初始点 x^0；

for　k=1,2,⋯

设矩阵 $\boldsymbol{B}_k=\nabla^2 f(x^k)+\boldsymbol{E}_k$，其中 $\boldsymbol{E}_k$ 为校正矩阵，如果 $\nabla^2 f(x^k)$ 正定，$\boldsymbol{E}_k$=0；否则，选择适当的 $\boldsymbol{E}_k$ 使得 $\boldsymbol{B}_k$ 正定。

　　解 $\boldsymbol{B}_k d^k=-\nabla f(x^k)$，

　　令 $x^{k+1}=x^k+\alpha_k d^k$(其中α_k满足 Wolfe 条件、Goldstein 条件或 Armijo 条件)。

end

一般地，修正矩阵 $\boldsymbol{E}_k$ 的选择对于算法的效率有决定性影响。一些方法不直接计算出 $\boldsymbol{E}_k$，而是在标准分解过程中引进修正。以 Hesse 阵的修正 Cholesky 分解和对称不定分解为基础的策略在下一部分描述。

如果选择 $\boldsymbol{E}_k$ 的策略使得 $\boldsymbol{B}_k$ 满足有界修正分解性，那么 Newton 法具有全局收敛性。这个性质是当 Hesse 阵序列 $\{\nabla^2 f(x^k)\}$ 有界时，序列 $\{\boldsymbol{B}_k\}$ 中的矩阵存在有界的条件数κ，即存在 C>0 对于所有的 k=0,1,⋯，有

$$\kappa(\boldsymbol{B}_k)=\|\boldsymbol{B}_k\|\|\boldsymbol{B}_k^{-1}\|\leqslant C \tag{6.7}$$

定理 6.3　设 $f:R^n\to\mathbf{R}$ 在某个开集 D 上二阶连续可微，并且算法 6.2 的初始点 x^0 使得水平集 $L=\{x\in D:f(x)\leqslant f(x^0)\}$ 是紧集。那么若有界修正分解性质成立，则

$$\lim_{k\to+\infty}\nabla f(x^k)=0$$

证明：因为对于任意的 k=0,1,⋯，修正 Newton 方向 d^k 是目标函数的下降方向，所以线搜索产生的点列 $\{x^k\}\subset D$。

根据假设条件可知 $\nabla^2 f$ 在开集 D 上是连续的，水平集 L 是紧集，因此矩阵序列 $\{\nabla^2 f(x^k)\}$ 是有界的。于是，序列 $\{\boldsymbol{B}_k\}$满足有界修正分解性式(6.7)。因为修正 Newton 法的线搜索满足 Wolfe 条件、Goldstein 条件或 Armijo 条件，所以 Zoutendijk 条件成立，由此可得定理成立。

6.3　Hesse 修正

我们现在讨论修正 Hesse 阵 $\nabla^2 f(x^k)$ 的过程，在这个修正过程中我们明显或不明显选择 E_k 使算法 6.2 中的矩阵 $\boldsymbol{B}_k=\nabla^2 f(x^k)+\boldsymbol{E}_k$ 正定。除了要求修正矩阵 $\boldsymbol{B}_k$ 有较好的条件外，我们希望修正次数尽可能少，这是为了尽可能保留 Hesse 阵中的有关信息。自然，我们也希望修正分解在较少计算量下得到。

考虑下述问题：当前迭代点为 x^k，$\nabla f(x^k)=(-3,2,1)^{\mathrm{T}}$ 且 $\nabla^2 f(x^k)=\mathrm{diag}(3,-1,10)$，显然 $\nabla^2 f(x^k)$ 是不定的。由谱分解定理，我们定义 $\boldsymbol{Q}$=$\boldsymbol{I}$，且 $\boldsymbol{D}=\mathrm{diag}(\lambda_1,\lambda_2,\lambda_3)$，记

$$\nabla^2 f(x^k)=\boldsymbol{QDQ}^{\mathrm{T}}=\sum_{i=1}^{n}\lambda_i q_i q_i^{\mathrm{T}} \tag{6.8}$$

设 Newton 方向 $d_N^k=(1,2,-0.1)$，因为 $\nabla f(x^k)^{\mathrm{T}}\ d_N^k>0$，所以它不是一个下降方向。我们建议一个修正策略：用 $\boldsymbol{B}_k$ 的正定近似来替代 $\nabla^2 f(x^k)$，$\nabla^2 f(x^k)$ 中的所有负特征值都被一个稍大于机器精度 u 的小正数 $\delta=\sqrt{u}$ 代替，假设 $u=10^{-16}$，我们所得到的矩阵为

$$\boldsymbol{B}_k=\sum_{i=1,3}\lambda_i q_i q_i^{\mathrm{T}}+\delta q_2 q_2^{\mathrm{T}}=\mathrm{diag}(3,10^{-8},10) \tag{6.9}$$

$\boldsymbol{B}_k$ 在数值上是正定的，且沿特征向量 q_1、q_3 的曲率不变。然而注意，以这个 Hesse 修正为基础的搜索方向是

$$d^k = -\boldsymbol{B}_k^{-1}\nabla f(x^k) = -\sum_{i=1,3}\frac{1}{\lambda_i}q_i(q_i^{\mathrm{T}}\nabla f(x^k)) - \frac{1}{\delta}q_2(q_2^{\mathrm{T}}\nabla f(x^k)) \approx -(2\times 10^8)q_2 \tag{6.10}$$

对于较小的δ，这个方向 d^k 几乎平行于 q_2，而且 d^k 的范数非常大。尽管 f 沿方向 d^k 是下降的，但在此情形下使用 Newton 法就显得很不合适了。

另一类型的搜索方向是通过改变矩阵(6.8)中负特征值的符号得到的，在这里设δ=1。关于这样做是否构成一个理想的 Newton 法还没有一致的意见。可以考虑许多其他策略。

此刻我们暂把δ的选择问题放在一边，让我们更仔细地看一下修正一个矩阵，使之正定的过程。可以看出对矩阵(6.8)的修正矩阵(6.9)在上述意义下是最优的。如果 $\boldsymbol{A}$ 是一个具有谱分解 $\boldsymbol{A}=\boldsymbol{QDQ}^{\mathrm{T}}$ 的对称矩阵，那么使得 $\lambda_{\min}(\boldsymbol{A}+\Delta\boldsymbol{A})\geqslant\delta$ 成立的最小 F–模的校正矩阵$\Delta\boldsymbol{A}$ 是由下式给出的

$$\Delta\boldsymbol{A} = \boldsymbol{Q}\,\mathrm{diag}(\tau_i)\boldsymbol{Q}^{\mathrm{T}},\quad \tau_i = \begin{cases}0 & \lambda_i \geqslant \delta\\ \delta-\lambda_i & \lambda_i < \delta\end{cases} \tag{6.11}$$

其中，$\lambda_{\min}(\boldsymbol{A})$记为 $\boldsymbol{A}$ 的最小特征值，并且一个矩阵的 F–模定义为$\|\boldsymbol{A}\|_{\mathrm{F}}^2=\sum_{i=1}^{n}a_{ij}$。

注意：$\Delta\boldsymbol{A}$ 一般情况下不是对角的，修正矩阵由下式给出

$$\boldsymbol{A}+\Delta\boldsymbol{A} = \boldsymbol{Q}(\boldsymbol{D}+\mathrm{diag}(\tau_i))\boldsymbol{Q}^{\mathrm{T}}$$

使用不同的范数我们可以得到不同的对角修正。仍假设 $\boldsymbol{A}$ 是一个具有谱分解 $\boldsymbol{A}=\boldsymbol{QDQ}^{\mathrm{T}}$ 的对称阵。满足 $\lambda_{\min}(\boldsymbol{A}+\Delta\boldsymbol{A})\geqslant\delta$ 的具有 Euclid 范数的校正矩阵$\Delta\boldsymbol{A}$ 由下式给出

$$\Delta\boldsymbol{A} = \tau\boldsymbol{I},\quad \tau = \max\{0,\ \delta,\ -\lambda_{\min}(\boldsymbol{A})\} \tag{6.12}$$

现在修正矩阵的形式为 $\boldsymbol{A}+\tau\boldsymbol{I}$，它的所有特征值都已改变。

这些结论说明我们可以考虑对角修正和非对角修正。尽管我们没有回答如何构造一个好的修正这个问题，但是多种多样的实用的对角和非对角修正已经在软件中给出和应用。它不利用 Hesse 矩阵的谱分解，因为一般情况下计算量太大。数值实验表明下面描述的策略经常会产生好的搜索方向。

或许修正 Hesse 阵最简单的思路是找τ>0 使得 $\nabla^2 f(x^k)+\tau\boldsymbol{I}$ 是正定的。由以前的讨论我们知道τ一定满足式(6.12)，但通常情况下我们不能对 Hesse 阵的最小特征值做出好的估计。一个简单的想法是由 F–范数$\|A\|_{\mathrm{F}}$ 知 $\boldsymbol{A}$ 的最大特征值是有界的。我们有以下的策略，记 a_{ii} 为 $\boldsymbol{A}$ 的一个对角元素。

算法 6.3

设 $\beta=\|\boldsymbol{A}\|_{\mathrm{F}}$；

if　$\min a_{ii}>0$，

　$\tau_0=0$；

else　$\tau_0=\beta/2$；

end(if)

for　k=0,1,2,⋯

由不完全的 Cholesky 分解得到

$$LL^{\mathrm{T}}=A+\tau_k I;$$

if 分解成功完成，停止，输出 L；

else

$$\tau_{k+1}=\max\{2\tau_k,\ \beta/2\};$$

end(if)

end(for)

这个策略非常简单而且适用于下面描述的修正技巧，但是它有两个缺点：首先，这个算法产生的τ值可能比需要的大，这样生成的修正 Newton 方向将偏离最速下降方向；其次，每一个τ_k的值都需要一个新的分解，在产生几个试验值的条件下，计算量相当大。

修正一个非正定的 Hesse 阵的常用方法是对$\nabla^2 f(x^k)$实行 Cholesky 分解，增大分解过程中遇到的对角线上的元素来保证它们是正的。设计这个修正的 Cholesky 分解是为了实现两个目标：保证修正的 Cholesky 因子存在并且相对于原 Hesse 阵的范数是有界的，而且若 Hesse 阵正定时不修正它。

每一个对称正定阵 A 可以写为

$$A=LDL^{\mathrm{T}}$$

其中，L 是具有单位对角线上元素的下三角阵；D 是对角线上元素为正的对角阵，很容易得出计算 L 和 D 的公式。

上述计算过程的一般情形可以由如下算法给出

算法 6.4(Cholesky 分解)

for $j=1,2,\cdots,n$

$$c_{jj}=a_{jj}-\sum_{s=1}^{j-1}d_s l_{js}^2\ ;\quad d_j=c_{jj}\ ;$$

for $i=j+1,\cdots,n$

$$c_{ij}=a_{ij}-\sum_{s=1}^{j-1}d_s l_{js} l_{is}\ ;$$

$$l_{ij}=c_{ij}/d_j$$

end

end

可以证明，当 A 正定时，D 的对角线元素 d_j 是正的。这里引进 c_{ij} 仅仅是为了便于下面讨论的修正分解的描述。我们应该注意算法 6.4 与 Cholesky 分解的标准形式稍有不同。标准的 Cholesky 分解产生一个下三角阵 M，使得

$$A=MM^{\mathrm{T}}$$

事实上，我们可以用等式 $M=LD^{1/2}$ 使 M 与因子 L 和 D 联系起来。

基于 Cholesky 分解的另一种策略是：先计算 A 的 Cholesky 分解 LDL^{T}，然后修正 D 的对角线上的元素值。然而，这种处理方法有两个缺点：第一，对称不定阵的 Cholesky 分解可能不存在；第二，即使分解存在，其计算过程可能是数值不稳定的，因为其矩阵分解因子的元素可能是无界的。下面，我们给出一个数值稳定的处理方法。

我们将在分解过程中修正矩阵 $\boldsymbol{A}$ 使得 $\boldsymbol{D}$ 中的所有元素都是正的，并且 $\boldsymbol{D}$ 和 $\boldsymbol{L}$ 中的元素不太大。为了控制修正的质量，我们选择两个正参数 δ 和 β，要求在计算算法 6.4 中 $\boldsymbol{L}$ 和 $\boldsymbol{D}$ 的第 j 列时，满足下列有界性

$$d_j \geqslant \delta, \quad |m_{ij}| \leqslant \beta, \quad i = j+1, \cdots, n$$

为了满足这些有界性我们仅需改变算法 6.4 中一步：算法 6.4 中计算对角元素 d_i 的公式被下式代替

$$d_j = \max\{|c_{jj}|, (\theta_j / \beta)^2, \delta\} \quad (\text{其中，} \theta_j = \max_{j<i\leqslant n} |c_{ij}|)$$

我们注意算法 6.4 中 $c_{ij} = l_{ij} d_j$，因此

$$|m_{ij}| = |L_{ij}\sqrt{d_j}| = \frac{|c_{ij}|}{\sqrt{d_j}} \leqslant \frac{|c_{ij}|\beta}{\theta_j} \leqslant \beta, \quad \forall\, i > j$$

注意：θ_j 可以在 d_j 之前计算出来，这是因为算法 6.4 中的元素 c_{ij} 不包含 d_j。事实上，这就是在算法中引进 c_{ij} 的原因。这个观察也说明计算可以改变顺序，使在计算对角元素 d_j 之前计算出 c_{ij}。我们在下面描述的修正 Cholesky 分解算法中使用这个程序。为了尽量减少修正，引进了行和列的对称互换，使得在分解的第 j 步，第 j 行和第 j 列产生最大的对角元素。

算法 6.5(修正的 Cholesky 分解)

给定 $\delta > 0$，$\beta > 0$，

for　$k = 1, 2, \cdots$

　　$c_{kk} = a_{kk}$；

end

　　求最小指标 q，使得 $|c_{qq}| = \max_{j\leqslant i\leqslant n} |c_{ii}|$，交换 $\boldsymbol{A}$ 的 q 行和 j 行，q 列和 j 列的信息；

for　$j = 1, 2, \cdots, n$

　　for　$s = 1, 2, \cdots, j-1$；

　　　　$l_{js} = c_{js} / d_s$；

　　end

　　for　$i = j+1, \cdots, n$

　　　　$c_{ij} = a_{ij} - \sum_{s=1}^{j-1} l_{is} c_{is}$；

　　end

　　$\theta_j = 0$

　　if　$j \leqslant n$

　　　　$\theta_j = \max_{j<i\leqslant n} |c_{ij}|$，

　　end

$d_j = \max\{|c_{jj}|, (\theta_j/\beta)^2, \delta\}$;

    if $j < n$

        for $i = j+1, \cdots, n$

            $c_{ii} = c_{ii} - c_{ij}^2 / d_j$;

        end

    end

end

这个算法需要大约 $\frac{1}{6}n^3$ 次算术运算，与标准的 Cholesky 分解的计算量大致相同。但是，行、列交换要求计算机中数据的变动，对于大规模问题这个运算的代价可能很大。

假设 P 为出现在算法 6.5 中的与行列互换有关的置换矩阵。不难得到修正矩阵 $\boldsymbol{PAP}^{\mathrm{T}} + \boldsymbol{E}$ 的 Cholesky 分解，即

$$\boldsymbol{PAP}^{\mathrm{T}} + \boldsymbol{E} = \boldsymbol{LDL}^{\mathrm{T}} = \boldsymbol{MM}^{\mathrm{T}} \tag{6.13}$$

这里 $\boldsymbol{E}$ 是非负对角阵，若 $\boldsymbol{A}$ 正定，则 $\boldsymbol{E}$=0。

剩下关于算法 6.5 中参数 δ 和 β 的选择问题。常数 δ 通常选择接近机器精度 u，

$$\delta = u\max\{\gamma(\boldsymbol{A}) + \xi(\boldsymbol{A}), 1\}$$

其中，$\gamma(\boldsymbol{A})$ 和 $\xi(\boldsymbol{A})$ 分别是矩阵 $\boldsymbol{A}$ 的对角线上元素的最大模和非对角线上元素的最大模，即

$$\gamma = \max_{1\leqslant i\leqslant n}|a_{ii}| \qquad \xi = \max_{i\neq j}|a_{ij}|$$

建议 β 做下述选择

$$\beta = \max\{\gamma(\boldsymbol{A}), \xi(\boldsymbol{A})/\sqrt{n^2-1}), u\}^{1/2}$$

这是为了极小化修正 $\|\boldsymbol{E}\|_\infty$ 的范数。

由于在修正 Cholesky 分解 $\boldsymbol{B}_k$=$\boldsymbol{LDL}^{\mathrm{T}}$ 中，$d_j \geqslant \delta$，这就保证了在修正 Newton 法中得到的矩阵 $B_k = \nabla^2 f(x^k) + \boldsymbol{E}_k$ 是正定的，其条件数一致有界。

现在，我们利用 Gerschogrin 圆盘估值，在必要时增大对角元素的值来给出另一个修正 Cholesky 算法的概述。这个策略的第一步是对矩阵 $\boldsymbol{A}$ 应用算法 6.5，具有分解式(6.13)时停止。如果扰动矩阵 $\boldsymbol{E}=0$，我们完成修正，因为这种情况下 $\boldsymbol{A}$ 已经正定；否则，我们根据 $\boldsymbol{A}$ 的最小特征值 $\lambda_{\min}(\boldsymbol{A})$ 来计算两个上界 b_1、b_2。

第一个估值 b_1 由 Gerschogrin 圆盘定理得到；它保证 $\boldsymbol{A} + b_1\boldsymbol{I}$ 是严格对角占优的。

$$b_1 = |\min\{(\nabla^2 f(x^k))_{ii} - \sum_{j\neq i}|\nabla^2 f(x^k)_{ij}|\}| \geqslant |\min\lambda_i|$$

第二个上界 b_2 是

$b_2 = \max\limits_{1\leqslant i\leqslant n} e_{ii}$,，其中 e_{ii} 是 E 的第 i 个对角元。

另外，我们令 $\mu = \min\{b_1, b_2\}$。并且通过计算 $\boldsymbol{A} + \mu\boldsymbol{I}$ 的分解来完成算法，用这个矩阵的 Cholesky 因子作为修正矩阵的 Cholesky 因子。b_2 的使用给出了这个过程一个必要的控制，

因为从 Gerschogrin 圆盘定理中得到的估值 b_1 可能非常粗略。

修正一个不定的 Hesse 阵的另一个策略是使用对称不定分解。任一对称矩阵 $\boldsymbol{A}$，无论正定与否，都可以进行如下分解：

$$\boldsymbol{PAP}^{\mathrm{T}}=\boldsymbol{LBL}^{\mathrm{T}} \tag{6.14}$$

其中，$\boldsymbol{L}=(l_{ij})$ 是单位对角线上元素的下三角阵；$\boldsymbol{B}$ 是由 1×1 和 2×2 块构成的块对角阵；$\boldsymbol{P}$ 是一个置换矩阵，$\boldsymbol{P}$ 的选择使得下三角阵 $\boldsymbol{L}$ 满足 $|l_{ij}|\leqslant1$。我们知道试图计算一个不定阵的 $\boldsymbol{LDL}^{\mathrm{T}}$($\boldsymbol{D}$ 是一个对角阵)分解是不明智的，尽管不定阵也存在 $\boldsymbol{LDL}^{\mathrm{T}}$ 分解，但其矩阵因子的元素可能任意大。

$$\begin{bmatrix}\varepsilon & 1\\ 1 & 0\end{bmatrix}=\begin{bmatrix}1 & 0\\ 1/\varepsilon & 1\end{bmatrix}\begin{bmatrix}\varepsilon & 0\\ 0 & -1/\varepsilon\end{bmatrix}\begin{bmatrix}1 & 0\\ 1/\varepsilon & 1\end{bmatrix}^{\mathrm{T}}$$

但是，通过使用块对角阵 $\boldsymbol{B}$，其对角线上是 1×1 和 2×2 的块。对称不定分解式(6.14)总存在并且可以通过一个数值稳定的过程计算出来。

通过对称不定分解，我们可以得出一个矩阵的“惯性指数”即正特征根、零特征根和负特征根个数。可以证明，$\boldsymbol{B}$ 的“惯性指数”和 $\boldsymbol{A}$ 的“惯性指数”相等。而且 $\boldsymbol{B}$ 中的 2×2 块总有一个正的和一个负的特征根。这样，$\boldsymbol{A}$ 中的正特征根数等于 $\boldsymbol{B}$ 的正 1×1 块个数与 $\boldsymbol{B}$ 的 2×2 块个数之和。

对称不定分解的过程的第一步如下：我们选择矩阵 $\boldsymbol{A}$ 的一个子矩阵 $\boldsymbol{E}$ 作为一个主元块。选择 $\boldsymbol{E}$ 的准则将在后面介绍。但是我们要注意 $\boldsymbol{E}$ 或者是 $\boldsymbol{A}$ 的一个单一对角元素，或者包括 $\boldsymbol{A}$ 的两个对角元素和相应的非对角线上的元素。若 $\boldsymbol{A}$ 是非零的，则总可以适当挑选一些元素或子块使得 $\boldsymbol{E}$ 是非奇异的。然后，我们找一个置换矩阵 $\boldsymbol{P}$ 使得

$$\boldsymbol{PAP}^{\mathrm{T}}=\begin{bmatrix}\boldsymbol{E} & \boldsymbol{C}^{\mathrm{T}}\\ \boldsymbol{C} & \boldsymbol{H}\end{bmatrix}$$

现在我们对这个重新排列后的矩阵实施一个分块分解，用 $\boldsymbol{E}$ 作为元块，得到

$$\boldsymbol{PAP}^{\mathrm{T}}=\begin{bmatrix}\boldsymbol{I} & 0\\ \boldsymbol{CE}^{-1} & \boldsymbol{I}\end{bmatrix}\begin{bmatrix}\boldsymbol{E} & 0\\ 0 & \boldsymbol{H}-\boldsymbol{CE}^{-1}\boldsymbol{C}^{\mathrm{T}}\end{bmatrix}\begin{bmatrix}\boldsymbol{I} & \boldsymbol{E}^{-1}\boldsymbol{C}^{\mathrm{T}}\\ 0 & \boldsymbol{I}\end{bmatrix}$$

分解的下一步包括对 $\boldsymbol{H}-\boldsymbol{CE}^{-1}\boldsymbol{C}^{\mathrm{T}}$ 应用同样的过程，$\boldsymbol{H}-\boldsymbol{CE}^{-1}\boldsymbol{C}^{\mathrm{T}}$ 被称为 Schur 补，它是 $(n-1)\times(n-1)$ 阶或 $(n-2)\times(n-2)$ 阶的。反复应用同样的过程，直到我们得到分解式(6.14)。

在所有的迭代中，算法在两种主元形式中进行选择。分解产生的 $\boldsymbol{L}$ 和 $\boldsymbol{B}$ 形式上分别是下三角矩阵和块对角矩阵，如

$$\boldsymbol{L}=\begin{bmatrix}1&0&0&0&0&0\\ *&1&0&0&0&0\\ *&0&1&0&0&0\\ *&*&*&1&0&0\\ *&*&*&0&1&0\\ *&*&*&*&*&1\end{bmatrix}\qquad \boldsymbol{B}=\begin{bmatrix}*&0&0&0&0&0\\ 0&*&*&0&0&0\\ 0&*&*&0&0&0\\ 0&0&0&*&*&0\\ 0&0&0&*&*&0\\ 0&0&0&0&0&*\end{bmatrix}$$

对称不定分解需要大约 $n^3/3$ 个浮点运算，与一个正定阵的 Cholesky 分解代价相同。但是，在这里必须加上选取主元块 $\boldsymbol{E}$ 和执行排列 $\boldsymbol{P}$ 的代价，这些代价有时可能很大。选择主元块 $\boldsymbol{E}$ 有许多种策略，它对分解的代价和分解的数值性质有很大影响。

考虑到稳定性，主元 $\boldsymbol{E}$ 的选取应使得

$$\tilde{A} = (\tilde{a}_{ij}) = \boldsymbol{H} - \boldsymbol{C}\boldsymbol{E}^{-1}\boldsymbol{C}^{\mathrm{T}}$$

中的元素 $\tilde{a}_{ij}$ 被适当限界。为此，设 $\alpha \in (0,1)$ 已给定，定义度量

$$\mu_0 = \max_{i,j} |a_{ij}| \qquad \mu_1 = \max_{i} |a_{ii}|$$

Bunch–Parlett 选主元方案如下：(其中，s 为 1 或 2，即主元 $\boldsymbol{E}$ 为 $s \times s$ 阶的)

如果 $\mu_1 \geqslant \alpha\,\mu_0$，$s=1$ 选取 p_1，使得 $|e_{11}| = \mu_1$；

否则，$s=2$，选取 p_1 使得 $|e_{21}| = \mu_0$。

由 $\tilde{A} = (\tilde{a}_{ij}) = \boldsymbol{H} - \boldsymbol{C}\boldsymbol{E}^{-1}\boldsymbol{C}^{\mathrm{T}}$ 容易证得，如果 $s=1$，则

$$|\tilde{a}_{ij}| \leqslant (1+\alpha^{-1})\mu_0;$$

若 $s=2$，则 $|\tilde{a}_{ij}| \leqslant \dfrac{3-\alpha}{1-\alpha}\mu_0$。

到目前为止，我们忽略了主元块 $\boldsymbol{E}$ 的选取对最后得到的因子 $\boldsymbol{L}$ 的稀疏性的影响。这个考虑在要分解矩阵是规模大的和稀疏时是不可缺少的，因为它严重影响了 CPU 时间和算法需要的总存储。

上述讨论的对称不定分解算法是数值稳定，我们可以修正它使得修正的因子是一个正定阵的因子。这个策略为：首先计算分解式(6.14)和谱分解式 $\boldsymbol{B} = \boldsymbol{Q}\boldsymbol{D}\boldsymbol{Q}^{\mathrm{T}}$，因为 $\boldsymbol{B}$ 是块对角阵，谱分解的计算量不是很大；然后，构造一个修正矩阵 $\boldsymbol{F}$ 使得 $\boldsymbol{L}(\boldsymbol{B}+\boldsymbol{F})\boldsymbol{L}^{\mathrm{T}}$ 是正定的。由修正的谱分解式(6.11)，我们选择一个参数 $\delta > 0$ 并且定义 $\boldsymbol{F}$ 为

$$\boldsymbol{F} = \boldsymbol{Q}\,\mathrm{diag}(\tau_i)\boldsymbol{Q}^{\mathrm{T}} \qquad \tau_i = \begin{cases} 0 & \lambda_i \geqslant \delta \\ \delta - \lambda_i & \lambda_i < \delta \end{cases} \tag{6.15}$$

其中 λ_i 是 $\boldsymbol{B}$ 的特征值。矩阵 $\boldsymbol{F}$ 具有最小 Frobenius 范数修正，并且保证修正矩阵 $\boldsymbol{B}+\boldsymbol{F}$ 的所有特征值都不小于 δ。因此这个策略将分解式(6.14)修正为

$$\boldsymbol{P}(\boldsymbol{A}+\boldsymbol{E})\boldsymbol{P}^{\mathrm{T}} = \boldsymbol{L}(\boldsymbol{B}+\boldsymbol{F})\boldsymbol{L}^{\mathrm{T}}$$

其中，$\boldsymbol{E} = \boldsymbol{P}^{\mathrm{T}}\boldsymbol{L}\boldsymbol{F}\boldsymbol{L}\boldsymbol{P}^{\mathrm{T}}$。

注意：一般情况下 $\boldsymbol{E}$ 不是对角的。因此，与修正的 Cholesky 法相比，这个修正策略改变了总的矩阵 $\boldsymbol{A}$，而不仅仅改变了它的对角元素。策略式(6.15)的目的是使修正矩阵满足 $\lambda_{\min}(\boldsymbol{A}+\boldsymbol{E}) \approx \delta$，而不论原矩阵的最小特征值是否小于 δ。

6.4 信赖域 Newton 法

Newton 的基本思想是在迭代点 x^k 附近用二次函数

$$m_k(d) = f(x^k) + \nabla f(x^k)^{\mathrm{T}} d + \frac{1}{2} d^{\mathrm{T}} \boldsymbol{B}_k d$$

逼近 $f(x)$，并且用 $m_k(d)$ 的极小点 d^k 修正 x^k 后，得到

$$x^{k+1} = x^k + d^k$$

但是，Newton 法只能保证算法的局部收敛性。为了建立算法的全局收敛性，我们前面介绍了一维搜索技术，在采用一维搜索方法时，我们保持同样的搜索方向，而选择一个缩短了的步长。虽然，这种策略很成功，但它有一个缺点，没有进一步利用 n 维二次模型。

在这一节，我们介绍另一种方法：信赖域法。与线搜索法相比，信赖域法不要求二次模型中的 Hesse 阵是正定的。因此，我们可以在这个模型中直接用精确的 Hesse 阵 $\boldsymbol{B}_k = \nabla^2 f(x^k)$，并且通过解下式得到方向 d^k

$$\min_{d \in R^n} m_k(d) = f(x^k) + \nabla f(x^k)^{\mathrm{T}} d + \frac{1}{2} d^{\mathrm{T}} B^k d, \qquad \text{s.t.} \ \| d \| \leqslant \varDelta_k \tag{6.16}$$

在第 4 章我们已经描述了许多求这个子问题近似解或精确解的技巧。当 $\boldsymbol{B}_k$ 是任一对称阵时，这些技巧中的大多数都可以应用。因此，特殊情形 $\boldsymbol{B}_k = \nabla^2 f(x^k)$ 也不例外。现在，我们主要讨论当变量数目很多时，信赖域 Newton 法的执行。下面讨论解(6.16)的 4 个技巧：

(1)Dogleg 法；

(2)二维子空间极小化法；

(3)用迭代法求精确解；

(4)共轭梯度法。对于以共轭梯度法为基础的方法，我们通过范数的选择来定义信赖域，这可以看做是预处理子问题的一种方法。

如果 $\boldsymbol{B}_k$ 是正定的，Dogleg 法给出了问题式(6.16)的一个近似解，这个近似解不难计算，并且这个方法是稳定的和快速收敛的。然而，由于 Hesse 阵不一定总是正定的，Dogleg 法不可直接应用。用 Dogleg 法来极小化非凸函数时，我们可以利用一个 Hesse 修正，代替精确的 Hesse 阵 $\nabla^2 f(x^k)$ 作为 $\boldsymbol{B}_k$，这时就保证了问题式(6.16)中的函数是一个二次凸函数。这样选择 $\boldsymbol{B}_k$ 允许我们实施 Dogleg 法来找一个近似 Newton 方向。也就是说，我们选择问题式(6.16)的近似解为问题式(6.16)中的修正模型函数 m_k 沿着折线方向的最小点，折线方向为：

$$\tilde{d}(\tau) = \begin{cases} \tau d_u, & 0 \leqslant \tau \leqslant 1 \\ d_u + (\tau - 1)(d_B - d_u), & 1 \leqslant \tau \leqslant 2 \end{cases} \tag{6.17}$$

其中，d_u 定义为

$$d_u = \frac{\nabla f(x)^{\mathrm{T}} \nabla f(x)}{\nabla f(x)^{\mathrm{T}} B \, \nabla f(x)} \nabla f(x)$$

d_B 是问题式(6.16)的无约束最小点。

类似地，我们也可以应用二维子空间极小化法(当 $\boldsymbol{B}_k$ 是正定的或有一个修正使它正

定时)，找出问题式(6.16)的一个近似解

$$\min_{d\in R^n} \quad m_k(d)=f(x^k)+\nabla f(x^k)^{\mathrm T}d+\frac{1}{2}d^{\mathrm T}\boldsymbol{B}_k\, d$$

$$\text{s.t.} \quad \|d\|\leqslant \Delta_k\,,\ \ d\in \operatorname{span}\{\ \nabla f(x^k)\ ,\ d_B\} \tag{6.18}$$

Dogleg 法和二维子空间极小化法有一个优点，即所有的线性代数计算都可由相应软件直接执行，这个性质在一些应用中可能是很重要的。这两个方法也是全局收敛的。当 Hesse 阵正定时，我们希望用来得到 $\boldsymbol{B}_k$ 的修正分解策略不修正 Hesse 阵，并且希望这个方法具有 Newton 法的快速局部收敛特征。

然而，在 Dogleg 法中使用一个修正分解不能完全从直观上得出。一个修正分解在某种程度上随机地扰动 $\nabla^2 f(x^k)$，这会导致方向 d 偏向某些方向。这样的话，信赖域法的优点可能不能实现。事实上，在 Hesse 阵分解过程中引进修正在某种意义上是多余的，这是因为信赖域策略引进了它自己的修正。解信赖域问题需要分解正定(正半定)矩阵 $\nabla^2 f(x^k)+\lambda \boldsymbol{I}$，其中 λ 依赖于信赖域半径的大小。

因此，我们可以看出，当主函数是凸函数时，Dogleg 法非常适用。下面描述的技巧可能更适用于一般情形。

我们可以用共轭梯度法近似解信赖域问题式(6.16)，并且要求满足 Steihaug 提出的停止准则。通过把算法 4.3 中每步的 $\boldsymbol{B}_k$ 记为 $\nabla^2 f(x^k)$，我们得到这个 Newton–CG 算法的计算步骤，这个过程总的来说是对下述系统应用共轭梯度法：

$$\boldsymbol{B}^k d^k=-\nabla f(x^k) \tag{6.19}$$

停止迭代的情形：①如果近似解的大小超过信赖域半径；②系统式(6.19)的解满足要求的精度；③遇到负曲率。

对内共轭梯度法中的精度控制是保持 Newton–CG 法代价尽可能低的关键。在一个好的解点 x^* 附近，信赖域约束变得不起作用，Newton–CG 法就是第 6.1 节中的非精确 Newton 法。我们知道此时算法的收敛率与控制序列 $\{\eta_k\}$ 的选择有关。

如在线搜索 Newton–CG 法中一样，不要求有 Hesse 阵的具体信息，我们可以通过自动微分或有限差分近似来计算矩阵向量乘积 $\nabla^2 f(x^k)\ v$。

信赖域 Newton–CG 法在计算上和理论上有许多好的性质：首先，它是全局收敛的，并且沿着方向 $-\nabla f(x^k)$ 识别子问题式(6.16)的 Cauchy 点，任一共轭梯度迭代用来改善模型值；其次，它不需要矩阵分解，因此我们可以利用 Hesse 阵的稀疏结构而不用担心直接分解过程中的填充。而且，共轭梯度迭代作为算法计算的重点部分可以被并行执行，因为关键运算是矩阵向量乘积。当 Hesse 阵正定时，Newton–CG 法随着接近解点 x^* 越来越接近于 Newton 法。由此可知，Newton–CG 法快速收敛也是可能的。

与线搜索 Newton–CG 法相比，信赖域 Newton–CG 有两个优点：①步长是由信赖域半径控制的；②利用了负曲率方向。计算经验说明优点②在实践中是有利的，因为它有时允许计算远离不是极小点的驻点。

当 Hesse 阵是坏条件时没有预处理的共轭梯度法可能是无效的，甚至可能会达不到想要的精度。因此，在共轭梯度法中引进预处理技巧是重要的。这个技巧以找一个非奇

异矩阵 $\boldsymbol{D}$，使得 $\boldsymbol{D}^{-\mathrm{T}}\boldsymbol{B}_k\boldsymbol{D}$ 的特征值有一个较令人满意的分布为基础。

在 Newton–CG 法中使用预处理要谨慎，这是因为预处理后的共轭梯度迭代不再产生使得 l_2 范数增加的迭代点，这个性质仅对没有预处理的共轭梯度迭代成立。这样的话，我们不能仅在迭代达到信赖域边界就停止共轭梯度迭代，这是因为后来的共轭梯度迭代有可能重新返回信赖域内。

但是，存在一个加权的 l_2 范数，在其中预处理的共轭梯度迭代的模单调地增加。考虑子问题

$$\min_{d\in R^n} \quad m_k(d)=f(x^k)+\nabla f(x^k)^{\mathrm{T}}d+\frac{1}{2}d^{\mathrm{T}}\boldsymbol{B}_k\,d\,,\quad \text{s.t.}\,\|\boldsymbol{D}d\|\leqslant \varDelta_k \tag{6.20}$$

我们将式(6.20)写为

$$\min_{\hat{d}\in R^n} f(x^k)+\hat{g}(x^k)\;\hat{d}+\frac{1}{2}\hat{d}^{\mathrm{T}}\hat{\boldsymbol{B}}_k\;\hat{d}\,,\quad \text{s.t.}\,\|\hat{d}\|\leqslant \varDelta_k \tag{6.21}$$

其中，变量 $\hat{d}=\boldsymbol{D}d$，并且定义 $\hat{g}(x^k)=\boldsymbol{D}^{-\mathrm{T}}\nabla f(x^k)$，$\hat{\boldsymbol{B}}_k=\boldsymbol{D}^{-\mathrm{T}}\boldsymbol{B}_k\boldsymbol{D}^{-1}$，式(6.21)与式(6.16)形式相同。现在我们可以直接用共轭梯度法，而不用对这个子问题做任何修正。现在计算范数 $\|\hat{d}\|=\|\boldsymbol{D}d\|$，它在共轭梯度迭代过程中是单调增加的，当 $\|\boldsymbol{D}d\|$ 超过边界 $\varDelta_k$ 时停止迭代。

可以用这个框架做许多预处理，尤其对于不完全 Cholesky 分解。不完全 Cholesky 分解在优化问题的许多方面都非常有用。一个正定矩阵 $\boldsymbol{B}$ 的不完全 Cholesky 分解为找一个下三角阵 $\boldsymbol{L}$，使得

$$\boldsymbol{B}=\boldsymbol{L}\boldsymbol{L}^{\mathrm{T}}-\boldsymbol{R}$$

其中，$\boldsymbol{L}$ 的填充总数在某些情况下是受限制的；矩阵 $\boldsymbol{R}$ 说明近似分解的不精确性。当 Hesse 阵 $\nabla^2 f(x^k)$ 不定时，情况变得稍微复杂点，我们必须在保持稀疏性的同时处理这个不定性。

现在，我们主要讨论信赖域 Newton 法的局部收敛性。得到与 Newton 法有关的快速收敛的关键是：证明信赖域界最终不影响收敛。即当我们到达一个解的附近，子问题的解正好在由信赖域约束 $\|d\|\leqslant \varDelta_k$ 定义的区域的内部，并且越来越接近于 Newton 方向。满足后面一个性质的方向序列被称为是几乎精确的。

首先，我们证明算法 4.1 的一个一般结果，这个结果对具有算法 4.1 形式的任一算法都成立。这一类算法当 Newton 方向的范数小于信赖域半径时，产生几乎精确的方向。这说明，信赖域约束最终在具有这个性质的算法中变得不起作用。这个结果在当 x^k 接近于满足二阶充分条件(即 $\nabla^2 f(x)$ 在 x^* 的一个开邻域内连续，$\nabla f(x^*)=0$ 且 $\nabla^2 f(x^*)$ 正定)的解点 x^* 时，式(6.16)中的 $\boldsymbol{B}_k$ 用精确的 Hesse 阵 $\nabla^2 f(x^k)$ 代替，即 $\boldsymbol{B}_k=\nabla^2 f(x^k)$。而且，假设算法使用一个式(6.16)的近似解 d^k，d^k 使得模型函数 m_k 的减少至少与 Cauchy 点相同。

定理 6.4 **设 f 是二阶 Lipschitz 连续和二阶可微的。假设序列 $\{x^k\}$ 收敛于一个解点 x^*，x^* 满足二阶充分条件，对于充分大的 k，$\boldsymbol{B}_k=\nabla^2 f(x^k)$，这时的信赖域算法选取至少与 Cauchy 点使得目标函数值有同样减小的方向 d^k，且当 $\|d_N^k\|\leqslant\frac{1}{2}\Delta_k$ 时，d^k 是几乎精确的，即**

$$\| d^k - d_N^k \| = o(\| d_N^k \|) \tag{6.22}$$

那么对于充分大的 k 信赖域界 Δ_k 变得不起作用。

证明：我们证明对所有充分大的 k：$\| d_N^k \| \leqslant \frac{1}{2}\Delta_k$，$\| d^k \| \leqslant \Delta_k$，因此，最终总选取式(6.22)中接近最优的方向 d^k。

首先，对于所有充分大的 k，我们找 $m_k(0) - m_k(d^k)$ 的一个下界。假设 k 充分大使得式(6.22)中的 $o(\| d_N^k \|) < \| d_N^k \|$。

当 $\| d_N^k \| \leqslant 0.5\Delta_k$ 时，有

$$\| d^k \| \leqslant \| d_N^k \| + o(\| d_N^k \|) \leqslant 2 \| d_N^k \|$$

当 $\| d_N^k \| > 0.5\Delta_k$，有

$$\| d^k \| \leqslant \Delta_k < 2 \| d_N^k \|$$

在上述两种情形下，有

$$\| d_k \| \leqslant 2 \| d_N^k \| \leqslant 2 \| \nabla^2 f(x^k)^{-1} \| \| \nabla f(x^k) \|$$

因此
$$\| \nabla f(x^k) \| \geqslant \frac{1}{2} \| d^k \| / \| \nabla^2 f(x^k)^{-1} \|$$

因为我们假设方向 d^k 至少与 Cauchy 点达到同样的减少，所以存在一个常数 c_1 满足

$$\begin{aligned} m_k(0) - m_k(d^k) &\geqslant c_1 \| \nabla f(x^k) \| \min\{\Delta_k, \| \nabla f(x^k) \| / \| \boldsymbol{B}_k \|\} \\ &\geqslant c_1 \frac{\| d^k \|}{2 \| \nabla^2 f(x^k)^{-1} \|} \min\{\| d^k \|, \frac{\| d^k \|}{2 \| \nabla^2 f(x^k) \| \| \nabla^2 f(x^k)^{-1} \|}\} \\ &= c_1 \frac{\| d^k \|^2}{4 \| \nabla^2 f(x^k)^{-1} \|^2 \| \nabla^2 f(x^k) \|} \end{aligned}$$

因为 $x^k \to x^*$，由 $\nabla^2 f(x)$ 的连续性和 $\nabla^2 f(x^*)$ 的正定性，我们有对充分大的 k

$$\frac{c_1}{4 \| \nabla^2 f(x^k)^{-1} \|^2 \| \nabla^2 f(x^k) \|} \geqslant \frac{c_1}{8 \| \nabla^2 f(x^*)^{-1} \| \| \nabla^2 f(x^*) \|} \stackrel{\text{def}}{=} c_3$$

因此，对于充分大的 k

$$m_k(0) - m_k(d^k) \geqslant c_3 \| d^k \|^2$$

由 $\nabla^2 f(x)$ 的 Lipschitz 连续性，我们有

$$|\left[f(x^k)-f(x^k+d^k)\right]-\left[(m_k(0)-m_k(d^k)\right]|\leqslant \frac{L}{2}\| d^k \|^3$$

其中，$L>0$ 是 x^* 的领域内 $\nabla^2 f(\cdot)$ 的 Lipschitz 常数。由于

$$\rho_k = \frac{f(x^k)-f(x^k+d^k)}{m_k(0)-m_k(d^k)}$$

则有对充分大的 k，使得

$$|\rho_k - 1| < \frac{\| d^k \|^3 (L/2)}{c_3 \| d^k \|^2} = \frac{L}{2c_3}\| d^k \| \leqslant \frac{1}{2c_3}\Delta_k$$

如果 $\rho_k < 0.25$，那么我们就减小信赖域半径。并且，存在一个临界值 $\tilde{\Delta}$，使得 Δ_k 一旦降到 $\tilde{\Delta}$，Δ_k 就不能进一步减小。因此，序列 $\Delta_k \geqslant \tilde{\Delta} > 0$。因为 $x^k \to x^*$，我们有 $\| d_N^k \| \to 0$，因此 $\| d^k \| \to 0$。由此可知，对于充分大的 k，信赖域界不起作用。

定理 6.5　假设 $x^k \to x^*$，其中 x^* 满足二阶充分条件。用非精确 Dogleg 法模型式(6.17)或是具有 $\boldsymbol{B}_k = \nabla^2 f(x^k)$ 的非精确二维了空间极小化法模型式(6.18)得到一个近似方向 d^k，那么对于充分大的 k，模型式(6.17)和模型式(6.18)的无约束极小值为 d_N^k，因此定理 6.4 的条件满足。

当 Newton–CG 的停止准则(3)中 $\eta_k \to 0$ 时，这个算法也满足定理 6.4 的条件。

证明：对于折线法和二维子空间极小化法，精确方向 d_N^k 在信赖域内，接近于 d^k。它沿着折线路径，且在二维子空间内，因为对于充分大的 k，d_N^k 事实上是 m_k 在信赖域内的极小点，它当然是较大的限制域内的极小点，因此我们有 $d^k = d_N^k$。

对于 Newton–CG 法，算法不是通过找一个负曲率方向停止。因为对于充分大的 k，$\nabla^2 f(x^k)$ 是正定的。同时，由于共轭梯度迭代的范数随着迭代数的增加而增大，它们不超 d_N^k 的范数，因此仍然在信赖域内。因此，算法仅在满足条件式(6.3)时停止。因此由式(6.1)、式(6.2)、式(6.3)，有

$$\begin{aligned}
\| d^k - d_N^k \| &\leqslant \| \nabla^2 f(x^k)^{-1} \| \| \nabla^2 f(x^k) d^k - \nabla^2 f(x^k)\, d_N^k \| \\
&= \| \nabla^2 f(x^k)^{-1} \| \| r^k \| \\
&\leqslant \eta_k \| \nabla^2 f(x^k)^{-1} \| \| \nabla f(x^k) \| \\
&\leqslant \eta_k \| \nabla^2 f(x^k)^{-1} \| \| \nabla^2 f(x^k) \| \| d_N^k \|
\end{aligned}$$

因此，条件式(6.22)被满足。

第7章　导数的计算

我们知道，非线性优化和非线性方程的研究中都需要导数的知识。一般来说，对于简单函数，其导数可以直接并且容易计算的。但是，对于一些较为复杂的函数，其导数是较难甚至是不可能计算的。因此，需要寻找一些新的、可行的方法计算或近似估计函数的导数，进而可以估计函数的梯度、Hesse 阵。本章主要介绍以下两种近似估计导数的方法。

(1)有限差分法。

此方法主要包含向前差分法、向后差分法和中心差分法。它是由第 2 章中的 Taylor 定理为理论基础的。可微函数 $f(x)$在 x 点处的导数定义为

$$f'(x)=\lim_{\Delta x\to 0}\frac{\Delta y}{\Delta x}=\lim_{\Delta x\to 0}\frac{f(x+\Delta x)-f(x)}{\Delta x}$$

有限差分法源于此式，它用

$$f'(x)\approx\frac{f(x+\Delta x)-f(x)}{\Delta x}$$

来近似估计函数 $f(x)$在 x 点处的导数。

例如，对于光滑函数 $f(x): R^n\to R$，在第 i 个变量处的偏导数的中心差分公式为

$$\frac{\partial f}{\partial x_i}\approx\frac{f(x+\varepsilon e_i)-f(x-\varepsilon e_i)}{2\varepsilon}$$

式中：ε 是一个无限小的正数；e_i 为第 i 个单位向量。

(2)自动微分法。

此方法主要是利用计算机程序来计算函数的导数。它首先把运算的过程拆成一系列初等运算，即链次序运算；然后按照链次序逐次进行计算；最后得到函数在给定点处的导数。现在一些新的自动微分法的应用软件可以直接同时计算函数值和导数值。本章主要从理论上分析自动微分法的可行性和可操作性。

事实上，导数的应用并不仅仅局限于优化算法上。一些优化或经济平衡问题的建模者，在建模之后的灵敏度分析中，也要考虑一些参数或约束值的微小改变而对结果产生的影响。导数在其他一些数值分析领域诸如非线性微分方程中也有重要应用，并且其近似估计方法也并非只有上述两种方法，还有符号微分法等也可以近似估计函数的导数。有兴趣的读者可以查阅相关书籍。

7.1　有限差分近似估计

有限差分法是一种近似估计导数的最常用的方法之一,它的理论基础是 Taylor 定理。当一些函数的导数较难计算，或者不需要精确计算时，就可以用有限差分法去近似计算

函数的导数。但是，在许多情况下，这一计算结果已经是可行的了。由导数的定义可知：当自变量作微小改变时，导数刻划了函数值的改变量与自变量的改变量的比值。本节计算导数的方法主要以此为根据。首先，对自变量作微小的改变；然后，计算相应函数值的改变量；最后，用它们的比值近似估计函数在此点的导数。

对梯度向量 $\nabla f(x)$ 的估计，主要通过计算 $f(x)$在 $n+1$ 个点处的值，然后分别进行初等的算术运算就可直接得到。其中，对函数 $f(x)$在给定点 x 处的偏导数 $\partial f/\partial x_i$ 的近似估计的一个最主要方法是向前差分法，定义如下

$$\frac{\partial f(x)}{\partial x_i} \approx \frac{f(x+\varepsilon e_i)-f(x)}{\varepsilon} \tag{7.1}$$

式中：ε 是一个无限小的正数，e_i 为第 i 个单位向量。当 $i=1,2,\cdots,n$ 时，分别运用上述公式，就可以得到梯度 $\nabla f(x)$ 的近似值。这种方法需要计算 $f(x)$在点 x 以及 n 个扰动点 $x+\varepsilon e_i (i=1,2,\cdots,n)$ 处的值，即总共 $n+1$ 个点处的函数值。

公式(7.1)的理论基础是 Taylor 定理。当 f 二阶连续可微时，存在 $t\in(0, 1)$，使得

$$f(x+d)=f(x)+\nabla f(x)^{\mathrm{T}} d+\frac{1}{2} d^{\mathrm{T}}\nabla^2 f(x+td)d \tag{7.2}$$

若在函数定义域上 $\nabla^2 f(x)$ 有界，即存在 $L>0$，满足

$$\|\nabla^2 f(x)\| \leqslant L$$

则上述式(7.2)中最后一项是有界的。可得

$$\| f(x+d)-f(x)-\nabla f(x)^{\mathrm{T}} d \| \leqslant \frac{1}{2}\| d \|^2 \tag{7.3}$$

令向量 $d=\varepsilon e_i$，即 d 表示 x 的第 i 个分量的一个微小改变量。对于向量 $d=\varepsilon e_i$，有

$$\frac{\nabla f(x)^{\mathrm{T}} d}{\varepsilon}=\nabla f(x)^{\mathrm{T}} e_i=\frac{\partial f}{\partial x_i}$$

由此式，则式(7.3)可以变形为

$$\frac{\partial f(x)}{\partial x_i} = \frac{f(x+\varepsilon e_i)-f(x)}{\varepsilon}+\delta_\varepsilon \tag{7.4}$$

其中，$|\delta_\varepsilon| \leqslant L\varepsilon/2$。如果在式(7.4)中忽略误差项 δ_ε，就得到向前差分公式。则当 ε 趋于 0 时，误差项 δ_ε 就越来越小。

公式(7.1)应用的一个重要问题是参数 ε 的选择。由式(7.4)可知，ε 是越小越好。然而，这种表述忽略了计算机在计算 f 的值时的舍入误差。如果 ε 的值太小，f 的实际计算值的舍入误差就可能越大。

作为一个近似估计，我们假定计算 f 值时的相对误差界为 U。因此，实际计算的 $f(x)$ 和 $f(x+\varepsilon e_i)$ 的值与它们真实值之间具有以下的关系

$$|\mathrm{Comp}(f(x))-f(x)| \leqslant UL_f$$

$$|\mathrm{Comp}(f(x+\varepsilon e_i))-f(x+\varepsilon e_i)| \leqslant UL_f$$

式中：$\mathrm{Comp}(\cdot)$ 为函数的实际计算值；L_f 为 $|f(x)|$ 在定义域内的上确界。如果用 f 的计算值代替式(7.4)和式(7.1)中的精确值，将得下面的误差界

$$(L/2)\varepsilon + 2UL_f / \varepsilon \tag{7.5}$$

显然，我们将取一个合适的ε，使得上述的误差尽量小。容易得到当$\varepsilon^2 = 4L_f U / L$时，误差最小。但是，$L_f / L$(函数值的上确界与它二阶导数值的上确界的比)的值有时是很难得到的。我们需要一个近似合理的ε即可，一般取

$$\varepsilon = \sqrt{U} \tag{7.6}$$

一个更加精确近似估计导数的方法是中心差分法，定义为

$$\frac{\partial f(x)}{\partial x_i} \approx \frac{f(x+\varepsilon e_i) - f(x-\varepsilon e_i)}{2\varepsilon} \tag{7.7}$$

中心差分法的理论基础也是源自 Taylor 定理。当函数f的二阶导数存在且 Lipschitz 连续时，由式(7.2)可知，存在$t \in (0, 1)$，使得

$$f(x+d) = f(x) + \nabla f(x)^{\mathrm{T}} d + \frac{1}{2} d^{\mathrm{T}} \nabla^2 f(x+td) d$$

$$= f(x) + \nabla f(x)^{\mathrm{T}} d + \frac{1}{2} d^{\mathrm{T}} \nabla^2 f(x) d + o(\| d \|^3) \tag{7.8a}$$

然后，我们分别取$d = \varepsilon e_i$、$d = -\varepsilon e_i$，可得

$$f(x+\varepsilon e_i) = f(x) + \varepsilon \frac{\partial f}{\partial x_i} + \frac{1}{2} \varepsilon^2 \frac{\partial^2 f}{\partial x_i^2} + o(\varepsilon^3) \tag{7.8b}$$

$$f(x-\varepsilon e_i) = f(x) - \varepsilon \frac{\partial f}{\partial x_i} + \frac{1}{2} \varepsilon^2 \frac{\partial^2 f}{\partial x_i^2} + o(\varepsilon^3) \tag{7.8c}$$

注意：一般来说，式(7.8b)和式(7.8c)最后的误差项是不同的。但都是ε^3的高阶无穷小量，由式(7.8b)与式(7.8c)之差的 1/2，可得

$$\frac{\partial f(x)}{\partial x_i} = \frac{f(x+\varepsilon e_i) - f(x-\varepsilon e_i)}{2\varepsilon} + o(\varepsilon^2)$$

由此式可以看出，中心差分法的误差限为$o(\varepsilon^2)$，与向前差分法的误差限$o(\varepsilon)$相比，精确度提高了近一倍。但中心差分法需要计算f在点$x+\varepsilon e_i$和$x-\varepsilon e_i$ (i=1,2,…，n)，共 2n个点处的函数值。计算量是向前差分法的近 2 倍。如果再把计算f值时可能产生的误差考虑在内，中心差分法能得到的误差精度并不是十分明显。类似于式(7.6)中ε的讨论，我们可以证明在中心差分法的实际计算中，可以近似地取$\varepsilon = U^{2/3}$。

7.1.1 稀疏 Jacobi 阵的近似估计

现在考虑向量函数$\gamma(x)$：$R^n \to R^m$，此函数的 Jacobi 阵在后面式(7.34)中给出。用前面给出的求梯度的公式，一次只可以计算 Jacobi 阵$J(x)$的一列。当γ是二阶连续可微时，由 Taylor 定理得

$$\| \gamma(x+d) - \gamma(x) - J(x)d \| \leqslant \frac{1}{2} L \| d \|^2 \tag{7.9}$$

其中，L是 Lipschitz 常数。如果对于一个给定的向量d，我们需要计算 Jacobi 阵–向量积$J(x)d$时，可以选择一个非常小的常数$\varepsilon > 0$。令

$$J(x)d \approx \frac{\gamma(x+\varepsilon d)-\gamma(x)}{\varepsilon} \tag{7.10}$$

此方法近似估计的精确度为 $o(\varepsilon)$。

如果要估计 Jacobi 阵 $J(x)$，类似式(7.1)，可以一次估计 $J(x)$的一列。令 $d=\varepsilon e_i$，由式(7.9)可得到的 $J(x)$第 i 列

$$\frac{\partial \gamma(x)}{\partial x_i} \approx \frac{\gamma(x+\varepsilon e_i)-\gamma(x)}{\varepsilon} \tag{7.11}$$

则要得到 Jacobi 阵 $J(x)$，只需对函数 $\gamma(x)$进行 $n+1$ 次计算。但当 $J(x)$是稀疏阵时，我们可以得到更简单的估计方法。有时只需要对 γ 进行 3 ~ 4 次的计算即可。这种思路的关键是要合理地选择式(7.9)的扰动向量 d，此时一次可以计算出 $J(x)$的多个列。通过下面例子阐述这一思想。例如，设向量函数 $\gamma(x)$：$R^n \to R^n$

$$\gamma(x)=\begin{bmatrix} 2(x_2^3-x_1^2) \\ 3(x_2^3-x_1^2)+2(x_3^3-x_2^2) \\ 3(x_3^3-x_2^2)+2(x_4^3-x_3^2) \\ \vdots \\ 3(x_n^3-x_{n-1}^2) \end{bmatrix} \tag{7.12}$$

由于 $\gamma(x)$的每一个分量 $\gamma_i(x)(i=1,2,\cdots,n)$只与 x 的两个或三个分量有关，因此 $J(x)$的每一行只有两个或三个非零元素。以 $n=6$ 为例，其 $J(x)$的结构如下：

$$\begin{bmatrix} * & * & & & & \\ * & * & * & & & \\ & * & * & * & & \\ & & * & * & * & \\ & & & * & * & * \\ & & & & * & * \end{bmatrix} \tag{7.13}$$

其中，“*”表示非零元素，其他表示零元素。

仍以 $n=6$ 为例，讨论怎样用有限差分近似估计稀疏 Jacobi 阵。当然，此例也容易直接计算 $J(x)$。但有的复杂函数结构与此函数类似，很难直接计算。假定 x 的第一个分量有 $d=\varepsilon e_1$ 的扰动，它只可能影响 $\gamma(x)$ 的 $\gamma_1(x)$ 和 $\gamma_2(x)$ 两个分量，而不会影响其他分量。因此，在式(7.11)左端，扰动向量 $d=\varepsilon e_1$ 对 $\gamma_3(x)$、$\gamma_4(x)$、$\gamma_5(x)$、$\gamma_6(x)$ 的影响为零。因此，如果事先已经知道了 $d=\varepsilon e_1$ 不会对 $\gamma_i(x)$ $(i=3,4,5,6)$产生影响，则重新估计 $\gamma_i(x)$ 的值就是很大的浪费。所以，可以通过寻找一种新的方法来选择扰动向量 d，使它不影响 $\gamma_1(x)$、$\gamma_2(x)$，而对 $\gamma_3(x)$、$\gamma_4(x)$、$\gamma_5(x)$、$\gamma_6(x)$ 中的某些分量产生影响。则可以利用这一 d 值同时计算 $J(x)$ 的其他一些列。容易看出，扰动向量 $d=\varepsilon e_4$ 就有这一性质，(不影响 $\gamma_1(x)$、$\gamma_2(x)$，而影响 $\gamma_3(x)$、$\gamma_4(x)$、$\gamma_5(x)$、$\gamma_6(x)$)，当 $\gamma(x)$ 产生 εe_1 和 εe_4 扰动时，它们并不相互干扰。若以数学术语叙述上述思想时，则令

$$d=\varepsilon(e_1+e_4)$$

则有

$$\gamma(x+d)_{1,2}=\gamma(x+\varepsilon(e_1+e_4))_{1,2}=\gamma(x+\varepsilon e_1)_{1,2} \tag{7.14}$$

式(7.14)中符号 $\gamma(\cdot)_{1,2}$ 表示 $\gamma(x)$ 的分量 $\gamma_1(x)$ 和 $\gamma_2(x)$，同时有

$$\gamma(x+d)_{3,4,5}=\gamma(x+\varepsilon(e_1+e_4))_{3,4,5}=\gamma(x+\varepsilon e_4)_{3,4,5} \tag{7.15}$$

由式(7.9)和式(7.14)，得

$$\gamma(x+d)_{1,2}=\gamma(x)_{1,2}+\varepsilon\ [J(x)e_1]_{1,2}+o(\varepsilon^2)$$

重新整理此式，可以得到 $J(x)$阵的元素(1,1)和(2,1)

$$\begin{bmatrix}\dfrac{\partial\gamma_1(x)}{\partial x_1}\\ \dfrac{\partial\gamma_2(x)}{\partial x_1}\end{bmatrix}=[J(x)e_1]_{1,2}\approx\frac{\gamma(x+d)_{1,2}-\gamma(x)_{1,2}}{\varepsilon} \tag{7.16}$$

同理，由式(7.15)可得

$$\begin{bmatrix}\dfrac{\partial\gamma_3(x)}{\partial x_4}\\ \dfrac{\partial\gamma_4(x)}{\partial x_4}\\ \dfrac{\partial\gamma_5(x)}{\partial x_4}\end{bmatrix}=[J(x)e_4]_{3,4,5}\approx\frac{\gamma(x+d)_{3,4,5}-\gamma(x)_{3,4,5}}{\varepsilon} \tag{7.17}$$

总之，通过计算函数在扰动向量 $d=\varepsilon(e_1+e_4)$ 影响下的值，我们可以同时估计 $J(x)$ 的两列。因此，可以用相同的方法估计 $J(x)$的其他列。如可以通过 $d=\varepsilon(e_2+e_5)$ 来估计 $J(x)$ 的第 2 列和第 5 列，通过 $d=\varepsilon(e_3+e_6)$ 估计 $J(x)$的第 3 列和第 6 列。即总共需 3 个扰动向量进行梯度的估计就可以得到 $J(x)$。

事实上，无论式(7.12)中 n 多大，总可由 3 次梯度估计得到 $J(x)$，只需选择以下 3 个扰动向量 d

$$\begin{aligned}d_1&=\varepsilon(e_1+e_4+e_7+e_{10}+\cdots)\\ d_2&=\varepsilon(e_2+e_5+e_8+e_{11}+\cdots)\\ d_3&=\varepsilon(e_3+e_6+e_9+e_{12}+\cdots)\end{aligned}$$

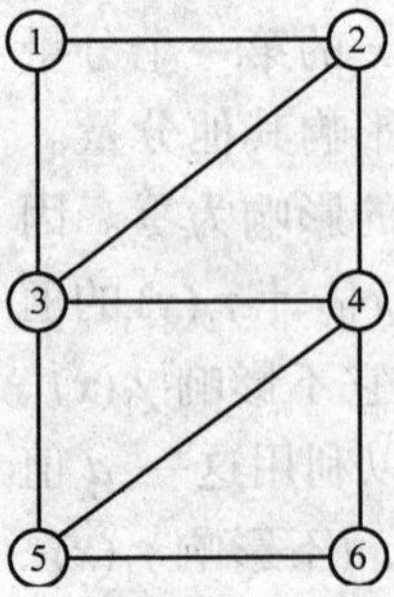

图 7.1

对于向量 d_1 的选择，可以看出 $J(x)$的 1,4,7,…列中任何两列不可能在同一行同时为非零元。此性质对 d_2，d_3 也是成立的。事实上，对更一般的问题，我们也可以用同一思想选择合适的扰动向量 d，使计算量大大地减少。

稀疏 Jacobi 阵的近似估计的关键就是扰动向量 d 的选择，可以采用图表涂色的方法来选择扰动向量 d。思路如下：对于任意的向量函数 $\gamma(x)$：$R^n\to R^m$，构造一个带有 n 个指标的关联图 G(其中，i 代表 x 的第 i 个分量 x_i，且 i=1,2,⋯,n)。如果 $\gamma(x)$ 的某一分量同时为关于 x_i 和 x_k 的函数,则用直线连接 i 与 k。如图 7.1 所示，表示的是 n=6 时式(7.12)的关联图 G。然后以下列法则把各个指标涂色：当两个指标之间没有任何直线

相连时，可以把它们涂成同种颜色；最后，对于同一种颜色的指标选择一个相对应的扰动向量，例如，指标 $i_1, i_2, \cdots, i_l$ 是相同颜色的，则可以选取相对应的扰动向量 $d = \varepsilon(e_{i_1} + e_{i_2} + \cdots + e_{i_l})$。

对于关联图 G，满足上述要求的涂色方法一般不是唯一的。最简单的就是把每个指标都涂一种颜色，而相应地就需要选择 n 个扰动向量，一般来说这不是最有效的方法。要选择最少的颜色来涂色是比较困难的，许多学者都对此问题进行了深入的研究。Newsam 和 Ramsdell 给出了一个很好的方法，即一般不会超过 N_z 种颜色(N_z 为 $J(x)$的一行中非零元素的最多个数)，此时所选择的扰动向量 d 的个数也不会多于 N_z 个。对于一些具有更好性质的向量函数 $\gamma(x)$ (如离散的可微算子)，它们的最佳涂色数已经被证明过。如式(7.12)形式的函数，只需 3 种颜色涂色即可。

7.1.2 Hesse 阵的近似估计

有时，我们可以提供计算梯度 $\nabla f(x)$ 的算法，而 Hesse 阵就较难计算。此时，可以通过对 $\nabla f(x)$ 的每一个分量，逐次地用向前差分法或者中心差分法去近似估计 Hesse 阵。当 $f(x)$ 二阶可导且 Lipschitz 连续时，由 Taylor 定理可得

$$\nabla f(x+d) = \nabla f(x) + \nabla^2 f(x) d + o(\| d \|)^2 \tag{7.18}$$

令 $d = \varepsilon e_i$ 时，整理此式得

$$\nabla^2 f(x) e_i = \frac{\partial(\nabla f(x))}{\partial x_i} \approx \frac{\nabla f(x+\varepsilon e_i) - \nabla f(x)}{\varepsilon} \tag{7.19}$$

此时，近似误差为 $o(\varepsilon)$，依次取 i=1, 2, $\cdots$, n，就可得到 Hesse 阵的近似值。这一过程共需 n+1 次计算梯度 $\nabla f(x)$ 的值，而这种方法产生的 Hesse 阵并不是对称的。为了得到对称的 Hesse 阵，可以把所得的近似矩阵和它的转置相加，然后除以 2，从而使所估计的 Hesse 阵对称。就像上面讨论稀疏 Jacobi 阵的估计一样，在估计 Hesse 阵时一般也可以选择少于 n 个扰动向量来计算(在后面将详细讨论这种情况)。

许多重要算法，如 Newton–CG 算法等都不需要计算 Hesse 阵。而每一步的迭代对于一个已知向量 d 需要计算 Hesse 阵–向量积 $\nabla^2 f(x) d$ 的值。要得到 Hesse 阵–向量积，可以把式(7.18)中的 d 用 εd 代替，整理得

$$\nabla^2 f(x) d \approx \frac{\nabla f(x+\varepsilon d) - \nabla f(x)}{\varepsilon} \tag{7.20}$$

估计误差为 $o(\varepsilon)$，且只需要对梯度函数 $\nabla f(x)$ 在点 $x+\varepsilon d$ 处进行估值即可。公式(7.20)是与向前差分公式(7.1)相对应的，通过对 $\nabla f(x)$ 在 $x-\varepsilon d$ 处进行估值，同样也可以得到相对应于式(7.7)的中心差分公式

$$\nabla^2 f(x) d \approx \frac{\nabla f(x+\varepsilon d) - \nabla f(x-\varepsilon d)}{2\varepsilon}$$

若梯度向量 $\nabla f(x)$ 不易求得，则可由 Taylor 定理，只由 $f(x)$的函数值来近似估计 Hesse

阵。利用式(7.8)，分别令 $d=\varepsilon e_i$， $d=\varepsilon e_j$ 和 $d=\varepsilon(e_i+e_j)$ 代入式(7.8)，整理得

$$\frac{\partial^2 f(x)}{\partial x_i \partial x_j}=\frac{f(x+\varepsilon e_i+\varepsilon e_j)-f(x+\varepsilon e_i)-f(x+\varepsilon e_j)+f(x)}{\varepsilon^2}+o(\varepsilon) \tag{7.21}$$

如果由此式来估计 Hesse 阵的每个元素，则需要计算 $f(x)$在点 $x+\varepsilon(e_i+e_j)$ $(\forall\, i,j\in\{1,2,\cdots,n\})$，共 $\frac{n(n+1)}{2}$ 个点的值，以及 $f(x)$在 n 个点 $x+\varepsilon e_i\,(i=1,2\cdots,n)$处的值。若 Hesse 阵是稀疏的，且事先已经知道它的哪些元素 $\frac{\partial^2 f(x)}{\partial x_i \partial x_j}$ 为 0，计算时可以略过这些零元素，从而减少运算量。

7.1.3 稀疏 Hesse 阵的估计

Hesse 阵 $\nabla^2 f(x)$ 可以看作是向量函数 $\nabla f(x)$: $R^n \to R^m$ 的 Jacobi 阵。因此，我们可以用上述求稀疏 Jacobi 阵的技巧来计算 Hesse 阵。由于 Hesse 阵为对称阵，所以对任一元素 $[\nabla^2 f(x)]_{i,j}=\frac{\partial^2 f}{\partial x_i \partial x_j}$ 的估计值也等于 $[\nabla^2 f(x)]_{j,i}$ 的值。有时这种对称性的应用可以节省很大的运算量，我们以下例说明怎么应用 Hesse 阵的对称性。

例如，设函数 $f(x)$: $R^n \to \mathbf{R}$，且

$$f(x)=x_1\sum_{i=1}^{n} i^2 x_i^{\,2} \tag{7.22}$$

易证明，当 n=6 时，此函数 $f(x)$的 Hesse 阵 $\nabla^2 f(x)$ 具有如下结构：

$$\begin{bmatrix} * & * & * & * & * & * \\ * & * & & & & \\ * & & * & & & \\ * & & & * & & \\ * & & & & * & \\ * & & & & & * \end{bmatrix} \tag{7.23}$$

如果应用前面所述的涂色法对 $\nabla^2 f(x)$ 进行估计，我们会发现每一个指标都与其他指标相关联，则每个指标都需要一种颜色。那么需对 $\nabla^2 f(x)$ 在点 x 与 $x+\varepsilon e_i\,(i=1,2,\cdots,n)$进行 n+1 次估值。若考虑其对称性，我们可以采用更简单、更有效的方法。首先，用扰动向量 $d=\varepsilon e_1$ 把 Hesse 阵 $\nabla^2 f(x)$ 的第一列估计出来，由于对称性，$\nabla^2 f(x)$ 的第一行也已经知道。下面只需估计 $\nabla^2 f(x)_{22}$、$\nabla^2 f(x)_{33}\cdots$、$\nabla^2 f(x)_{66}$。在计算这些剩余的需求元素时，可以用涂色法进行估值。因为它们互不干扰，所以可以涂同种颜色，相应地可以选择扰动向量

$$d=\varepsilon(e_2+e_3+\cdots+e_6)=\varepsilon(0,\ 1,\ 1,\ 1,\ 1,\ 1)^{\mathrm{T}} \tag{7.24}$$

注意：$\nabla f(x)$的第 2 个分量不会受 x_3、x_4、x_5、x_6 微小扰动的影响。同理，$\nabla f(x)$的第 3 个分量也不会受 x_2、x_4、x_5、x_6 微小扰动的影响等。如式(7.14)和式(7.15)，对$\nabla f(x)$每一分量$\nabla_i f(x)$，有

$$\nabla f(x+d)_i = \nabla f(x+\varepsilon(e_2+e_3+\cdots+e_6))_i = \nabla f(x+\varepsilon e_i)_i$$

其中，i=2,3,…,6。由于 Hesse 阵的对称性，我们只需要对$\nabla f(x)$在点 x 和其他两点处估值即可得到 Hesse 阵。

因此，在计算 Hesse 阵时，需要充分考虑其对称性，并且结合以前所讨论的图表涂色法，将使整体的计算量大幅地减少。

7.2 自动微分法

自动微分法主要是利用计算机进行微分的一种方法。本节我们主要从理论上分析它的计算步骤和理论基础。它首先对函数的结构进行拆分，将其拆成一些简单的初等算子。无论函数形式有多么复杂，总可以拆成含一个或两个自变量的初等算子。其中，含一个自变量的算子有三角函数、指数函数、对数函数等；含二个自变量的算子有加法算子、乘法算子、除法和幂方算子等。然后，对这些初等算子按照一定的次序逐次地进行计算，进而可以得到原函数在某点处的导数的估计值。自动微分法的另一个重要原则就是链法则，这是一个重要的理论基础。表述如下：若函数 h 是关于向量 $y\in R^m$ 的函数，且 y 是关于向量 $x\in R^n$ 的函数，则 h 关于自变量 x 的导数可以表述如下

$$\nabla_x h(y(x)) = \sum_{i=1}^{m} \frac{\partial h}{\partial y_i} \nabla y_i(x) \tag{7.25}$$

自动微分法主要有以下两种方法：正向微分法和逆向微分法。我们通过下面的一个简单例子阐述这两种方法的异同，并且通过此例，进而阐述自动微分法对更一般的函数，包括向量函数的计算思路。例如

$$f(x) = (x_1 x_2 \sin x_3 + \mathrm{e}^{x_1 x_2}) / x^3 \tag{7.26}$$

我们讨论用自动微分法计算此函数的导数。此函数拆分的基本算子以及它们之间的相互关系如图 7.2 所示。由图中可以看出，其引进了中间变量 x_4、x_5、…、x_9 以及它们之间的相互关系。且 x_1x_2 一定要在 $\mathrm{e}^{x_1x_2}$ 之前计算出来，否则我们将得到不准确的$(\mathrm{e}^{x_1})x_2$值。可以按如下次序计算 f 的值：

$$\begin{aligned}
x_4 &= x_1x_2 \\
x_5 &= \sin x_3 \\
x_6 &= \mathrm{e}^{x_4} \\
x_7 &= x_4x_5 \\
x_8 &= x_6 + x_7 \\
x_9 &= x_8 / x_3
\end{aligned} \tag{7.27}$$

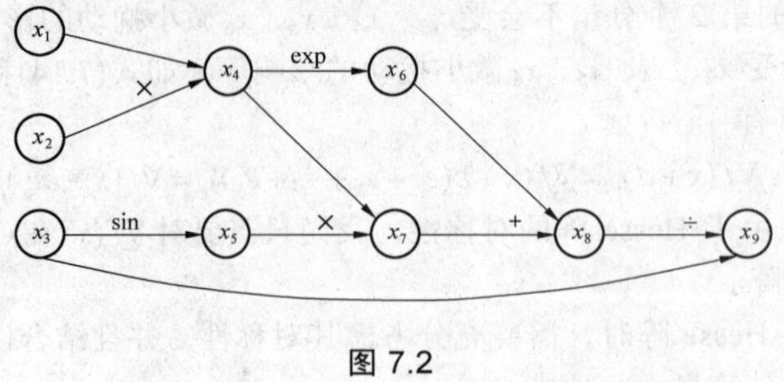

图 7.2

图 7.2 中最右端的 x_9 的值就是 $f(x)$的值。在图 7.2 中，若从 i 到 j 有连线直接相连，且先有 i 再有 j，我们称指标 i 为 j 的父指标，简称为父标(或 j 为 i 的子标)。即只有当 x_j 的所有父标 x_i 的值已经完全知道之后，才能得到 x_j 的值。计算此表时需从左向右进行，因此这种方法称为正向法。但是需要强调的是自动微分法的应用软件，并不要求人们像公式(7.27)那样把一个复杂函数进行拆分。表的构建、中间变量的计算都是由软件直接自动完成的，下面主要介绍正向微分法和逆向微分法是如何计算函数的导数。

7.2.1 正向微分法

自动微分法中的正向微分法，需要估计每一个中间变量 x_i 的值。同时，还要计算中间变量 x_i 以一个给定的向量 $d \in R^m$ 为方向的方向导数。每一个变量 x_i 关于向量 d 的方向导数定义如下

$$D_d x_i = (\nabla x_i)^{\mathrm{T}} d = \sum_{j=1}^{3} \frac{\partial x_i}{\partial x_j} d_j\,, \quad i=1,2,\cdots,9 \tag{7.28}$$

我们的目标是计算 $D_d x_9$,其等同于方向导数 $\nabla f(x)^{\mathrm{T}} d$ 。可以直接得到自变量 $x_i(i=1,2,3)$ 的初始方向导数 $D_d x_i$。这只与向量 d 的分量 d_1、d_2、d_3 有关，这里向量 d 一般称为种子向量。

若所有 x_i 的值都已经知道了，我们就能通过链法则来计算数 $D_d x_i$ 的值。例如，假设已经知道了 x_4，$D_d x_4$，x_5 和 $D_d x_5$ 的值，就可以计算图 7.2 中 x_7 的相关值了。因为 $x_7=x_4x_5$，即 x_7 是 x_4，x_5 的函数，而 x_4，x_5 又是自变量 x_1，x_2，x_3 的函数，由式(7.25)，得

$$\nabla x_7 = \frac{\partial x_7}{\partial x_4} \nabla x_4 + \frac{\partial x_7}{\partial x_5} \nabla x_5 = x_5 \nabla x_4 + x_4 \nabla x_5$$

对上式两端同时与 d 作内积，且由式(7.28)的定义，得

$$D_d x_7 = \frac{\partial x_7}{\partial x_4} D_d x_4 + \frac{\partial x_7}{\partial x_5} D_d x_5 = x_5 D_d x_4 + x_4 D_d x_5 \tag{7.29}$$

按照这一思路，中间变量 x_i 的方向导数 $D_d x_i$ 就能逐步地求出，最后将得到 $D_d x_9 = D_d f = \nabla f(x)^{\mathrm{T}} d$ 的值。

正向微分法的原理是非常简单的，但它有哪些实际应用和计算需求呢？首先，需要特别强调的是人们不需要构建计算图，以及把函数拆分成式(7.27)那样的初等算子和确定中间变量，这一过程应用软件可以自动处理，也不需要计算图 7.2 中 x_i 和 $D_d x_i$ 的值。对

于任意的函数 h，自动微分软件都会根据链法则把它与相应的 $D_d h$ 相对应。例如，如果 $\frac{w}{y}\to z$，则可以由 w，$D_d w$ 和 y，$D_d y$ 来计算方向导数 $D_d z$

$$\frac{1}{y}D_d w-\frac{w}{y^2}D_d y\to D_d z \tag{7.30}$$

通过对 n 个种子向量 $d=e_1, e_2, \cdots, e_n$ 都进行上述运算，即可以得到函数的梯度向量。由式(7.30)的例子可以看出，要通过 $\frac{w}{y}=z$ 这一除法算子来计算 z 的梯度向量 $D_{e_i}z$，$(i=1,2,\cdots,n)$需要大约 $2n$ 次乘法和 n 次加法运算。由于重新计算和存储这些值都需要考虑，因此很难精确给出所增加的计算量。但是，通过考虑一些值为零，可以节省大量的计算量以及计算机的存储空间。

7.2.2 逆向微分法

逆向微分法不需要同时计算 f 和 ∇f 的值，而是在 f 的值求得之后，再按反向次序去求 f 关于每一个变量(包括自变量和中间变量)的偏导数，最后由关于自变量 $x_i(i=1,2,\cdots,n)$ 的偏导数 $\partial f/\partial x_i$ 的值而得到梯度向量 ∇f。

与正向微分法需要梯度向量 $D_d x_i$ 不同，逆向微分法把图中每一个量与一个标量 $\overline{x}_i$ 相对应。在运算过程中，偏导数 $\partial f/\partial x_i$ 的信息被累加到 $\overline{x}_i$ 中。有时，我们把 $\overline{x}_i$ 叫做伴随变量，且开始时假设它们的值为 0，除了图 7.2 最右端的变量记作 $\overline{x}_N$，开始时令 $\overline{x}_N=1$。这种定义是有意义的，因为 f 的最终函数值等于 x_N，则有 $\partial f/\partial x_N=1$。

逆向微分法充分利用式(7.25)的链法则，对于任意的指标 i，它的偏导数 $\partial f/\partial x_i$ 能够由它的所有子指标的偏导数 $\partial f/\partial x_j$ 通过下面的公式而得到

$$\frac{\partial f}{\partial x_i}=\sum_j\frac{\partial f}{\partial x_j}\frac{\partial x_j}{\partial x_i} \tag{7.31}$$

其中，j 为 i 的子指标。对于任意的指标 i，如果式(7.31)右端的值已经求出，我们就把它加到 $\overline{x}_i$ 上，则算子 $\overline{x}_i+$ 表述如下

$$\overline{x}_i += \frac{\partial f}{\partial x_j}\frac{\partial x_j}{\partial x_i} \tag{7.32}$$

(**注**：在此表达式以及下面的表述中，我们使用了 C 语言的运算记号，即 $x+=a$ 表示 $x+a\to x$)。一旦指标 i 的所有子标的值都已经求出，就可以得到 $\overline{x}_i=\partial f/\partial x_i$ 的值。这一过程继续下去，直到所有的指标 i“被最终化”。

注意：此过程都是从子标到父标即由右向左进行的，这与计算函数 f 的值时从父标到子标的方向相反，因此叫逆向微分法。

下面以式(7.26)为例来阐述逆向微分法处理问题的思路。图 7.3 是图 7.2 在一个特殊点 $x=(1,2,\pi/2)^{\mathrm{T}}$ 时的情况。图 7.3 中计算出了中间变量 x_4、x_5、…、x_9 的相应值，并且计算出了各父标与子标之间的偏导数 $\partial x_j/\partial x_i=p(j,i)$ 的值。

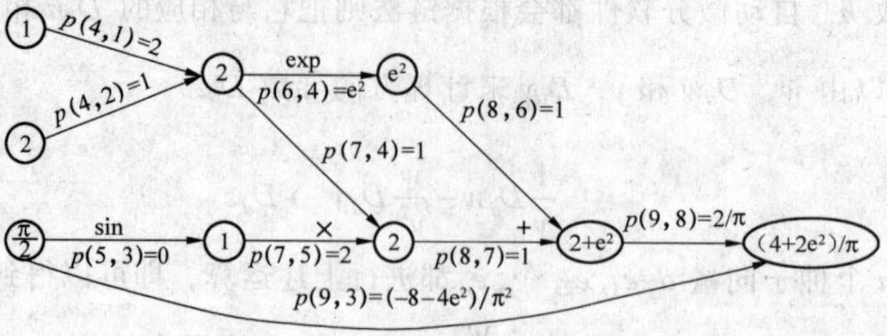

图 7.3

如上所述逆向微分法，设伴随变量 $\bar{x}_i = 0\,(i=1,2,\cdots,8)$。令 $\bar{x}_9 = 1$，由于 $f(x)=x_9$，且指标 x_9 没有子指标，因此得 $\bar{x}_9 = \partial f/\partial x_9 = 1$。则可知，$x_9$ 是“被最终化”了，且 x_9 是 x_3 和 x_8 的子标，由公式(7.32)得

$$\bar{x}_3 += \frac{\partial f}{\partial x_9}\frac{\partial x_9}{\partial x_3} = -\frac{2+e^2}{(\pi/2)^2} = \frac{-8-4\,\mathrm{e}^2}{\pi^2} \tag{7.33a}$$

$$\bar{x}_8 += \frac{\partial f}{\partial x_9}\frac{\partial x_9}{\partial x_8} = \frac{1}{\pi/2} = \frac{2}{\pi} \tag{7.33b}$$

这一运算过程结束时，$\bar{x}_3$ 的值并不是最终化值，因它的最终化值还受到它的子标 x_5 的影响。另一方面，x_8 只有一个子标 x_9，因此 $\bar{x}_8$ 的值即为“最终化”了。即得 $\partial f/\partial x_8 = 2/\pi$。同理，可运用公式(7.32)得到 x_8 的两个父标 $\bar{x}_6$、$\bar{x}_7$ 的值，即

$$\bar{x}_6 += \frac{\partial f}{\partial x_8}\frac{\partial x_8}{\partial x_6} = \frac{2}{\pi}$$

$$\bar{x}_7 += \frac{\partial f}{\partial x_8}\frac{\partial x_8}{\partial x_7} = \frac{2}{\pi}$$

此时，$\bar{x}_6$，$\bar{x}_7$ 为“最终化”了。因为它们只有 x_8 一个子标。此时可以用它们得到 $\bar{x}_4$、$\bar{x}_5$ 的值

$$\bar{x}_4 += \frac{\partial f}{\partial x_6}\frac{\partial x_6}{\partial x_4} + \frac{\partial f}{\partial x_7}\frac{\partial x_7}{\partial x_4} = \frac{2\mathrm{e}^2}{\pi} + \frac{2}{\pi} = \frac{2\mathrm{e}^2+2}{\pi}$$

$$\bar{x}_5 += \frac{\partial f}{\partial x_7}\frac{\partial x_7}{\partial x_5} = \frac{2}{\pi}\cdot 2 = \frac{4}{\pi}$$

由 $\bar{x}_4$、$\bar{x}_5$ 的最终化值，可以得到 $\bar{x}_1$、$\bar{x}_2$、$\bar{x}_3$ 的值，即

$$\bar{x}_1 += \frac{\partial f}{\partial x_4}\frac{\partial x_4}{\partial x_1} = \frac{2\mathrm{e}^2+2}{\pi}\cdot 2 = \frac{4(\mathrm{e}^2+1)}{\pi}$$

$$\bar{x}_2 += \frac{\partial f}{\partial x_4}\frac{\partial x_4}{\partial x_2} = \frac{2\mathrm{e}^2+2}{\pi}\cdot 1 = \frac{2(\mathrm{e}^2+1)}{\pi}$$

$$\bar{x}_3 += \frac{\partial f}{\partial x_5}\frac{\partial x_5}{\partial x_3} + \frac{\partial x}{\partial x_9}\frac{\partial x_9}{\partial x_3} = 0 + \frac{(-8-4\,\mathrm{e}^2)}{\pi^2} = \frac{-8-4\,\mathrm{e}^2}{\pi^2}$$

则由 $\bar{x}_1+$、$\bar{x}_2+$、$\bar{x}_3+$ 的值，可以得

$$\begin{bmatrix} \bar{x}_1 \\ \bar{x}_2 \\ \bar{x}_3 \end{bmatrix} = \nabla f(x) = \begin{bmatrix} (4+4e^2)/\pi \\ (2+2e^2)/\pi \\ (-8-4e^2)/\pi^2 \end{bmatrix}$$

则 $f(x)$在已知点 $x=(1,2,\pi/2)^T$ 的梯度值就计算出来了。

逆向微分法最主要的优点就是，它对实值函数 $f(x)$: $R^n \to R$ 进行计算时，计算简单易行。一般来说，计算梯度值的额外计算量大约是单独计算函数值的 4~5 倍。如前所述，向前微分法在计算梯度值时的计算量大约是单独计算函数值的 n 倍。因此，在单独考虑计算量时，逆向微分法比向前微分法更有优势。逆向微分法最大的缺点就是它需要存储整个计算图的所有信息。原则上，存储整个计算图也并不是十分困难的。但当整个计算图中的中间变量过多时，要存储整个图就需要巨大的内储。但可以通过其他一些技巧减少逆向微分法的存储量。

7.2.3　向量函数与偏可分离性

到目前为止，我们已经讨论了用自动微分法解决一般实值函数 $f(x)$: $R^n \to R$ 的问题。但是对于非线性方程，还需要讨论向量函数 $\gamma(x)$: $R^n \to R^m$ 的问题。其中，向量函数 $\gamma(x)$包含 m 个分量 γ_j (j=1,2,⋯,m)。此时，计算图的最后一列含有 m 个元素，它们都没有子标，而不像实值函数那样右端只有一个指标。向前微分法和逆向微分法能够直接应用到求向量函数 γ 的 Jacobi 阵。其 Jacobi 阵定义为

$$J(x) = \left[\frac{\partial r_j}{\partial x_i}\right],\ j=1,2,\cdots,m;\ i=1,2,\cdots,n \tag{7.34}$$

可以看出，$\gamma(x)$: $R^n \to R^m$ 的 Jacobi 阵为 $m \times n$ 阶的。

自动微分法对向量函数的梯度的计算除了在最小二乘和非线性方程问题方面的应用外，在处理偏可分离函数时也有重要应用。我们知道，偏可分离性在处理大规模优化以及拟 Newton 法优化一个目标函数等问题时都有重要应用。近来，由于人们在将目标函数拆分成它的偏可分离函数的研究中有重大进展，因此使自动微分法的使用范围也越来越广泛。

一般地，若一个函数 $f(x)$是偏可分离函数，则它可表示成如下形式

$$f(x) = \sum_{i=1}^{n} f_i(x) \tag{7.35}$$

其中，每个分量函数 $f_i(x)$只与 x 的部分分量有关。向量函数 γ 的可分离形式可表述如下

$$\gamma(x) = \begin{bmatrix} \gamma_1(x) \\ \gamma_2(x) \\ \vdots \\ \gamma_n(x) \end{bmatrix}$$

则由式(7.35)，可得

$$\nabla f(x) = J(x)^{\mathrm{T}} \boldsymbol{e} \tag{7.36}$$

其中，$\boldsymbol{e} = (1, 1, \cdots, 1)^{\mathrm{T}}$。由偏可分离性，$J(x)$的有些列将包含一些零元素。这一特性使得在计算 $J(x)$时可以有效地应用前面所述的图表涂色法进行计算。我们将在下面详细讨论这一情况，由式(7.36)就可以得到梯度 $\nabla f(x)$。

在约束优化问题中，同时估计目标函数 f 的值和约束函数 $g_i(x)$ $(i \in \boldsymbol{I} \cup \varepsilon)$ 的值是非常有效的。这样可以减少许多工作量(类似计算图中的中间变量的引入)。在这种情况下，向量函数 γ 可以定义如下

$$\gamma(x) = \begin{bmatrix} f(x) \\ [g_i(x)]_{i \in \boldsymbol{I} \cup \varepsilon} \end{bmatrix}$$

7.2.4 向量函数 Jacobi 阵的计算

向前微分法对向量函数 Jacobi 阵的估计与对实值函数的估计一样。给定一个种子向量 d，我们计算每一个中间变量 x_i 的 $D_d x_i$ 值。对于最左端的每一个指标(包含 γ_j (j=1,2⋯,m))此变量值 $D_d \gamma_j = (\nabla \gamma_j)^{\mathrm{T}} d$ (j=1, 2, ⋯, m)。通过计算这 m 个值，我们将得到 $J(x)d$。如同实值函数(m=1)一样，可以通过令 $d=e_1,e_2,\cdots,e_n$，同时估计 n 个值 $D_{e_j} x_i$，而得到 Jacobi 阵。对于稀疏 Jacobi 阵我们可以通过以前所述的涂色方法来选择更有效、更实用的种子向量 d，这样做可以减少运算量。与单独估计一个向量函数 $\gamma(x)$的值相比，所增加的运算量主要受所选择的种子向量 d 的个数所影响。

逆向微分法求向量函数 $\gamma(x)$的 Jacobi 阵的关键是：种子向量 $d \in R^m$ 的选择以及运用逆向微分法对实值函数 $\gamma(x)^{\mathrm{T}} d$ 的计算。这一运算的结果将得到向量

$$\nabla[\gamma(x)^{\mathrm{T}} d] = \nabla[\sum_{j=1}^{m} d_j \gamma_j(x)] = J(x)^{\mathrm{T}} d$$

与正向微分法中所得到的 $J(x)d$ 不同。逆向微分法中，最终得到的是 $J(x)^{\mathrm{T}}d$。这一方法可以通过使用 m 个因变量 γ_1、γ_2、⋯、γ_m，以及向量 d 的分量 d_1、d_2、⋯、d_m 的值从而得到运算结果。逆向微分法的最终结果中，自变量 x_1、x_2、⋯、x_n 将会包含

$$\frac{\mathrm{d}}{\mathrm{d}x_i}[\gamma(x)^{\mathrm{T}} d], \quad i=1,2,\cdots,n$$

其类似于 $J(x)^{\mathrm{T}}d$ 的分量。

一般来说，通过对 m 个单位向量 $d=e_1$、e_2、⋯、e_m 进行上面所述的运算就可以得到 Jacobi 阵。然而对于稀疏 Jacobi 阵而言，可以通过前面所述的涂色法运用更少的种子向量 d 来估值。两者唯一不同的是计算图和涂色法都是关于 Jacobi 阵的转置进行讨论的，而不是 Jacobi 阵本身。

向前微分法和逆向微分法结合使用可以更好地揭示 $J(x)$的所有元素的信息。在向前微分法中，可以选择一些种子向量 d 来揭示 $J(x)$的一些列中元素的信息；在逆向微分法中，可以通过选择一些种子向量 d 来揭示 $J(x)$的包含剩余元素的行的信息。

最后我们需要注意，在一些算法中，并不需要 Jacobi 阵 $J(x)$的信息。例如，对于非

线性方程中非精确 Newton 迭代法对于一个向量 d，需重复计算 $J(x)^{\mathrm{T}}d$，每一个这样的矩阵–向量积能够由向前微分法通过一次估计就可得到，与一个实值函数的估值相类似。

7.2.5 Hesse 阵的估计

目前为止，我们已经讨论了如何运用向前微分法和逆向微分法来近似得到实值函数和向量函数的一阶导数。下面将重点讨论如何运用这两种微分法来估计实值函数 f 的 Hesse 阵 $\nabla^2 f(x)$，以及关于一个给定的向量 d 的 Hesse 阵–向量积 $\nabla^2 f(x)d$ 的值。

回忆在向前微分法中，对于计算图中的每个指标 i 和给定的向量 d,可以计算 $D_d x_i$ 和 $(\nabla x_i)^{\mathrm{T}} d$ 的值。对于给定的一对种子向量 d^1 和 d^2，对计算图中的每一个指标 i，我们定义

$$D_{d^1 d^2} x_i = (d^1)^{\mathrm{T}} (\nabla^2 x_i)\ d^2 \tag{7.37}$$

通过计算函数值 x_i 和一阶导数值 $D_d x_i$，在向前微分法中，可以得到 $D_{d^1 d^2} x_i\,(i=1,2,\cdots,n)$，因为在每一个自变量 $x_i(i=1,2,\cdots,n)$处的二阶导数为零。由式(7.37)可知，$D_{d^1 d^2} x_i$ 在自变量 x_i 的初始值也应该为零。当向前微分法完成时，最右端的 $D_{d^1 d^2} x_i$ 的值就为 $(d^1)^{\mathrm{T}} \nabla^2 f(x)(d^2)$ 的值了。

向前微分法在计算 $D_{d^1 d^2} x_i$ 的值时也可利用链法则。例如，如果 x_i 是通过它的两个父标 x_j、x_k 的求和而得到的，即 $x_i=x_j+x_k$，则相应的 $D_{d^1} x_i$ 和 $D_{d^1 d^2} x_i$ 的计算就如下

$$D_{d^1} x_i = D_{d^1} x_j + D_{d^1} x_k\,,\quad D_{d^1 d^2} x_i = D_{d^1 d^2} x_j + D_{d^1 d^2} x_k \tag{7.38}$$

其他的二元运算“−”、“×”、“÷”是类似的。如果 x_i 是通过酉变换 L 对 x_j 作用而得到的，则有

$$x_i=L(x_j) \tag{7.39a}$$

$$D_d x_i = L'(x_j)(D_d x_j) \tag{7.39b}$$

$$D_{d^1 d^2} x_i = L''(x_j)(D_{d^1} x_j)(D_{d^2} x_j) + L'(x_j) D_{d^1 d^2} x_j \tag{7.39c}$$

由式(7.39c)可知，$D_{d^1 d^2} x_i$ 的计算依赖一阶导数 $D_{d^1} x_j$、$D_{d^2} x_j$ 和二阶导数 $D_{d^1 d^2} x_j$ 的值。因此，我们必须首先把在向前微分法中的这些值计算出来。

我们要计算 Hesse 阵 $\nabla^2 f(x)$，可以通过选择所有可能的单位向量对(e_j,e_k) $(j=1,2,\cdots,n;$ $k=1,2,\cdots,j)$，共 $n(n+1)/2$ 对单位向量进行计算。最终就可以得到 Hesse 阵 $\nabla^2 f(x)$。实际上，由于 $\nabla^2 f(x)$ 的对称性，只需要估计 $\nabla^2 f(x)$ 的下三角阵上的元素即可。若我们已经知道了 $\nabla^2 f(x)$ 的稀疏结构时，比如 $\nabla^2 f(x)$ 的元素 (j,k) 不为零时，则只需计算 $D_{e_j e_k} x_i$ 的值。而 $\nabla^2 f(x)$ 的零元素可以忽略不计，这样可以减少计算量。

与单一估计 f 的值相比，上述估计 Hesse 阵的计算总量是 $1+n+Nz(\nabla^2 f)$ 的一个倍数。其中，$Nz(\nabla^2 f)$ 是 $\nabla^2 f(x)$ 中需要估计的元素的个数，其值反映了所有需要估计的 x_i、$D_{e_j} x_i\,(j=1,2,\cdots,n)$、$D_{e_j e_k} x_i$ 的总体计算量。

有的不需要估计 Hesse 阵，而是需要估计 Hesse 阵–向量积，如 Newton–CG 算法。

此时所需的运算量将会更少。例如，假定向量 $d \in R^n$ 我们用上面的方法来计算一阶导数 $D_{e_1}x_i$、…、$D_{e_n}x_i$ 和 $D_d x_i$ 以及二阶导数 $D_{e_1 d}x_i$、…、$D_{e_n d}x_i$，则最终结果应包含值

$$e_j^{\mathrm{T}}(\nabla^2 f(x))d = [\nabla^2 f(x)d]_j, \quad j = 1,\ 2,\ \cdots,\ n$$

这都是向量 $\nabla^2 f(x)d$ 的分量。在向前微分法中，除了 x_i 的值，还需要 $2n+1$ 个值，所增加的计算量应为 $2n$ 倍。

对稀疏 Hesse 阵估计的另一种方法是建立在向前微分法对一元函数的一阶导数和二阶导数估计的基础之上的。为了叙述的方便，Hesse 阵的(i,j)元素可以表示如下

$$\begin{aligned}[\nabla^2 f(x)]_{ij} &= e_i^{\mathrm{T}}\nabla^2 f(x)e_j \\ &= \frac{1}{2}[(e_i + e_j)^{\mathrm{T}}\nabla^2 f(x)(e_i + e_j) - e_i^{\mathrm{T}}\nabla^2 f(x)e_i - e_j^{\mathrm{T}}\nabla^2 f(x)e_j]\end{aligned} \tag{7.40}$$

我们可以由这个插入公式(7.40)来估计 $[\nabla^2 f(x)]_{ij}$，进而可以在正向微分法中，令 $d=e_i$、e_j 和 e_i+e_j 以及所有的 x_k，而得到二阶导数 $D_{dd}x_k$。事实上，对于任一选定的向量 $d = e_i + e_j$（$i,\ j \in \{1,\ 2,\ \cdots,\ n\}$），可以由正向微分法估计 $D_d x_k$ 和 $D_{dd}x_k$，来近似得到 Hesse 阵的非零元。

如果一元函数 $\varphi(t)$定义如下

$$\varphi(t) = f(x + td) \tag{7.41}$$

则 $D_d f$ 和 $D_{dd} f$ 的值就等于$\varphi(t)$在 $t = 0$ 处的一阶导数和二阶导数，即

$$D_d f = d^{\mathrm{T}}\nabla f(x) = \varphi'(t)|_{t=0}$$

$$D_{dd} f = d^{\mathrm{T}}\nabla f(x)d = \varphi''(t)|_{t=0}$$

此方法对求解三阶、四阶甚至更高阶的导数也是可行的。类似于式(7.40)的插入公式可以用来求解定义如式(7.41)形式的一元函数的更高阶导数，只需要选择一列合适的向量 d。其中，d 是由一些单位向量的和所组成的。

我们也可以根据逆向微分法来近似计算 Hesse 阵 $\nabla^2 f(x)$ 或者 Hesse 阵–向量积 $\nabla^2 f(x)d$。可由下列方法得到 $\nabla^2 f(x)d$：首先，用正向微分法按照上述的方法运用自变量 x_i 和 $D_d x_i$ 来估计 f 和 $\nabla^2 f(x)^{\mathrm{T}} d$ 的值，运用逆向微分法估计它的下一阶导数，此过程结束时，计算图中的 x_i (i=1,2,⋯,n) 所对应的自变量将包含

$$\frac{\partial(\nabla f(x)^{\mathrm{T}} d)}{\partial x_i} = [\nabla^2 f(x)d]_i, \quad i=1,2,\cdots,\ n$$

此外，当 Hesse 阵是稀疏矩阵时，可以用图表涂色的方法来估计 Hesse 阵。此时，则可以运用不多于 n 个的种子向量 d 来完成。且向量 d 的选择类似于上面所述的有限差分法中种子向量的选择。在这一运算过程中所增加的运算量是 $12\,Nc(\nabla^2 f)$ 的倍数(其中，$Nc(\nabla^2 f)$ 是在计算 $\nabla^2 f(x)$ 时所选择的种子向量 d 的个数)。

总之，自动微分法使优化算法在解决包含复杂函数的实际问题时更可行、更方便，应用范围也更广泛。

第 8 章　拟 Newton 法

前面介绍了 Newton 法，它的突出优点是收敛速度快(如果初始点接近最优点，使得迭代点收敛的话)。这是因为 Newton 法在迭代点附近对目标函数进行二次近似时，利用了目标函数的曲率信息(Hesse 阵)。值得指出的是，使用 Hesse 阵存在一些缺点，例如计算量大、Hesse 阵可能非正定，导致 Newton 方向不是一个下降方向等。如何寻找一种算法，使其既具有 Newton 法收敛速度快的特点，又能克服计算量大、产生非下降方向这些缺点？人们提出了拟 Newton 法。

拟 Newton 法的基本思想：在迭代过程中利用目标函数 f 和梯度 ∇f 的信息，构造 Hesse 阵的近似矩阵，由此获得一个搜索方向，生成新的迭代点。近似矩阵的不同构造方式，对应着 Newton 法的不同变形。拟 Newton 法是一类收敛速度比较快且已经成为公认的比较有效的无约束优化方法。

下面分析怎样构造近似矩阵并用它取代 Newton 法中的 Hesse 阵。

假设 $x^k \in R^n$，并且已经利用某种方法得到 x^{k+1}。若 $f(x)$在 x^{k+1} 点二次可微，Hesse 阵 $\nabla^2 f(x^{k+1})$是正定的，则梯度函数

$$\nabla f(x) \approx \nabla f(x^{k+1}) + \nabla^2(x^{k+1})(x - x^{k+1})$$

令 $x = x^k$，则

$$\nabla f(x^k) \approx \nabla f(x^{k+1}) + \nabla^2(x^{k+1})(x^k - x^{k+1})$$

令 $s_k = x^{k+1} - x^k$， $y_k = \nabla f(x^{k+1}) - \nabla f(x^k)$，则 Hesse 阵 $\nabla^2 f(x^{k+1})$ 满足

$$\nabla^2 f(x^{k+1}) s_k \approx y_k \text{或者 } s_k \approx \nabla^2 f(x^{k+1})^{-1} y_k$$

为了用不包含二阶导数的矩阵 $\boldsymbol{B}_{k+1}$ 代替 Newton 法中的 Hesse 阵 $\nabla^2 f(x^{k+1})$，令 $\boldsymbol{B}_{k+1}$ 满足

$$\boldsymbol{B}_{k+1} s_k = y_k \text{ 或者 } s_k = \boldsymbol{H}_{k+1} y_k \tag{8.1}$$

式中：$\boldsymbol{B}_{k+1} \approx \nabla^2 f(x^{k+1})$； $\boldsymbol{H}_{k+1} \approx \nabla^2 f(x^{k+1})^{-1}$

上述式(8.1)称为拟 Newton 条件或者拟 Newton 方程，也称为割线方程。

下面就来研究怎样确定满足这个条件的矩阵。

8.1 BFGS 方法

在对称秩 2 的校正公式中，比较重要的是 BFGS 公式(以发现者姓氏 Broyden、Fletcher、Goldfarb 和 Shanno 的第一个字母组成)和 DFP 公式(以提出者和改进者姓氏 Davidon、Fletcher 和 Powell 的第一个字母组成)。

目前，在数值优化中计算性能比较好的、最流行的拟 Newton 法是 BFGS 方法，下面我们来讨论这些方法的理论特性和实际应用。

假设在当前迭代点 x^k 处，构造了一个目标函数的二次模型形如

$$m_k(d) = f(x^{k+1}) + \nabla f(x^k)^{\mathrm{T}} d + \frac{1}{2} d^{\mathrm{T}} \boldsymbol{B}_k d \tag{8.2}$$

其中：$f_k = f(x^k)$；$\boldsymbol{B}_k = \boldsymbol{B}_k^{\mathrm{T}} \succ 0$。容易看出，式(8.2)所表示的严格凸的二次函数的最小点是

$$d^k = -\boldsymbol{B}_k^{-1} \nabla f(x^k) \tag{8.3}$$

它给出了在当前迭代点处引起目标函数下降的搜索方向，令新的迭代点为

$$x^{k+1} = x^k + \alpha_k d^k \tag{8.4}$$

式中：步长α_k满足 Wolfe 条件。

在 20 世纪 50 年代，W.C.Davidon 最早提出了一种在迭代过程中通过修正矩阵 $\boldsymbol{B}_k$，获得 $\boldsymbol{B}_{k+1}$ 的方法，利用该方法能够避免在每次迭代时“重新”计算 $\boldsymbol{B}_{k+1}$。首先，我们分析一下目标函数的二次模型在前后两个迭代点处应该具有的性质。

假设已经获得了新的迭代点 x^{k+1}，并且希望新的二次模型形如

$$m_{k+1}(d) = f(x^{k+1}) + \nabla f(x^{k+1})^{\mathrm{T}} d + \frac{1}{2} d^{\mathrm{T}} \boldsymbol{B}_{k+1} d$$

关于矩阵 $\boldsymbol{B}_{k+1}$，可以提出这样的要求：模型函数 m_{k+1} 在 d=0 和 $d=-\alpha_k d^k$ 的梯度应该与目标函数 f 在迭代点 x^{k+1} 和 x^k 的梯度分别相等，则

$$\nabla m_{k+1}(0) = \nabla f(x^{k+1})$$

$$\nabla m_{k+1}(-\alpha_k d^k) = \nabla f(x^{k+1}) - \alpha_k \boldsymbol{B}_{k+1} d^k = \nabla f(x^k)$$

对于上面二式的第一个要求自然满足，第二个要求实质上等价于拟 Newton 条件

$$\boldsymbol{B}_{k+1} s_k = y_k \tag{8.5}$$

式中：

$$s_k = x^{k+1} - x^k = \alpha_k d^k,\ y_k = \nabla f(x^{k+1}) - \nabla f(x^k) \tag{8.6}$$

拟 Newton 条件说明对称正定阵 $\boldsymbol{B}_{k+1}$ 要将变量位移 s_k 映射成梯度变化量 y_k。人们自然要问：这样的矩阵是否存在呢？容易看出，保证对称正定矩阵 $\boldsymbol{B}_{k+1}$ 存在的一个必要条件是向量 s_k 与 y_k 满足曲率条件

$$s_k^{\mathrm{T}} y_k > 0 \tag{8.7}$$

当 f 是严格凸函数时，不等式(8.7)对任意的 x^{k+1} 和 x^k 都满足，对于一般的非凸函数并不总是满足，需要对线搜索过程加以限定，才能保证曲率条件成立。

事实上，如果在线搜索过程中加上 Wolfe 条件或者强 Wolfe 条件就可以保证曲率条件成立。为了证明这个结论，注意到由式(8.6)、Wolfe 条件，得

$$\nabla f(x^{k+1}) s_k \geqslant c_2 \nabla f(x^k)^{\mathrm{T}} s_k$$

$$y_k s_k \geqslant (c_2 - 1) \alpha_k \nabla f(x^k)^{\mathrm{T}} d^k \tag{8.8}$$

因为 c_2>1 和 d^k 为下降方向，式(8.8)右端大于 0。因而，曲率条件(8.7)成立。

对拟 Newton 条件而言，对称矩阵 $\boldsymbol{B}_{k+1}$ 有 $n(n+1)/2$ 个自由度，但是拟 Newton 条件只有 n 个方程，所以满足给定条件的矩阵 $\boldsymbol{B}_{k+1}$ 有若干个。为了确定一个比较好的矩阵 $\boldsymbol{B}_{k+1}$，

就需要增加一些约束。如果在所有满足拟 Newton 条件的对称矩阵中，我们希望寻找与当前矩阵 $\boldsymbol{B}_k$ 在某种意义下最接近的矩阵作为 $\boldsymbol{B}_{k+1}$，那么可以考虑如下约束优化问题

$$\min \quad \|\boldsymbol{B}-\boldsymbol{B}_k\| \tag{8.9a}$$

$$\text{s.t.} \quad \boldsymbol{B}=\boldsymbol{B}^{\mathrm{T}}, \boldsymbol{B}s_k=y_k \tag{8.9b}$$

式中：s_k 和 y_k 满足曲率条件。$\boldsymbol{B}_k=\boldsymbol{B}_k^{\mathrm{T}}\succ 0$，$\|\cdot\|_W$ 为加权 Forbenius 范数。其含义如下

$$\|\boldsymbol{A}\|_{\boldsymbol{W}} \equiv \|\boldsymbol{W}^{1/2}\boldsymbol{A}\boldsymbol{W}^{1/2}\|_{\mathrm{F}} \tag{8.10}$$

Forbenius 范数 $\|\cdot\|_{\mathrm{F}}$ 由式 $\|\boldsymbol{A}\|_{\mathrm{F}}^2=\sum_{i=1}^{n}\sum_{j=1}^{n}|a_{ij}|^2=\mathrm{tr}(\boldsymbol{A}^{\mathrm{T}}\boldsymbol{A})$ 定义。特别地，加权矩阵 $\boldsymbol{W}$ 可以选择为满足 $\boldsymbol{W}y_k=s_k$ 的某个对称正定矩阵，可以取 $\boldsymbol{W}=\bar{\boldsymbol{G}}_k^{-1}$(其中 $\bar{\boldsymbol{G}}_k$ 为平均 Hesse 阵)，则

$$\bar{\boldsymbol{G}}_k=[\int_0^1 \nabla^2 f(x^k+\tau\alpha_k d^k)\,\mathrm{d}\tau] \tag{8.11}$$

它满足

$$y_k=\bar{\boldsymbol{G}}_k\alpha_k d^k=\bar{\boldsymbol{G}}_k s_k \tag{8.12}$$

因此式(8.9)的解为

$$\text{(DFP)} \qquad \boldsymbol{B}_{k+1}=(I-\gamma_k y_k s_k^{\mathrm{T}})\boldsymbol{B}_k(I-\gamma_k s_k y_k^{\mathrm{T}})+\gamma_k y_k y_k^{\mathrm{T}} \tag{8.13}$$

其中

$$\gamma_k=\frac{1}{y_k^{\mathrm{T}}s_k} \tag{8.14}$$

这个公式称为 DFP 公式。因为它是 1959 年 Davidon 提出的，随之 Fletcher 和 Powell 进行了研究、应用和推广。$\boldsymbol{B}_k$ 的逆矩阵我们定义为 $\boldsymbol{H}_k=\boldsymbol{B}_k^{-1}$。

由 Sherman–Morrison–Woodbury 公式(见式(A.56))还可以得到 $\boldsymbol{B}_{k+1}$ 的逆矩阵 $\boldsymbol{H}_{k+1}$ 的校正公式

$$\text{(DFP)} \qquad \boldsymbol{H}_{k+1}=\boldsymbol{H}_k-\frac{\boldsymbol{H}_k y_k y_k^{\mathrm{T}}\boldsymbol{H}_k}{y_k^{\mathrm{T}}\boldsymbol{H}_k y_k}+\frac{s_k s_k^{\mathrm{T}}}{y_k^{\mathrm{T}}s_k} \tag{8.15}$$

注意到式(8.15)中的最后两项都是秩 1 矩阵。从而 $\boldsymbol{H}_k$ 是一个秩 2 矩阵。容易看出，式(8.13)中的 $\boldsymbol{B}_k$ 也是一个秩 2 矩阵。这样一来，式(8.13)、式(8.15)都是对称秩 2 校正公式，我们称之为 DFP 公式。相应的拟 Newton 方法称为 DFP 方法。

DFP 校正公式非常有效，但不久它就被 BFGS 方法替代了。BFGS 方法是公认的拟 Newton 法中最有效的方法。

与 DFP 校正的讨论类似，在给定对称正定 $\boldsymbol{B}_k$ 时，如果要求校正矩阵 $\boldsymbol{B}_{k+1}$ 也是对称正定的，并且满足拟 Newton 条件。那么 $\boldsymbol{H}_{k+1}$ 可以取成与 $\boldsymbol{H}_k$ 在加权 Forbenius 范数 $\|\cdot\|_{\boldsymbol{W}}$ 的意义下最接近的矩阵。于是把 $\boldsymbol{H}_{k+1}$ 看成如下约束优化问题的解：

$$\min \quad \|\boldsymbol{H}-\boldsymbol{H}_k\|_{\boldsymbol{W}} \tag{8.16a}$$

$$\text{s.t.} \quad \boldsymbol{H}=\boldsymbol{H}^{\mathrm{T}}, \quad \boldsymbol{H}y_k=s_k \tag{8.16b}$$

其中，$\boldsymbol{W}$ 是满足 $\boldsymbol{W}y^k=s^k$ 的某个对称正定矩阵。比如，当平均 Hesse 阵是正定矩阵时，取 $\boldsymbol{W}=\bar{\boldsymbol{G}}_k^{-1}$，这样约束优化问题的唯一解形如

(BFGS) $$\boldsymbol{H}_{k+1}=(\boldsymbol{I}-\rho_k s_k y_k^{\mathrm{T}})\boldsymbol{H}_k(\boldsymbol{I}-\rho_k y_k s_k^{\mathrm{T}})+\rho_k s_k s_k^{\mathrm{T}} \tag{8.17}$$

其中，$\gamma_k=\dfrac{1}{y_k{}^{\mathrm{T}}s_k}$。此外，由 Sherman–Morrison 定理中公式(A.55)我们得到 $\nabla f(x)$ 的近似矩阵 $\boldsymbol{B}_{k+1}$ 的校正公式

(BFGS) $$\boldsymbol{B}_{k+1}=\boldsymbol{B}_k-\frac{\boldsymbol{B}_k s_k s_k{}^{\mathrm{T}}\boldsymbol{B}_k}{s_k{}^{\mathrm{T}}\boldsymbol{B}_k s_k}+\frac{y_k y_k{}^{\mathrm{T}}}{y_k{}^{\mathrm{T}}s_k} \tag{8.18}$$

可以证明式(8.17)、式(8.18)是秩 2 校正公式，称为 BFGS 校正公式。相应的拟 Newton 方法称为 BFGS 方法。

算法 8.1(BFGS 方法)

给定初始点 x^0，误差控制限$\varepsilon>0$，Hesse 阵的逆矩阵 $\boldsymbol{H}_k=\boldsymbol{H}_k^{\mathrm{T}}\succ 0$，

记 $k\leftarrow 0$。

while $\|\nabla f(x^k)\|>\varepsilon$；

计算搜索方向

$$d^k=-\boldsymbol{H}_k\nabla f(x^k) \tag{8.19}$$

令 $x^{k+1}=x^k+\alpha_k d^k$(其中，步长因子α_k满足 Wolfe 条件)。

令 $s_k=x^{k+1}-x^k$，$y_k=\nabla f(x^{k+1})-\nabla f(x^k)$，由式(8.17)计算 $\boldsymbol{H}_{k+1}$。

令 $k\leftarrow k+1$;

end(while)

可以看出，BFGS 校正公式的计算量是 $O(n^2)$次算术运算，不需要计算目标函数的二阶导数即可得到 Hesse 阵的逆的近似矩阵。

8.2 BFGS 方法的特性

显然 BFGS 方法用于实际问题时有超线性收敛性，下面我们讨论最速下降法，BFGS 方法和不精确 Newton 法的最后几个迭代点在 Rosenbrock 函数(2.23)的应用。表 8.1 给出了$\|x^k-x^*\|$的值，这 3 个方法的步长因子都满足 Wolfe 条件，从起点(–1.2,1)最速下降法而进行 5 264 次迭代，而 BFGS 方法及 Newton 法仅需要 34 次与 21 次迭代，就把梯度范数降到 10^{-5} 了。

表 8.1

Steep.desc.	BFGS 法	Newton 法
1.827e–04	1.70e–03	3.48e–02
1.826e–04	1.17e–03	1.44e–02
1.824e–04	1.34e–04	1.82e–04
1.823e–04	1.01e–06	1.17e–08

注意到，得到的 BFGS 公式的极小化问题式(8.16)，并不需要校正，使 Hesse 阵正定。然而容易看出，只要 $\boldsymbol{H}_k$ 是正定的，$\boldsymbol{H}_{k+1}$ 就是正定的。首先由式(8.7)中 $s_k{}^{\mathrm{T}}y_k>0$，因而校正公式(8.17)、式(8.18)是有定义的。对任意向量 $z\neq 0$，有

$$z^{\mathrm{T}}\boldsymbol{H}_{k+1}z = w^{\mathrm{T}}\boldsymbol{H}_k w + \rho_k(z^{\mathrm{T}}s_k)^2$$

其中，$w = z - \rho_k s_k[(s_k)^{\mathrm{T}}z]$，只要$(s_k)^{\mathrm{T}}z \neq 0$，则上式右端就大于 0。否则，若$(s_k)^{\mathrm{T}}z = 0$，$w = z \neq 0$时，第一项大于 0，因而$\boldsymbol{H}_{k+1}$是正定的。

式(8.9a)与式(8.16a)中的范数加权平均矩阵除 $\boldsymbol{W}$ 外，还可以选用其他加权矩阵。对于不同的 $\boldsymbol{W}$ 给出不同的校正公式。然而还没有找到比 BFGS 方法更有效的公式。

当 BFGS 方法用到二次函数时有许多有趣的特征。我们随后将加以讨论。BFGS 方法只是 Broyden 族中的一个特例。

人们或许会问：是否在一些场合下，由校正公式(8.17)得到的 $\boldsymbol{H}_k$ 的近似矩阵会不太理想？如果真是这样的话，是否可以通过某种方式来校正它？例如，当内积 $y_k^{\mathrm{T}}s_k$ 的值是一个非常小的正数时，则由式(8.17)、式(8.18)得到的 $\boldsymbol{H}_{k+1}$ 将非常大，这种情况合理吗？另外，在迭代的过程中，舍入误差是不可避免的。它能淹没拟 Newton 近似矩阵的有用信息吗？

对于这些问题，人们通过理论分析和数值试验的方式进行了研究，并且发现了 BFGS 公式具有非常好的自校正能力。如果矩阵 $\boldsymbol{H}_k$ 估计目标函数的曲率不精确，或者这种不精确的估计延缓了迭代，则近似 Hesse 阵在几步内就能校正自身。对比之下，DFP 公式就不具有这样好的自校正性质。

比较有趣的是 DFP 与 BFGS 是对偶的。我们可以通过交换 s 与 y 及 $\boldsymbol{B}$ 与 $\boldsymbol{H}$ 得到。

8.3 SR1 方法(秩 1 校正公式)

在前面，我们讨论了 BFGS 公式和 DFP 校正公式，他们都是秩 2 的校正公式，实际上，我们现在指出更简单的秩 1 校正公式，它不但保持矩阵的对称性，而且也满足了拟 Newton 条件，和秩 2 校正公式不同的是秩 1 校正公式，即 SR1 公式并不能保证校正矩阵的正定性。在 SR1 方法的基础上，比较好的数值结果已经取得，下面我们来讨论它的特性。

对秩 1 校正公式通常有如下形式

$$\boldsymbol{B}_{k+1} = \boldsymbol{B}_k + \sigma v v^{\mathrm{T}}$$

其中，$\sigma = \pm 1$，而且使得σ与 v 的选择满足拟 Newton 条件，即 $\boldsymbol{B}_{k+1}s_k = y_k$。把它代入此方程，得

$$y_k = \boldsymbol{B}_k s_k + (\sigma v^{\mathrm{T}}s_k)v \tag{8.20}$$

因为括号里是一个标量，我们推出 v 一定是 $y_k - \boldsymbol{B}_k s_k$ 的倍数。即

$$v = \delta(y_k - \boldsymbol{B}_k s_k)$$

把它代入式(8.20)，我们得到

$$(y_k - \boldsymbol{B}_k s_k) = \sigma\delta^2[s_k(y_k - \boldsymbol{B}_k s_k)](y_k - \boldsymbol{B}_k s_k) \tag{8.21}$$

显然，只要δ与σ取下面的值

$$\sigma = \pm[s_k(y_k - \boldsymbol{B}_k s_k)]\text{，}\quad \delta = \pm|s_k(y_k - \boldsymbol{B}_k s_k)|^{-1/2}$$

式(8.21)成立。

因而，我们得到对称秩 1 校正公式

$$\text{(SR1)}\qquad \boldsymbol{B}_{k+1}=\boldsymbol{B}_k+\frac{(y_k-\boldsymbol{B}_k s_k)(y_k-\boldsymbol{B}_k s_k)^{\mathrm{T}}}{(y_k-\boldsymbol{B}_k s_k)^{\mathrm{T}} s_k} \tag{8.22}$$

再由 Sherman–Morrison 公式(A.55)，用 $\boldsymbol{H}_k$ 表示的对称秩 1 校正公式

$$\text{(SR1)}\qquad \boldsymbol{H}_{k+1}=\boldsymbol{H}_k+\frac{(s_k-\boldsymbol{H}_k y_k)(s_k-\boldsymbol{H}_k y_k)^{\mathrm{T}}}{(s_k-\boldsymbol{H}_k y_k)^{\mathrm{T}} y_k} \tag{8.23}$$

这个公式的推导比较简单。

容易看出，即使 B_k 是正定的，$\boldsymbol{B}_{k+1}$ 也未必正定，对于 $\boldsymbol{H}_k$ 也是一样的。在非线性优化发展的早期，由于人们只知道利用线搜索获得新的迭代点，因而不能保持正定性被认为是 SR1 校正的最大缺点。然而，随着信赖域方法的出现，SR 校正公式被证明是非常有用的，而它能够产生不定的近似 Hesse 阵成为了它的主要优点之一。

SR1 校正公式的最大缺点是公式(8.22)和公式(8.23)中的分母可能消失。实际上，当目标函数是凸二次函数时，在某些步中可能没有满足拟 Newton 方程的 SR1 校正公式，这时需要重新检验前面的求导过程。

从 $\boldsymbol{B}_k$ 角度(相似的讨论可用在 $\boldsymbol{H}_k$ 上)我们看到有下面 3 种情况：

(1)若 $(y_k-\boldsymbol{B}_k s_k)^{\mathrm{T}} s_k \neq 0$，则前面的讨论指出有唯一的一个秩 1 校正公式满足拟 Newton 条件，也就是公式(8.22)。

(2)若 $y_k=\boldsymbol{B}_k s_k$，则满足拟 Newton 条件的迭代矩阵 $\boldsymbol{B}_{k+1}=\boldsymbol{B}_k$。

(3)若 $y_k \neq \boldsymbol{B}_k s_k$，且 $(y_k-\boldsymbol{B}_k s_k)^{\mathrm{T}} s_k=0$，则式(8.21)表明不存在满足拟 Newton 条件的秩 1 校正公式。

最后一种情况在推导过程中并没有前两种那样简单，它指出了 SR1 方法在数值计算上的不稳定性，而且这种方法可能不能用，秩 1 校正并不能提供足够的自由度来产生一个拥有所需条件的矩阵，它需要秩 2 校正，这又回到了 BFGS 方法，而在 BFGS 方法中近似 Hesse 阵的正定性是可以保证的。然而，由于下述几方面的原因，我们仍对 SR1 校正产生兴趣。

(1)一个简单防范措施足以防止方法的失效及数值不稳定性的发生。

(2)由 SR1 校正产生的矩阵更接近于 Hesse 阵本身，比 BFGS 方法的近似 Hesse 阵更好。

(3)在拟 Newton 法用于约束问题或者用于偏可分函数时，没有加上曲率条件，因而 BFGS 校正没有执行。实际上，在这两种情况下，因为不定近似 Hesse 阵反映了精确 Hesse 阵的不稳定性，到目前为止，这就是我们想要的。

现在，我们介绍一种技巧来保证 SR1 方法不会失效。在实际应用中，我们发现如果分母比较小，可以通过跳过校正的方法使 SR1 方法发挥作用。更具体地讲，只要 $r\in(0,1)$ 是一个非常小的数，比如说 $r=10^{-8}$ 由(8.22)得

$$|s_k^{\mathrm{T}}(y_k-B_k s_k)| \geqslant r\,\|s_k\|\cdot\|(y_k-\boldsymbol{B}_k s_k)\| \tag{8.24}$$

如果不满足式(8.24)，令 $\boldsymbol{B}_{k+1}=\boldsymbol{B}_k$。在一般情形下，SR1 方法都采用这种跳过校正的策略。

对于这种跳过校正的策略，为什么在前面的 BFGS 方法中我们一直反对它，而在 SR1 方法中，我们又加以提倡呢？实际上，这是两种不同的情形。在 SR1 校正中，因为它需要某一向量用一种特殊方式校准，所以 $(y_k-\boldsymbol{B}_k s_k)^{\mathrm{T}}s_k\approx 0$ 并不发生。当 $(y_k-\boldsymbol{B}_k s_k)^{\mathrm{T}}s_k\approx 0$ 时，跳过这个矩阵，看起来对迭代点没有负面影响，这并不惊奇，因为跳过条件意味着

$$s_k\bar{\boldsymbol{G}}s_k\approx s_k\boldsymbol{B}_k s_k$$

其中，$\bar{G}$ 是上一步的平均 Hesse 阵，也即 $\boldsymbol{B}_k s_k>0$；另一方面，如果线搜索中不用 Wolfe 条件式(3.6)(若步长不足够长)，BFGS 校正中所需的曲率条件可能不满足。因而，在 BFGS 方法中，跳过会经常发生且得不到好的 Hesse 阵的近似。

我们现在用信赖域框架给出 SR1 方法的一种正式描述。因为 SR1 方法不需要我们校正近似 Hesse 阵使它们保持正定，所以它比线搜索方法更受人们的欢迎。

算法 8.2(SR1 信赖域方法)

给定初始点 x^0，初始近似 Hesse 阵 $\boldsymbol{B}_0$，信赖域半径 $\varDelta_0$，收敛容许 $\varepsilon>0$，参数 $\eta\in(0,10^{-3})$，$r\in(0,1)$；

$k\leftarrow 0$；

while $\|\nabla f(x^k)\|>\varepsilon$；

通过解决下列小问题求 s^k；

$$\min \nabla f(x^k)^{\mathrm{T}}+\frac{1}{2}s^{\mathrm{T}}\boldsymbol{B}_k s\ ,\quad \text{s.t.}\ \|s\|\leqslant \varDelta_k \tag{8.25}$$

计算：$y_k=\nabla f(x^k+s_k)-\nabla f(x^k)$

$\text{ared}=f(x^k)-f(x^k+s_k)$

$\text{pred}=-(\nabla f(x^k)^{\mathrm{T}}+\frac{1}{2}s^{\mathrm{T}}\boldsymbol{B}_k s)$

if ared/pred$>\eta$

  $x^{k+1}=x^k+s_k$

else $x^{k+1}=x^k$

end(if)

if ared/pred>0.75

  if $\|s_k\|\leqslant 0.8\varDelta_k$

    $\varDelta_{k+1}=\varDelta_k$

  else $\varDelta_{k+1}=2\varDelta_k$

  end(if)

else if $0.1\leqslant$ared/pred$\leqslant 0.75$

  $\varDelta_{k+1}=\varDelta_k$

else $\varDelta_{k+1}=0.5\varDelta_k$

end(if)

if 式(8.24)成立，利用式(8.22)计算 $\boldsymbol{B}_{k+1}$(尽管 $x^{k+1}=x^k$)

else $\quad \boldsymbol{B}_{k+1} \leftarrow \boldsymbol{B}_k$

end(if)

$k \leftarrow k+1$

end(while)。

这种算法有信赖域的典型形式，我们用一种特别的技巧来校正信赖域半径，但是也可以用其他的启发性的方法。

8.4 SR1 校正的特征

SR1 校正的主要优点是它能够产生好的近似 Hesse 阵，通过二次函数我们来描述它的特征。对于这类函数步长的选择并不影响校正，因而为了检验校正的效果，我们简单地让步长为 1，即

$$d^k = -\boldsymbol{H}_k \nabla f_k\,,\quad x^{k+1} = x^k + d^k \tag{8.26}$$

定理 8.1 设 $f: R^n \to \mathbf{R}$ 是强凸的二次函数，记 $f(x) = b^{\mathrm{T}}x + \frac{1}{2}x^{\mathrm{T}}\boldsymbol{A}x$，其中 $\boldsymbol{A}^{\mathrm{T}} = \boldsymbol{A} \succ 0$。对任意初始点 x^0 和可逆对称阵 $\boldsymbol{H}_0$，由 SR1 校正式(8.23)、式(8.26)，生成序列 $\{x^k\}$ 对任意 k，$(s_k - \boldsymbol{H}_k y_k)^{\mathrm{T}} y^k \neq 0$ 则至多经过 n 步迭代就可以得到 $f(x)$ 的最小值，而且若迭代过程经过 n 次，并且搜索方向 d^i 线性无关，则 $\boldsymbol{H}_n = \boldsymbol{A}^{-1}$。

证明： 因为 $(y_k - \boldsymbol{B}_k s_k)^{\mathrm{T}} s_k \neq 0$ (其中 $k \geqslant 0$，$\boldsymbol{B}_k = \boldsymbol{H}_k^{-1}$)。所以相应的 SR1 校正公式存在。

又因为 $(y_k - \boldsymbol{B}_k s_k)^{\mathrm{T}} s_k \neq 0$，所以 $\boldsymbol{H}_{k+1}$ 为可逆矩阵。

我们用归纳法证明对任意 $k \geqslant 1$，当 $j=0,1,\cdots,k-1$ 时，下面关系式成立

$$\boldsymbol{H}_k y_j = s_j\,,\ j=0,1,\cdots,k-1 \tag{8.27}$$

首先，因为 SR1 校正公式满足拟 Newton 条件。所以 $\boldsymbol{H}_1 y_0 = s_0$ 成立；其次，由假设 $\boldsymbol{H}_k y_j = s_j$ 对任意 $k \geqslant 1$ 成立。下面证明 $\boldsymbol{H}_k y_j = s_j$ 对 $k+1$ 也成立。

显然，$\boldsymbol{H}_{k+1} y_k = s_k$ 成立。对于 $j < k$，由式(8.23)，有

$$\boldsymbol{H}_{k+1} y_j = \boldsymbol{H}_k y_j + \frac{(s_k - \boldsymbol{H}_k y_k)(s_k - \boldsymbol{H}_k y_k)^{\mathrm{T}}}{(s_k - \boldsymbol{H}_k y_k)^{\mathrm{T}} y_k} y_j$$

注意： $f(x)$ 是二次函数，有

$$y_j = \nabla f(x^{j+1}) - \nabla f(x^j) = \boldsymbol{A}(x^{j+1} - x^j) = \boldsymbol{A}s_j$$

所以

$$\begin{aligned}(s_k - \boldsymbol{H}_k y_k)^{\mathrm{T}} y_j &= s_k{}^{\mathrm{T}} y_j - y_k{}^{\mathrm{T}} \boldsymbol{H}_k y_j \\ &= s_k{}^{\mathrm{T}} y_j - y_k{}^{\mathrm{T}} s_j \text{ (这里利用了归纳假设)} \\ &= s_k{}^{\mathrm{T}} \boldsymbol{A} s_j - (\boldsymbol{A} s_k)^{\mathrm{T}} s_j \\ &= 0\end{aligned} \tag{8.28}$$

再利用归纳假设，可知 $\boldsymbol{H}_{k+1} y_j = \boldsymbol{H}_k y_j = s_j$ 成立。

由归纳原理可知，式(8.27)成立。

假设迭代过程进行了 n 次，若 $\{d^j \mid j = 0,1,\cdots,n-1\}$ 线性无关，则

$$s_j = \boldsymbol{H}_n y_j = \boldsymbol{H}_n \boldsymbol{A} s_j,\ j=0,1,\cdots,n-1$$

也就是 $\boldsymbol{H}_n\boldsymbol{A}=\boldsymbol{I}$，即 $\boldsymbol{H}_n=\boldsymbol{A}^{-1}$。否则，不妨假设存在一个最小下标 k(这里 $k\leqslant n-1$)，使得 $\{s_i \mid i<k\}$是线性无关的，且

$$s_k=\xi_0 s_0+\xi_1 s_1+\cdots+\xi_{k-1}s_{k-1} \tag{8.29}$$

则

$$\begin{aligned}\boldsymbol{H}_k y_k&=\boldsymbol{H}_k\boldsymbol{A}s_k\\&=\xi_0\boldsymbol{H}_k\boldsymbol{A}s_0+\xi_1\boldsymbol{H}_k\boldsymbol{A}s_1+\cdots+\xi_{k-1}\boldsymbol{H}_k\boldsymbol{A}s_{k-1}\\&=\xi_0\boldsymbol{H}_k y_0+\xi_1\boldsymbol{H}_k y_1+\cdots+\xi_{k-1}\boldsymbol{H}_k y_{k-1}\\&=s_k\end{aligned}$$

可以注意到 $y^k=\nabla f(x^{k+1})-\nabla f(x^k)$，$s_k=x^{k+1}-x^k=-\boldsymbol{H}_k\nabla f(x^k)$。可得 $H_k\nabla f(x^{k+1})=0$。由于 $\boldsymbol{H}_k$是可逆的，故 $\nabla f(x^{k+1})=0$，即 x^{k+1}是函数 $f(x)$的最小点。此时，至多进行 $k+1\leqslant n$ 次迭代。

关系式(8.27)指出，当 f 是二次函数时，不管线搜索是怎样的，沿前面的搜索方向拟 Newton 条件都满足。

像这样的结果，在 BFGS 校正中只有在严格的假设条件：线搜索是精确的条件下才成立。对于一般的非线性函数，在一定的条件下，SR1 校正也能够给出 Hesse 阵的一个较好的近似。

定理 8.2　设 f 是二次连续可微的，Hesse 阵有界，在 x^*的邻域内是 Lipschitz 连续，对某个点 $x^*\in R^n$，$\{x^k\}$是收敛于 x^*的迭代序列。此外，设对任意 k、$r\in(0,1)$，不等式(8.24)成立，步长 s_k 一致线性无关，则由 SR1 校正公式生成的矩阵 $\boldsymbol{B}_k$ 满足

$$\lim_{k\to\infty}\|\boldsymbol{B}_k-\nabla^2 f(x^*)\|=0$$

在实际应用中，“步长 s_k 一致地线性无关”这个假设并不总是成立的。

8.5　Broyden 族

到目前为止，我们介绍了 BFGS 校正公式、DFP 校正公式、SR1 校正公式。但是还有更多，其中特别有趣的是 Broyden 族：一个由下面公式给出的校正公式族。

$$\boldsymbol{B}_{k+1}=\boldsymbol{B}_k-\frac{\boldsymbol{B}_k s_k s_k^{\mathrm{T}}\boldsymbol{B}_k}{s_k^{\mathrm{T}}\boldsymbol{B}_k s_k}+\frac{y_k y_k^{\mathrm{T}}}{y_k^{\mathrm{T}}s_k}+\phi_k(s_k\boldsymbol{B}_k s_k)v^k(v^k)^{\mathrm{T}} \tag{8.30}$$

其中，φ_k是参数；

$$v^k=\frac{y_k}{{y_k}^{\mathrm{T}}s_k}-\frac{\boldsymbol{B}_k s_k}{s_k\boldsymbol{B}_k s_k} \tag{8.31}$$

BFGS 方法、DFP 方法是 Broyden 族中的一员。在式(8.30)中，使其得到 BFGS 公式。令 $\phi_k=0$，得 BFGS 公式；令 $\phi_k=1$，得 DFP 公式。我们可以把式(8.30)写成下面这两种方法的组合，即

$$\boldsymbol{B}_{k+1}=(1-\phi_k)\boldsymbol{B}_{k+1}^{\mathrm{BFGS}}+\phi_k\boldsymbol{B}_{k+1}^{\mathrm{DFP}}$$

这个关系式意味着：Broyden 族中每一个成员都满足拟 Newton 条件。这是因为 BFGS 和 DFP 中矩阵都满足拟 Newton 条件。还有当 $(s_k)^{\mathrm{T}}y_k>0$ 时，因为 BFGS 校正公式与 DFP 校正公式保证了近似 Hesse 阵的正定性，所以这个关系式意味着：若 $0\leqslant\phi_k\leqslant1$，对

Broyden 族中的一员也具有这个特征。注意"严格 Broyden 族"这一概念，它由 $0 \leqslant \phi_k \leqslant 1$ 而得来。当应用到二次函数时，它有下面的特征，因为这些分析与步长无关，我们简单假设每个迭代有下面的形式：

$$d^k = -\boldsymbol{B}_k^{-1}\nabla f(x^k), \quad x^{k+1} = x^k + d^k \tag{8.32}$$

定理 8.3　设 f 是强凸二次函数，$f(x) = b^{\mathrm{T}}x + \frac{1}{2}x^{\mathrm{T}}\boldsymbol{A}x$ 且 $\boldsymbol{A}^{\mathrm{T}} = \boldsymbol{A} \succ 0$，$x^0$ 为迭代序列(8.32)的任一初始点，$\boldsymbol{B}_0$ 为任一初始对称正定阵，$\boldsymbol{B}_k$ 由 Broyden 族公式(8.30)得到 $\phi_k \in [0,1]$，令 $\lambda_1^k \leqslant \lambda_2^k \leqslant \cdots \leqslant \lambda_n^k$ 为下面矩阵

$$\boldsymbol{A}^{\frac{1}{2}}\boldsymbol{B}_k^{-1}\boldsymbol{A}^{\frac{1}{2}} \tag{8.33}$$

的特征值。则对所有的 k，有

$$\min\{\lambda_i^k, 1\} \leqslant \lambda_i^{k+1} \leqslant \max\{\lambda_i^k, 1\}, \quad i=1,2,\cdots,n \tag{8.34}$$

而且如果 $\phi_k \notin [0,1]$，则式(8.34)不成立。

下面我们来讨论这个结果的重要性。如果矩阵 $\boldsymbol{A}^{1/2}\boldsymbol{B}_k^{-1}\boldsymbol{A}^{1/2}$ 的特征值全是 1，则拟 Newton 近似阵 $\boldsymbol{B}_k$ 与目标函数的 Hesse 阵 $\boldsymbol{A}$ 是一样的。这是一种理想的情形，所以我们希望这些特征值尽可能地接近 1。事实上,关系式(8.34)告诉我们特征值$\{\lambda_i^k\}$单调收敛于 1(但不严格单调)。例如，我们假设最小特征值 $\lambda_1^k = 0.7$，则式(8.34)告诉我们下一次迭代点 $\lambda_1^{k+1} \in [0.7, 1]$，我们并不能保证这个特征值越来越接近于 1，但是有理由希望如此。相反，如果让 ϕ_k 取 [0, 1]外的数，第一个特征值可以比 0.7 小。重要的是，尽管线搜索是不精确的，但是定理 8.3 的结果成立。

尽管定理 8.3 表明，最好的校正公式应属于严格的 Broyden 族，但是情况是否如此呢？人们并不清楚。一些分析和数值实验表明：允许 ϕ_k 取负值(以一种可以严格控制的方式)的一些算法，事实上会比 BFGS 方法表现得更好。刚才讨论的 SR1 公式是 Broyden 族中的一员，但它不属于严格的 Broyden 族，因为

$$\phi_k = \frac{s_k^{\mathrm{T}} y_k}{s_k^{\mathrm{T}} y_k - s_k^{\mathrm{T}} B_k s_k}$$

可能落在[0,1]之外。

下面我们来讨论 Broyden 族的一些特征。我们已经注意到如果 $\boldsymbol{B}_k$ 正定，$s_k^{\mathrm{T}} y_k > 0$，$\phi_k \geqslant 0$，则由严格 Broyden 族公式得到的 $\boldsymbol{B}_{k+1}$ 也是正定的。我们希望得到更精确的 ϕ_k 值来保证其正定性。式(8.30)的最后一项是秩 1 校正，当 $\phi_k < 0$ 时，它减小了矩阵的特征值(参见附录 A.12 中的交错特征值定理)。当我们使其减小时，矩阵最终变为奇异且不定的。简单的计算表明：当 ϕ_k 取下面值时，$\boldsymbol{B}_{k+1}$ 是奇异的。

$$\phi_k^c = \frac{1}{1-\mu} \tag{8.35}$$

其中

$$\mu_k = \frac{y_k^{\mathrm{T}} \boldsymbol{B}_k^{-1} y_k s_k^{\mathrm{T}} \boldsymbol{B}_k s_k}{(y_k^{\mathrm{T}} s_k)^2} \tag{8.36}$$

由 Cauchy–Schwarz 不等式及式(8.36)，得 $\mu_k \geqslant 1$ 因而 $\phi_k^c \leqslant 0$。如果初始近似 Hesse 阵 $\boldsymbol{B}_0$ 是对称正定的，$s_k^{\mathrm{T}} y_k > 0$，$\phi_k > \phi_k^c$，对任意 k 则由式(8.30)生成的 $\boldsymbol{B}_k$ 也是对称正定

的。

当把精确线搜索用于二次函数时，Broyden 族有许多特征。在下面的定理中我们给出这些特征，而不加以证明。

定理 8.4 设 Broyden 族中的一个方法用到了强凸二次函数 $f:R^n\to\mathbf{R}$ 上，x^0 是任一初始点，$\boldsymbol{B}_0$ 是任一对称正定阵。设 a_k 是精确步长，$\phi_k>\phi_k^c$，对任意 k，则有下面的结论：

(1)至多 n 次迭代后，迭代序列收敛于解点。

(2)对前面所有的搜索方向，拟 Newton 方程都成立，即

$$\boldsymbol{B}_k s_k = y_j\text{，}j=1,\cdots,k-1 \tag{8.37}$$

(3)如果初始阵 $\boldsymbol{B}_0=\boldsymbol{I}$，则迭代点与由共轭梯法得到的一致，特别地搜索方向共轭，即

$$s_i^{\mathrm{T}} A s_j = 0\text{，}i\neq j$$

其中，$\boldsymbol{A}$ 为二次函数的 Hesse 阵。

(4)如果经过了 n 次迭代，则 $\boldsymbol{B}_{k+1}=\boldsymbol{A}$。

注意到(1)、(2)和(4)与定理 8.1 的陈述和证明相对应，相似的结果也可由 SR1 校正得到。

事实上，我们可以简单总结一下定理 8.4：如果近似 Hesse 阵非奇异但不要求正定，因而我们也可以重新总结一下，如果初始阵 $\boldsymbol{B}_0$ 不是单位阵，则 Broyden 族方法与把 $\boldsymbol{B}_0$ 作为预条件的梯度法是一致的。

通过陈述定理 8.4 的结论，我们知道定理 8.4 在理论上有很好的特性，但非精确线搜索在应用 Broyden 族方法时，并没有那么好的特性，但是这类分析带动了拟 Newton 法的发展。

8.6 收敛性分析

在这一部分，我们讨论 BFGS 方法与 SR1 方法在实际应用中的全局收敛性和局部收敛性。因为 BFGS 方法的分析与 SR1 方法相比更具有普遍性和启发性，所以我们讨论 BFGS 方法更多些。事实上，使用校正的方法使近似 Hesse 阵越来越精确，使得拟 Newton 法比最速下降法和 Newton 法更复杂些。

尽管 BFGS 方法与 SR1 方法在实际应用中表现出惊人的鲁棒性，但对于一般的非线性目标函数而言，我们并不能得到全局收敛的结果。也就是说，从任何一个初始点和任何一个初始 Hesse 阵出发，我们不能证明拟 Newton 法的迭代序列收敛于一个驻点，事实上这个算法是否具有这个特征人们也不知道。

在我们的分析中，或者假设目标函数是凸的，或者假设迭代序列满足一定的特征；另一方面，在合理的假设条件下，有局部收敛和超线性收敛的结果。

在这一部分，我们用 $\|\cdot\|$ 表示欧氏向量范数或矩阵的范数，用 $\boldsymbol{G}(x)$ 表示 Hesse 阵 $\nabla^2 f(x)$。

首先，我们从任何一个初始点 x^0 和任何一个初始的对称正定阵 $\boldsymbol{B}_0$ 出发，把 BFGS 方法应用到光滑凸函数上来研究它的全局收敛性。

关于目标函数有下面的假设：

假设 8.1 (1)目标函数 f 是二次可微的；

(2)水平集 $\Omega=\{x\in R^n: f(x)\leqslant f(x^0)\}$ 是凸的，对任意 $z\in R^n$ 和 $x\in\Omega$，存在正常数 m、M，使得

$$m\|z\|^2\leqslant z^{\mathrm T}G(x)z\leqslant M\|z\|^2 \tag{8.38}$$

假设 8.1 的(2)暗示着 $\boldsymbol{G}(x)$ 是 Ω 上的正定阵，f 在 Ω 上有唯一极小点 x^*。

由式(8.12)、式(8.38)，我们得到

$$\frac{y_k^{\mathrm T}s_k}{s_k^{\mathrm T}s_k}=\frac{s_k^{\mathrm T}\bar{\boldsymbol{G}}_k s_k}{s_k^{\mathrm T}s_k}\geqslant m \tag{8.39}$$

其中，$\bar{\boldsymbol{G}}_k$ 是式(8.11)定义的平均 Hesse 阵，假设 8.1 暗示着 $\bar{\boldsymbol{G}}_k$ 是正定的，因而它的平方根是有意义的，因而定义 $z_k=\bar{\boldsymbol{G}}_k^{\ 1/2}$，由关系式(8.12)，得

$$\frac{y_k^{\mathrm T}s_k}{y_k^{\mathrm T}y_k}=\frac{(\bar{\boldsymbol{G}}_k^{\ 1/2}s_k)^{\mathrm T}\bar{\boldsymbol{G}}_k^{\ 1/2}s_k}{(\bar{\boldsymbol{G}}_k^{\ 1/2}s_k)^{\mathrm T}\bar{\boldsymbol{G}}_k(\bar{\boldsymbol{G}}_k^{\ 1/2}s_k)}=\frac{(z^k)^{\mathrm T}z^k}{(z^k)^T\bar{\boldsymbol{G}}_k z^k} \tag{8.40}$$

由式(8.40)得

$$\frac{y_k^{\mathrm T}y_k}{y_k^{\mathrm T}s_k}=\frac{(z^k)^{\mathrm T}\bar{\boldsymbol{G}}_k z^k}{(z^k)^{\mathrm T}z^k}\leqslant M \tag{8.41}$$

下面我们给出 BFGS 方法的全局收敛性的结果。

我们很想像前面一样，找到 Hesse 阵的条件数的一个上界。然而，这种想法却难以实现。下面，我们给出两种新的工具：迹和行列式。并用它们去估计近似 Hesse 阵的最大特征值和最小特征值。矩阵的迹，记为 trace，是所有特征值的总和；而行列式，记为 det，是所有特征值的乘积。

定理 8.5　设 $\boldsymbol{B}_0$ 是任给的一个初始的对称正定初始阵，x^0 是满足假设 8.1 的任给的一个初始点，则由算法(8.1)生成的序列 $\{x^k\}$ 收敛于的极小点。

证明：令

$$m_k=\frac{y_k^{\mathrm T}s_k}{s_k^{\mathrm T}s_k},\quad M_k=\frac{y_k^{\mathrm T}y_k}{y_k^{\mathrm T}s_k} \tag{8.42}$$

由式(8.39)、式(8.41)，有

$$m_k\geqslant m,\quad M_k\leqslant M \tag{8.43}$$

通过计算式(8.18)的迹，得

$$\operatorname{trace}(\boldsymbol{B}_{k+1})=\operatorname{trace}(\boldsymbol{B}_k)-\frac{\|\boldsymbol{B}_k s_k\|^2}{s_k^{\mathrm T}\boldsymbol{B}_k s_k}+\frac{\|y_k\|^2}{y_k^{\mathrm T}s_k} \tag{8.44}$$

我们指出

$$\det(\boldsymbol{B}_{k+1})=\det(\boldsymbol{B}_k)\cdot\frac{y_k^{\mathrm T}s_k}{s_k^{\mathrm T}\boldsymbol{B}_k s_k} \tag{8.45}$$

令

$$\cos\theta_k=\frac{s_k^{\mathrm T}\boldsymbol{B}_k s_k}{\|s_k\|\cdot\|\boldsymbol{B}_k s_k\|},\quad q_k=\frac{s_k^{\mathrm T}\boldsymbol{B}_k s_k}{s_k^{\mathrm T}s_k} \tag{8.46}$$

因而，θ_k 是 s_k 与 $\boldsymbol{B}_k s_k$ 的夹角，然后我们得到

$$\frac{\|\boldsymbol{B}_k s_k\|^2}{s_k^{\mathrm{T}}\boldsymbol{B}_k s_k}=\frac{\|\boldsymbol{B}_k s_k\|^2\|s_k\|^2}{(s_k^{\mathrm{T}}\boldsymbol{B}_k s_k)^2}\cdot\frac{s_k^{\mathrm{T}}\boldsymbol{B}_k s_k}{\|s_k\|^2}=\frac{q_k}{\cos^2\theta_k} \tag{8.47}$$

此外，由式(8.42)，得

$$\det(\boldsymbol{B}_{k+1})=\det(\boldsymbol{B}_k)\cdot\frac{y_k^{\mathrm{T}}s_k^{\mathrm{T}}}{s_k^{\mathrm{T}}s_k}\cdot\frac{s_k^{\mathrm{T}}s_k}{s_k^{\mathrm{T}}\boldsymbol{B}_k s_k}=\det(\boldsymbol{B}_k)\frac{m_k}{q_k} \tag{8.48}$$

通过引入关于正定矩阵 $\boldsymbol{B}$ 的函数 $\psi(\cdot)$ 把迹和行列式联系起来

$$\psi(\boldsymbol{B})=\mathrm{trace}(\boldsymbol{B})-\ln(\det(\boldsymbol{B})) \tag{8.49}$$

其中，$\ln(\cdot)$是自然对数。不难看出 $\psi(\boldsymbol{B})>0$，由式(8.42)及式(8.44)～式(8.49)，有

$$\begin{aligned}\psi(\boldsymbol{B}_{k+1})&=\psi(\boldsymbol{B}_k)+M_k-\frac{q_k}{\cos^2\theta_k}-\ln(\det(\boldsymbol{B}_k))-\ln(m_k)+\ln(q_k)\\&=\psi(\boldsymbol{B}_k)+(M_k-\ln(m_k)-1)+[1-\frac{q_k}{\cos^2\theta_k}+\ln(\frac{q_k}{\cos^2\theta_k})]+\ln(\cos^2\theta_k)\end{aligned} \tag{8.50}$$

注意到 $h(t)=1-t+\ln(t)\leqslant 0$，对任意 $t>0$，方括号里的项是负的，因而由式(8.43)及式(8.50)，得到

$$0<\psi(\boldsymbol{B}_{k+1})\leqslant\psi(\boldsymbol{B}_1)+ck+\sum_{j=1}^{k}\ln(\cos^2\theta_j) \tag{8.51}$$

其中，不失一般性，我们假定常数 $c=M-\ln m-1$ 是正的。

假设 $\cos\theta_j\to 0$，则存在 $k_0>0$，使得对于任意的 $j>k_0$，总有

$$\ln\cos^2\theta_j<-2c \tag{8.52}$$

其中，c 是前面定义的常数。

由式(8.51)～式(8.52)可知，对于所有的 $k>k_0$，有

$$\begin{aligned}0<\psi(\boldsymbol{B}_{k+1})&\leqslant\psi(\boldsymbol{B}_1)+ck+\sum_{j=1}^{k_0}\ln(\cos^2\theta_j)+\sum_{j=k_0+1}^{k}\ln(-2c)\\&=\psi(\boldsymbol{B}_1)+\sum_{j=1}^{k_0}\ln(\cos^2\theta_j)+2ck_0-ck\end{aligned} \tag{8.53}$$

然而，对于足够大的 k 而言，上式的右边是负的，因此前后矛盾。因而，必然存在一个子列$\{j_p\}$，使得

$$\cos\theta_{j_p}\geqslant\delta>0 \tag{8.54}$$

另一方面，考虑到假设 8.1 成立以及

$$s_k=-\alpha_k d^k, d^k=\boldsymbol{B}_k^{-1}\nabla f(x^k) \tag{8.55}$$

运用类似于定理 3.3 的证明方法，我们可以得到

$$\lim_{k\to\infty}\frac{\nabla f(x^k)^{\mathrm{T}}d^k}{\|d^k\|}=0 \tag{8.56}$$

由式(8.46)和式(8.55)，直接验证可知

$$\frac{\nabla f(x^k)^{\mathrm{T}} d^k}{\| d^k \|} = \| \nabla f(x^k) \| \frac{\nabla f(x^k)^{\mathrm{T}} d^k}{\| \nabla f(x^k) \| \| d^k \|} = \| \nabla f(x^k) \| \cos\theta_k$$

从而再由式(8.56)，可知

$$\lim_{k\to+\infty} \| \nabla f(x^k) \| \cos\theta_k = 0$$

结合上式和式(8.54)，我们便有

$$\liminf_{k} \| \nabla f(x^k) \| \to 0$$

由于 f 是一个凸函数，所以可得 $x^k \to x^*$。

思考：请给出定理 8.5 的一个详细的证明。

除 DFP 方法外，定理 8.5 总结为整个严格 Broyden 族的特征。换言之，定理 8.5 在 $\phi_k \in [0,1)$ 时都成立，但是当 ϕ_k 接近 1 时，结论不一定成立，因为一些自身校正的特征也相应的减弱了。

其次，我们不加证明地给一个 BFGS 方法的超线性收敛性结果。

定理 8.6 **设 f 满足**

(1) f 是二次连续可微函数；

(2) f 的 Hesse 阵 $\boldsymbol{G}$ 在 x^* 处 Lipschitz 连续，即对所有的 x^* 附近的 x，有

$$\|\boldsymbol{G}(x)-\boldsymbol{G}(x^*)\| \leqslant L\|x-x^*\|$$

其中，L 是一个正常数；

(3)由 BFGS 方法产生的序列 $\{x^k\}$ 收敛于极小点 x^*，并且

$$\sum_{k=1}^{\infty} \| x^k - x^* \| < \infty$$

则该序列 $\{x^k\}$ 超线性收敛于极小点 x^*。

最后，我们分析一下 SR1 方法的收敛性。SR1 方法的收敛性不像 BFGS 方法那样好理解，除了前面讨论的与二次函数有关的结论外，并没有像定理 8.5 那样的全局收敛性的结果，也没有像定理 8.6 那样有局部超线性的结果。但有一个有趣的信赖域 SR1 算法即算法 8.2，当目标函数有唯一的驻点及其在每一步时条件(8.24)均成立，Hesse 近似矩阵 $\boldsymbol{B}_k$ 是有界的，则迭代序列以 $(n+1)$ 步超线性收敛于 x^*。

下面我们陈述一些结果：

定理 8.7 **设由算法 8.2 产生的为序列 $\{x^k\}$ 且下面条件成立：**

(1) $\{x^k\}$ 是一个无穷序列，但 f 在有界的闭凸集 D 上是二次连续可微的，而且 f 有唯一的驻点 x^*；

(2)Hesse 阵 $\nabla^2 f(x^*)$ 是正定的，$\nabla^2 f(x^*)$ 在 x^* 附近 Lipschitz 连续；

(3)矩阵序列 $\{\boldsymbol{B}_k\}$ 是依范数有界的；

(4)条件(8.24)在每一个迭代点满足 $r \in (0,1)$，则 $\lim\limits_{k\to\infty} x^k = x^*$，而且

$$\lim_{k\to\infty} \frac{\| x^{k+n+1} - x^* \|}{\| x^k - x^* \|} = 0$$

注意到 BFGS 方法并不需要定理 8.7 中的有界性假设(3)。

像前面所提到的 SR1 校正并不能保证近似 Hesse 阵的正定性。实际应用中，在每一迭代点 $\boldsymbol{B}_k$ 是不定的。然而，比较有趣的是，在大多数情况下，SR1 方法的近似 Hesse 阵趋向于正定性。

设 $\beta(k)$ 表示是 $\boldsymbol{B}_1,\boldsymbol{B}_2,\cdots,\boldsymbol{B}_k$ 中正半定矩阵的个数，则

$$\lim_{k\to\infty}\frac{\beta(k)}{k}=1$$

在定理 8.7 的假设下，不管初始阵正定性与否结果都成立。

第9章　约束优化的基本理论

从这一章开始，我们讨论下面约束优化问题(9.1)的基本理论和方法。在这一章，我们侧重于相关的基本理论，尤其是 Karush–Kuhn–Tucker 定理的论述。

考察

$$\min \quad f(x) \tag{9.1a}$$
$$\text{s.t.} \quad g_i(x) \geqslant 0,\ i=1,2,\cdots,l \tag{9.1b}$$
$$h_j(x)=0,\ j=1,2,\cdots,m \tag{9.1c}$$

式中：自变量 $x \in R^n$ 是 n 维向量；f、g_i、h_j：$R^n \to \mathbf{R}$ 是实值函数。

若 f、g_i、h_j 均为线性函数，则问题式(9.1)称为线性规划。否则，称为非线性规划。

若 f 为二次函数，g_i、h_j 为线性函数，则问题式(9.1)称为二次规划。

若 f、$-g_i$、h_j 均为凸函数，则问题式(9.1)称为凸规划。若 f、$-g_i$、h_j 进一步可微，则问题式(9.1)称为可微凸规划。

若 $g_i(x^*)>0$，则把 $g_i(x)\geqslant 0$ 称为在 x^*处的一个非积极约束。若 $g_i(x^*)=0$，则把 $g_i(x)\geqslant 0$ 称为在 x^*处的一个积极约束。

记可行域

$$X=\{x:\ g_i(x)\geqslant 0,\ i=1、2、\cdots、l;\ h_j(x)=0,\ j=1、2、\cdots、m\}$$

下面我们描述几种相关的可行方向。

(1)可行方向。设非零向量 $d \in R^n$、$x^* \in X$，若存在 $\delta>0$，使得

$$x^*+\alpha d \in X,\ \forall \alpha \in [0,\delta]$$

则称 d 为 X 在 x^*处的一个可行方向。X 在 x^*处的所有可行方向的集合记为 $FD(X,\ x^*)$。

(2)序列可行方向。设向量 $d \in R^n$、$x^* \in X$，若存在序列 $\delta_k>0$、$d^k \in R^n$，使得

$$x^*+\delta_k d^k \in X,\ k=1,2,\cdots$$

且 $\delta_k \to 0$ 和 $d^k \to d$，则称 d 为 X 在 x^*处的序列可行方向。X 在 x^*处的所有序列可行方向的集合记为 $SFD(X,\ x^*)$。

(3)线性化可行方向。设 $x^* \in X$，若向量 $d \in R^n$ 满足

$$\nabla h_j(x^*)^{\mathrm T} d=0,\ \nabla g_i(x^*)^{\mathrm T} d \geqslant 0,\ i \in I(x^*)$$

其中，$I(x^*)$为积极约束指标集，则称 d 为 X 在 x^*处的线性化可行方向。X 在 x^*处的所有线性化可行方向的集合记为 $LFD(X,\ x^*)$。

定理 9.1　设 $x^* \in X$，若所有的约束函数在 x^*处可微，则

$$FD(X,x^*) \subseteq SFD(X,x^*) \subseteq LFD(X,x^*)$$

证明：(1)任取 $d \in FD(X,x^*)$，则存在 $\delta>0$，使得

$$x^*+\alpha d \in X,\ \forall \alpha \in [0,\delta]$$

令

$$d^k = d,\ \delta_k = \delta/2^k,\ k = 1,2,\cdots$$

则

$$x^* + \delta_k d^k \in X,\ k = 1,2,\cdots$$

且 $\delta_k \to 0$ 和 $d^k \to d$，从而 $d \in SFD(X,x^*)$。由 d 的任意性，可知

$$FD(X,x^*) \subseteq SFD(X,x^*)$$

(2)任取 $d \in SFD(X,x^*)$。若 d=0，则 $d \in LFD(X,x^*)$。若 $d \neq 0$，由定义可知存在序列 $\delta_k > 0,\ d^k \in R^n$，使得

$$x^* + \delta_k d^k \in X,\ \delta_k \to 0,\ d^k \to d$$

从而

$$0 \leqslant g_i(x^* + \delta_k d^k) = g_i(x^*) + \delta_k (\nabla g_i(x^*)^{\mathrm{T}} d^k + \frac{o(\| \delta_k d^k \|)}{\delta_k})$$

因为 $i \in I(x^*)$，所以 $g_i(x^*) = 0$。于是由上式，可得

$$\nabla g_i(x^*)^{\mathrm{T}} d \geqslant 0$$

又由

$$0 = h_j(x^* + \delta_k d^k) = h_j(x^*) + \delta_k (\nabla h_j(x^*)^{\mathrm{T}} d^k + \frac{o(\| \delta_k d^k \|)}{\delta_k})$$

可得

$$\nabla h_j(x^*)^{\mathrm{T}} d = 0$$

定理 9.2　线性系统

$$\begin{aligned} & d^{\mathrm{T}} a^i \geqslant 0,\ i = 1,2,\cdots,l \\ & d^{\mathrm{T}} b^j = 0,\ j = 1,2,\cdots,m \\ & d^{\mathrm{T}} c < 0 \end{aligned} \tag{9.2}$$

无解，当且仅当存在 $\lambda_i \geqslant 0 (i = 1,2,\cdots,l)$ **和** $\mu_j \in R\,(j = 1,2,\cdots,m)$**，使得**

$$c = \sum \lambda_i a^i + \sum \mu_j b^j \tag{9.3}$$

证明： $\Leftarrow$ 显然成立。

$\Rightarrow$ 构造集合

$$C = \{\sum \lambda_i a^i + \sum \mu_j b^j :\ \lambda_i \geqslant 0,\ i = 1,2,\cdots,l; \mu_j \in R, j = 1,2,\cdots,m\}$$

显然，C 是一个闭凸锥。若不存在 $\lambda_i \geqslant 0 (i = 1,2,\cdots,l)$ 和 $\mu_j \in R(j = 1,2,\cdots,m)$，使得式(9.3)成立，则

$$c \notin C$$

从而，由凸分析中的点与闭凸锥分离定理可知，存在 $d \neq 0$，使得

$$c^{\mathrm{T}} d < 0 \leqslant z^{\mathrm{T}} d,\ \forall z \in C \tag{9.4}$$

考虑到 C 的结构，有

$$\begin{aligned} & d^{\mathrm{T}} a^i \geqslant 0,\ i = 1,2,\cdots,l \\ & d^{\mathrm{T}} b^j = 0,\ j = 1,2,\cdots,m \end{aligned} \tag{9.5}$$

由式(9.4)的左端关系式和式(9.5)可知式(9.2)有解。

定理 9.2 是 Farkas 在 1902 年发现的，在文献中常常被称为 Farkas 引理。

定理 9.3　设 x^*是约束优化问题式(9.1)的局部极小点。如果 f、g_i、h_j 可微，则

$$d \in SFD(X,x^*) \Rightarrow \mathrm{d}^{\mathrm{T}} \nabla f(x^*) \geqslant 0$$

证明：任取 $d \in SFD(X,x^*)$，存在序列 $\delta_k > 0$、$d^k \in R^n$，使得

$$x^* + \delta_k d^k \in X \quad (\delta_k \to 0,\ d^k \to d)$$

从而

$$f(x^*) \leqslant f(x^* + \delta_k d^k) = f(x^*) + \delta_k(\nabla f(x^*)^{\mathrm{T}} d^k + \frac{o(\|\delta_k d^k\|)}{\delta_k})$$

这样便有

$$\nabla f(x^*)^{\mathrm{T}} d \geqslant 0$$

下面我们介绍的结果也称为 KKT 定理，它是由 Karush(1939)、Kuhn 和 Tucker(1951) 独立发现的。

定理 9.4　设 x^*是约束优化问题(9.1)的一个局部极小点。若

$$SFD(X,x^*) = LFD(X,x^*)$$

则必然存在 $\lambda_i^* \geqslant 0 (i=1,2,\cdots,l)$ 和 $\mu_j^* \in R(j=1,2,\cdots,m)$，使得

$$\nabla f(x^*) = \sum_{i=1}^{l} \lambda_i^* \nabla g_i(x^*) + \sum_{j=1}^{m} \mu_j^* \nabla h_j(x^*) \tag{9.6a}$$

$$\lambda_i^* \geqslant 0,\quad \lambda_i^* g_i(x^*) = 0 \tag{9.6b}$$

证明：任取 $d \in SFD(X,x^*)$，则

$$\nabla f(x^*)^{\mathrm{T}} d \geqslant 0 \tag{9.7}$$

又由题设可知 $d \in LFD(X,x^*)$，于是

$$\nabla h_j(x^*)^{\mathrm{T}} d = 0, \nabla g_i(x^*)^{\mathrm{T}} d \geqslant 0,\ i \in I(x^*) \tag{9.8}$$

这表明线性系统式(9.7) ~ 系统式(9.8)无解。由 Farkas 引理可知，必然存在 $\lambda_i^* \geqslant 0\ (i \in I(x^*))$ 以及 $\mu_j^* \in R\ (j=1,2,\cdots,m)$，使得

$$\nabla f(x^*) = \sum_{i \in I(x^*)} \lambda_i^* \nabla g_i(x^*) + \sum_{j=1}^{m} \mu_j^* \nabla h_j(x^*)$$

令

$$\lambda_i^* = 0,\ i \in \{1,2,\cdots,l\} \setminus I(x^*)$$

则命题成立。

条件式(9.6)通常称为 KKT 条件。满足 KKT 条件的可行点 $x \in X$ 称为 KKT 点。另外，由于式(9.6a)和下面的广义 Lagrange 函数

$$L(x,\lambda,\mu) = f(x) - \sum_{i=1}^{l} \lambda_i\, g_i(x) - \sum_{j=1}^{m} \mu_j h_j(x)$$

是密切相关的，所以我们常常把式(9.6a)中的 λ_i^*，μ_j^* 称为 Lagrange 乘子。

定理中的假设条件 $SFD(X,x^*) = LFD(X,x^*)$ 称为约束规格。下面是 Fletcher 在 1987 年给出的一个例子。它表明，如果该约束规格不成立，则极小点可能不是 KKT 点。

【例 9.1】

$$\begin{aligned}&\min \quad x_1\\&\text{s.t.} \quad x_1^3 - x_2 \geqslant 0,\ x_2 \geqslant 0\end{aligned}$$

解：经计算，极小点 $x^* = (0,0)^{\mathrm{T}}$，并且

$$\nabla f(x^*) = \begin{pmatrix}1\\0\end{pmatrix},\quad \nabla g_1(x^*) = \begin{pmatrix}0\\-1\end{pmatrix},\quad \nabla g_2(x^*) = \begin{pmatrix}0\\1\end{pmatrix}$$

显然，不存在 $\lambda_1^* \geqslant 0$、$\lambda_2^* \geqslant 0$ 使得

$$\nabla f(x^*) = \lambda_1^* \nabla g_1(x^*) + \lambda_2^* \nabla g_2(x^*)$$

此时，约束规格不成立，这是因为

$$SFD(X, x^*) = \left\{\begin{pmatrix}a\\0\end{pmatrix}:\ a \geqslant 0\right\}$$

而

$$LFD(X, x^*) = \left\{\begin{pmatrix}a\\0\end{pmatrix}:\ a \in R\right\}$$

定理中的约束规格所对应的条件是相当弱的，但验证起来不太方便。下面我们给出一些比较强的、但易于验证的约束规格。

(1)线性约束规格。所有的约束函数是线性函数。

(2)线性独立约束规格。向量组 $\nabla g_i(x^*)(i \in I(x^*))$、$\nabla h_j(x^*)$ ($j = 1,2,\cdots,m$)是线性无关的。

9.1 可微凸规划的 KKT 点

对于可微凸规划而言，KKT 点必然是极小点。为了简化证明，我们先给出可微凸函数的一个基本性质。

定理 9.5　设 $X \subseteq R^n$ 是非空的开凸集，f：$X \to \mathbf{R}$ 是可微的函数。则 f 是凸函数，当且仅当对于任意的 $x, y \in X$，总有

$$f(y) \geqslant f(x) + \nabla f(x)^{\mathrm{T}}(y - x)$$

证明：设 f 是凸函数，则对于任意的 $x, y \in X$ 以及 $\lambda \in (0,1)$，有

$$f(\lambda y + (1-\lambda)x) \leqslant \lambda f(y) + (1-\lambda) f(x)$$

即

$$\frac{f(x + \lambda(y - x)) - f(x)}{\lambda} \leqslant f(y) - f(x)$$

令 $\lambda \to 0^+$，由 f 的可微性可知，左边趋于 $\nabla f(x)^{\mathrm{T}}(y - x)$。

对于任意的 x_1、$x_2 \in X$ 以及 $\lambda \in (0,1)$，令 $x = \lambda x_1 + (1-\lambda)x_2$，由题设可知

$$f(x_1) \geqslant f(x) + \nabla f(x)^{\mathrm{T}}(x_1 - x) \tag{9.9}$$

$$f(x_2) \geqslant f(x) + \nabla f(x)^{\mathrm{T}}(x_2 - x) \tag{9.10}$$

将式(9.9)× λ加上式(9.10)×(1−λ)，可得

$$f(x) \leqslant \lambda f(x_1) + (1-\lambda) f(x_2)$$

这表明 f 是凸函数。

定理 9.6　设 f、$-g_i$ 均为可微的凸函数，h_j 均为线性函数。若 $x^* \in X$ 是约束优化问题式(9.1)的一个 KKT 点，则 x^* 必然也是它的一个全局极小点。

证明：$x^* \in X$ 是约束优化问题式(9.1)的一个 KKT 点，则必然存在 $\lambda_i^* \geqslant 0\ (i=1,2,\cdots,l)$ 和 $\mu_j^* \in R(j=1,2,\cdots,m)$，使得对于任意的 $x \in X$，必有

$$\begin{aligned} f(x) &\geqslant f(x) - \sum_{i=1}^{l} \lambda_i\, g_i(x) - \sum_{j=1}^{m} \mu_j h_j(x) \\ &\geqslant f(x^*) + \nabla f(x^*)^{\mathrm{T}}(x-x^*) + \sum \lambda_i^* [-g_i(x^*) - \nabla g_i(x^*)^{\mathrm{T}}(x-x^*)] \\ &\quad + \sum \mu_j^* [-h_j(x^*) - \nabla h_j(x^*)^{\mathrm{T}}(x-x^*)] \\ &= f(x^*) \end{aligned}$$

其中，第 2 个不等式应用了定理 9.5，而最后的等号源于 KKT 定理。

下面，我们通过一个例子来说明 KKT 条件可以用来解可微凸规划。

$$\min \quad f(x) = x_1^2 - x_2$$

$$\text{s.t.} \quad g_1(x) = x_1 - 1 \geqslant 0,\ g_2(x) = -x_1^2 - x_2^2 + 26 \geqslant 0 \tag{9.11a}$$

$$h_1(x) = x_1 + x_2 - 6 = 0 \tag{9.11b}$$

显然，这是一个可微凸规划。由于

$$\nabla f(x) = \begin{pmatrix} 2x_1 \\ -1 \end{pmatrix},\quad \nabla g_1(x) = \begin{pmatrix} 1 \\ 0 \end{pmatrix},\quad \nabla g_2(x) = \begin{pmatrix} -2x_1 \\ -2x_2 \end{pmatrix},\quad \nabla h_1(x) = \begin{pmatrix} 1 \\ 1 \end{pmatrix}$$

从而，对应的 KKT 条件为

$$2x_1 - \lambda_1 + 2\lambda_2 x_1 - \mu_1 = 0 \tag{9.12a}$$

$$-1 + 2\lambda_2 x_2 - \mu_1 = 0 \tag{9.12b}$$

$$\lambda_1(x_1 - 1) = 0 \tag{9.12c}$$

$$\lambda_2(x_1^2 + x_2^2 - 26) = 0 \tag{9.12d}$$

$$\lambda_1 \geqslant 0,\ \lambda_2 \geqslant 0 \tag{9.12e}$$

现在面临的问题是：找出 x_1^*、x_2^*、λ_1^*、λ_2^*、μ_1^*，使之同时满足约束条件式(9.11)和 KKT 条件式(9.12)。

情形 1　$\lambda_1^* = 0$，$\lambda_2^* = 0$。由式(9.12a) ~ 式(9.12b)可知，$x_1^* = -1/2$。它不满足式(9.11a)中的第一个约束条件。此时，KKT 点不存在。

情形 2　$\lambda_1^* > 0$，$\lambda_2^* = 0$。由式(9.11b)以及式(9.12a) ~ 式(9.12c)可知，

$$x_1^* = 1、x_2^* = 5、\lambda_1^* = 3、\lambda_2^* = 0、\mu_1^* = -1$$

既然它们同时满足约束条件式(9.11)和 KKT 条件式(9.12)，因此，$x^* = (1,5)^{\mathrm{T}}$ 是一个 KKT 点。

情形 3　$\lambda_1^* = 0,\ \lambda_2^* > 0$。此时，$x^* = (1,5)^{\mathrm{T}}$ 是一个 KKT 点，对应的 Lagrange 乘子为

$\lambda_1^* = 0,\ \lambda_2^* = 3/8,\ \mu_1^* = 11/4$。但 $x^* = (5,1)^{\mathrm{T}}$ 不是一个 KKT 点。

情形 4 $\lambda_1^* > 0,\ \lambda_2^* > 0$。此时，$x^* = (1,5)^{\mathrm{T}}$ 是一个 KKT 点，对应的 Lagrange 乘子为 $\lambda_1^* = (11-4t)/5,\ \lambda_2^* = (t+1)/10,\ \mu_1^* = t$(只要 t 满足 $-1 \leqslant t \leqslant 11/4$ 即可)。

注意：这种情形也说明了 Lagrange 乘子(存在的话)不一定是唯一的。

既然可微凸规划的 KKT 点必然是极小点，因此 $x^* = (1,5)^{\mathrm{T}}$ 这个 KKT 点便是它的极小点。

也许有人会问：对于约束优化问题式(9.1)来说，它的一个 KKT 点一定也是极小点吗？为此，我们考察

$$\begin{aligned} \min \quad & f(x) = x_1^2 + x_2^2 \\ \text{s.t.} \quad & g_1(x) = x_1^2 + x_2 - 1 \geqslant 0 \end{aligned}$$

可以直接验证 $x^* = (0,1)^{\mathrm{T}}$ 是一个 KKT 点，相应的 Lagrange 乘子为 $\lambda_1^* = 2$。然而，x^* 不是一个极小点。

9.2 二阶充分条件

现在，我们来讨论在什么样的条件下一个 KKT 点必然是一个严格的局部极小点。为了简化叙述，让我们来讨论下面的仅仅包含不等式约束的情形

$$\min\ f(x), \quad \text{s.t. } g_i(x) \geqslant 0, \quad i=1,2,\cdots,l \tag{9.13}$$

对于这样一个约束优化问题，我们有下面的结论。

定理 9.7(二阶充分条件) **设 (x^*,λ^*) 满足 KKT 条件，函数 f、g 在 x^* 处是二次连续可微的。若对于满足**

$$\lambda_i^* \nabla g_i(x^*)^{\mathrm{T}} d = 0,\ i \in I(x^*) \tag{9.14}$$

的单位序列可行方向 d 来说，总有

$$d^{\mathrm{T}} \nabla_{xx}^2 L(x^*,\lambda^*) d > 0 \tag{9.15}$$

其中，$L(x,\lambda) = f(x) - g(x)^{\mathrm{T}}\lambda$，则 x^* 必为一个严格的局部极小点。

证明：用反证法。若 x^* 不是一个严格局部极小点，则存在 $x^k \in X$、$x^k \neq x^*$ 使得 $x^k \to x^*$，并且 $f(x^k) \leqslant f(x^*)$。从而

$$\nabla f(x^*)^{\mathrm{T}}(x^k - x^*) + O(\| x^k - x^* \|) = f(x^k) - f(x^*) \leqslant 0$$

记

$$d^k = (x^k - x^*)/\| x^k - x^* \|,\quad \delta_k = \| x^k - x^* \| \tag{9.16}$$

不妨设 $d^k \to d$，则 $d \in SFD(X,x^*)$，并且 $\nabla f(x^*)^{\mathrm{T}} d \leqslant 0$。

下面我们来证 $\nabla f(x^*)^{\mathrm{T}} d = 0$。事实上，对于刚才的 d，由 KKT 条件可知，它与 $\nabla f(x^*)$ 的内积满足

$$\nabla f(x^*)^{\mathrm{T}} d = \sum_{i \in I(x^*)} \lambda_i^* \nabla g_i(x^*)^{\mathrm{T}} d \geqslant 0$$

右边的不等式成立是因为 $d \in SFD(X,x^*) \subseteq LFD(X,x^*)$。这样一来，我们便有

$$\nabla f(x^*)^{\mathrm{T}} d = 0$$

以及

$$\lambda_i^* \nabla g_i(x^*)^{\mathrm{T}} d = 0, \ i \in I(x^*)$$

于是，d 为一个满足式(9.14)的单位序列可行方向。

另一方面，既然 (x^*, λ^*) 满足 KKT 条件，那么由 Taylor 定理可知

$$L(x^k, \lambda^*) = L(x^*, \lambda^*) + \nabla_x L(x^*, \lambda^*)^{\mathrm{T}} (x^k - x^*) + \frac{1}{2}(x^k - x^*)^{\mathrm{T}} \nabla_{xx} L(x^*, \lambda^*)(x^k - x^*) + o(\| x^k - x^* \|^2)$$

而

$$L(x^*, \lambda^*) = f(x^*) \geqslant f(x^k) \geqslant f(x^k) - \sum \lambda_i^* g_i(x^k) \geqslant L(x^k, \lambda^*)$$

于是

$$\frac{1}{2}(x^k - x^*)^{\mathrm{T}} \nabla_{xx} L(x^*, \lambda^*)(x^k - x^*) + o(\| x^k - x^* \|^2) \leqslant 0$$

利用式(9.16)中的记号，可以将它写成

$$\frac{1}{2}\delta_k^2 (d^k)^{\mathrm{T}} \nabla_{xx} L(x^*, \lambda^*) d^k + o(\| \delta_k d^k \|^2) \leqslant 0$$

由于 $\delta_k \downarrow 0$ 、$d^k \to d$ ，进一步有

$$d^{\mathrm{T}} \nabla_{xx} L(x^*, \lambda^*) d \leqslant 0$$

综上所述，我们找到了一个满足式(9.14)的单位序列可行方向 d，它使得式(9.15)不成立，与题设矛盾。证明完毕。

现在，我们讨论下面的例子

$$\begin{aligned} \min \ & f(x) = x_1^2 + x_2^2 \\ \text{s.t.} \ & g_1(x) = x_1^2 + x_2 - 1 \geqslant 0 \end{aligned} \tag{9.17}$$

通过它来看一看定理 9.7 是如何发挥实际作用的。

可以验证，$(x_1^*, x_2^*, \lambda_1^*) = (\frac{\sqrt{2}}{2}, \frac{1}{2}, 1)$ 满足 KKT 条件。由于

$$L(x, \lambda_1^*) = f(x) - \lambda_1^* g_1(x) = x_2^2 - x_2 + 1$$

从而

$$\nabla_{xx} L(x^*, \lambda_1^*) = \begin{pmatrix} 0 & 0 \\ 0 & 2 \end{pmatrix}$$

接下来，我们考察满足式(9.14)的单位序列可行方向。为此，计算出

$$I(x^*) = \{1\}, \ \lambda_1^* = 1, \ \nabla g_1(x^*) = (\sqrt{2}, 1)^{\mathrm{T}}$$

于是，满足式(9.14)的单位序列可行方向 d 必然满足

$$\begin{cases} \sqrt{2} d_1 + d_2 = 0 \\ d_1^2 + d_2^2 = 1 \end{cases}$$

显然，对于这样的 d，我们有

$$d^{\mathrm{T}} \nabla_{xx} L(x^*, \lambda_1^*) d = 2 d_2^2 = \frac{4}{3} > 0$$

这时，我们可以根据定理 9.7 断言：$x^* = (\frac{\sqrt{2}}{2}, \frac{1}{2})^{\mathrm{T}}$这个 KKT 点必为约束优化问题式(9.17)的一个严格的局部极小点。

9.3 几个有用的观察

首先，我们观察到，对于一个非光滑的无约束优化问题来说，它有时候可以转化为一个光滑的约束优化问题。考察下面的一维例子

$$\min \max\{2x_1, x_1+1\}$$

显然，它可以转化为下面的约束优化问题

$$\min x_2, \quad \text{s.t. } x_2 \geqslant 2x_1, x_2 \geqslant x_1+1$$

第二个观察是，约束优化问题式(9.1)总可以写成下面的无约束优化问题的形式

$$\min f(x) + \delta_X(x) \tag{9.18}$$

其中，$\delta_X(x)$为相应的可行域 X 上的示性函数，即

$$\delta_X(x) = \begin{cases} 0, & x \in X \\ +\infty, & x \notin X \end{cases}$$

第三个观察是，如果 x^*是约束优化问题式(9.1)的一个局部极小点，且 f 可微，则

$$0 \in \nabla f(x^*) + N_X(x^*) = (\nabla f + N_X)(x^*)$$

其中，N_X是法锥算子(见附录 A)。

思考：上面这个关系式为什么成立？它与式(9.18)之间究竟存在什么样的密切关系？

第 10 章　线性规划：单纯形法

线性规划(Linear Programming)一词最早出现于 1948 年。而早在 1937 ~ 1939 年间，Koopmans 和 Kantorovich 的卓越工作已经标志了线性规划的诞生。

经过了那弥天战火的岁月以及几代人的努力，线性规划取得了日臻完美的发展。

在线性规划的众多解法中，单纯形法和原始–对偶内点法以其良好的解题能力脱颖而出，赢得了人们的青睐。

在这一章，我们主要介绍：Dantzig 于 1947 年提出，并于 1953 年改进的单纯形法；以及 von Neumann 于 1947 年引入的在线性规划中居于核心地位的对偶理论。而原始–对偶内点法则在下一章作专门的讨论。

10.1　线性规划及其形式

线性规划是在线性约束下来极小化一个线性函数。其标准形式为

$$\min \quad c^{\mathrm{T}}x \tag{10.1a}$$

$$\text{s.t.} \quad \boldsymbol{A}x = b,\ x \geqslant 0 \tag{10.1b}$$

式中：c、x 均为 R^n 中的向量；$\boldsymbol{A}$ 为一个 $m\times n$ 矩阵；b 为 R^m 中的一个向量。

任何一个线性规划都可转化为这种标准形式。比如，对于下面的线性规划

$$\begin{aligned}&\min \quad c^{\mathrm{T}}x\\&\text{s.t.} \quad \boldsymbol{A}x \geqslant b\end{aligned}$$

我们可以通过引入剩余变量 z 将其写成

$$\begin{aligned}&\min \quad c^{\mathrm{T}}x\\&\text{s.t.} \quad \boldsymbol{A}x - z = b,\ z \geqslant 0\end{aligned}$$

令 $x=u-v,\ \ u\geqslant 0,\ \ v\geqslant 0$，则可以将其进一步写成

$$\min \quad \begin{bmatrix} c \\ -c \\ 0 \end{bmatrix}^{\mathrm{T}} \begin{bmatrix} u \\ v \\ z \end{bmatrix}$$

$$\text{s.t} \quad [\boldsymbol{A}\ \ -\boldsymbol{A}\ \boldsymbol{I}] \begin{bmatrix} u \\ v \\ z \end{bmatrix} = b,\ \ \begin{bmatrix} u \\ v \\ z \end{bmatrix} \geqslant 0$$

显然，这已是标准形式了。至于在线性约束式(10.1b)下极大化 $c^{\mathrm{T}}x$ 的情形，人们仅需将其写成极小化$(-c)^{\mathrm{T}}x$ 就可以了。

不失一般性，在以后的讨论中，我们均假定

(1)$\boldsymbol{A}$ 的行数严格小于列数，即 $m<n$；

(2)$\boldsymbol{A}$ 的秩为 m，即 $\boldsymbol{A}$ 是行满秩的。

10.2 可行域的几何特征

先介绍一个基本可行点的概念，它在整个线性规划的理论和方法中起着基本作用。

设 $\boldsymbol{B}$ 是 $\boldsymbol{A}$ 的一个 m 阶子式且 $\boldsymbol{B}$ 是非奇异的。定义相应的指标集 I_B、I_N 如下

$I_B=\{\,i:\boldsymbol{B}\text{的列向量取自}\boldsymbol{A}\text{的第}i\text{列}\,\}$

$I_N=\{1,2,\cdots,n\}\setminus I_B$。

这样，可以将 $\boldsymbol{A}$ 划分为 $\boldsymbol{A}=(\boldsymbol{B}\ \boldsymbol{N})$(其中，$\boldsymbol{N}$ 为 $\boldsymbol{A}$ 除去与 $\boldsymbol{B}$ 所对应的列向量后而得到的 $m\times(n-m)$矩阵，$\boldsymbol{B}$、$\boldsymbol{N}$ 分别称为基矩阵、非基矩阵)。同时，x 也对应地划分为 $x=\begin{pmatrix}x_B\\x_N\end{pmatrix}$(其中，$x_B$、$x_N$ 的分量分别称为基变量、非基变量)。于是式(10.1b)中的等式约束可以写成

$$\boldsymbol{B}x_B=b-\boldsymbol{N}x_N$$

令 x_N=0，则 x_B=$\boldsymbol{B}^{-1}b$。如果 m 维向量 $\boldsymbol{B}^{-1}b$ 的每个分量都是非负的，则相应的 n 维向量 $\begin{pmatrix}\boldsymbol{B}^{-1}b\\0\end{pmatrix}$ 称为线性规划式(10.1)的一个基本可行点。

下面的定理描述了基本可行点的一些重要的性质。

定理 10.1　如果线性规划问题式(10.1)有一个可行点，那么它至少也有一个基本可行点。

证明：在所有的可行点上，选一个非零分量个数最小的。不失一般性，设这些非零分量分别为 x_1、x_2、…、x_p。于是，有

$$\sum_{i=1}^{p}x_i\boldsymbol{A}_i=b$$

其中，$\boldsymbol{A}_i$ 表示 $\boldsymbol{A}$ 的第 i 列。

如果 $\boldsymbol{A}_1$、$\boldsymbol{A}_2$、…、$\boldsymbol{A}_p$ 是线性相关的，则必有一个向量，比如说 $\boldsymbol{A}_p$，可以由其余向量线性表示。即存在 $p-1$ 个实数 z_1、z_2、…、z_{p-1} 使得

$$\boldsymbol{A}_p=\sum_{i=1}^{p-1}z_i\boldsymbol{A}_i \tag{10.2}$$

显然，向量

$$x(\varepsilon)=x+\varepsilon\,(z_1,z_2,\cdots z_{p-1},-1,0,\cdots,0)^{\mathrm{T}}=x+\varepsilon\,z \tag{10.3}$$

满足 $Ax(\varepsilon)=b$(其中，ε 为任给的实数)。既然

$$x_i>0,\ i=1,2,\cdots,p$$

那么，对于充分小的 ε，我们必有

$$x_i(\varepsilon)>0,\ i=1,2,\cdots,p$$

且存在 $\bar{\varepsilon}\in(0,x_p]$、$j\in\{1,2,\cdots,p\}$，使得

$$x_j(\bar{\varepsilon})=0$$

这时，$x(\bar{\varepsilon})$仍是一个可行点并且至多有 $p-1$ 个非零分量。与关于 p 的假设矛盾。

所以 $A_1, A_2, \cdots, A_p$ 必定是线性无关的。于是，$p \leqslant m$。这时，由于 A 是列满秩的，所以我们总能从中选取 $m-p$ 列使得它们与 $A_1, A_2, \cdots, A_p$ 构成一个线性无关组。从而，在此情况下，x 实际上也是一个基本可行点。

定理 10.2　假设线性规划问题式(10.1)存在最优解，那么至少一个这样的解实际上是一个基本可行点。

证明：在所有的最优解中，选一个非零分量个数最小的。不失一般性，设这些非零分量分别为 x_1、x_2、$\cdots$、x_p。如果 A_1、A_2、$\cdots$、A_p 是线性相关的，则定义

$$x^*(\varepsilon) = x^* + \varepsilon z$$

其中，z 的选取方式与式(10.2)、式(10.3)中相同。显然，只要 $|\varepsilon|$ 充分小，$x^*(\varepsilon)$ 总是可行点。既然 x^* 是一个最优解，则

$$c^{\mathrm{T}}(x^* + \varepsilon z) \geqslant c^{\mathrm{T}} x^* \Rightarrow \varepsilon c^{\mathrm{T}} z \geqslant 0$$

这个关系式当 $|\varepsilon|$ 充分小时总成立。所以必有 $c^{\mathrm{T}} z = 0$。于是，对于充分小的 $|\varepsilon|$，相应 $x^*(\varepsilon)$ 必是最优解。这样，总可以找到 $\bar{\varepsilon} > 0$，使得 $x^*(\varepsilon)$ 是一个最优解且至多有 $p-1$ 个非零分量。与关于 p 的假设矛盾。这表明：A_1、A_2、$\cdots$、A_p 必是线性无关的。类似于前面的讨论，我们知道 x^* 实际上是一个基本可行点。

下面引入一个极点的概念。设 S 是 R^n 中的一个非空闭凸集。若 $x \in S$ 不能表示为 S 中另两点的严格凸组合，则称 x 为 S 的一个极点。这个定义意味着：若 x 不是 S 的一个极点，那么，必然存在 $\alpha \in (0, 1)$、且 y、$z \in S$，使得

$$x = \alpha y + (1-\alpha) z$$

其中，x、y、z 是 S 中两两互异的点。

引入极点这个概念的目的在于：利用它可以从几何的角度来揭示单纯形法的内在规律。能够做到这一点，缘于下面一个既简单而又重要的事实。

定理 10.3　设 x 是线性规划问题式(10.1)的一个可行点，那么 x 是一个基本可行点，当且仅当它是可行域的一个极点。

证明：我们先来说明，若可行点 x 不是可行域的一个极点，则它也一定不是基本可行点。

既然可行点 x 不是极点，那么总可以在可行域 S 中找到相异的两点 u、v，使得

$$x = \alpha u + (1-\alpha) v, \quad 0 < v < 1 \tag{10.4}$$

若 x 是一个基本可行点，则不失一般性可以假设

(1) $A_1, A_2, \cdots, A_m$ 线性无关；　(10.5)

(2) $x_{m+1} = x_{m+2} = \cdots = x_n = 0$　(10.6)

由式(10.4)、式(10.6)可知，u、v 的后 $n-m$ 个分量必为 0。这样一来，u、v 是可行点便意味着

$$u_1 A_1 + \cdots + u_m A_m = b$$
$$v_1 A_1 + \cdots + v_m A_m = b$$

两式相减得

$$(u_1 - v_1)\boldsymbol{A}_1 + \cdots + (u_m - v_m)\boldsymbol{A}_m = 0$$

既然 u、v 是相异的点，那么 $u_1-v_1,\cdots,u_m-v_m$ 中至少存在一个非零数。这与式(10.5)矛盾。

反过来，我们来证：若 x 是可行域的一个极点，则它一定是一个基本可行点。不失一般性，设 x 的非零分量为 x_1、x_2、…、x_p。如果相应的 p 个向量 $\boldsymbol{A}_1$、$\boldsymbol{A}_2$、…、$\boldsymbol{A}_p$ 是线性相关的，那么我们仿照式(10.2)、式(10.3)，构造

$$x(\varepsilon) = x + \varepsilon z$$

容易知道，必然存在充分小的正数 $\hat{\varepsilon} > 0$，使得 $x(\hat{\varepsilon})$ 和 $x(-\hat{\varepsilon})$ 均是可行点，并且

$$x = x(0) = \frac{1}{2}(x(\hat{\varepsilon}) + x(-\hat{\varepsilon}))$$

这与"x 是可行域的一个极点"矛盾。因此，$\boldsymbol{A}_1$、$\boldsymbol{A}_2$、…、$\boldsymbol{A}_p$ 只能是线性无关的。类似于前面的讨论，我们可知，x 必是一个基本可行点了。

10.3 单纯形法

目前，我们已经知道：线性规划问题式(10.1)的极小值如果存在的话，必在某个基本可行点上达到。将要介绍的单纯形法就巧妙地利用了这个事实。首先，找到一个基本可行点，判别它是否为最优解；如果不是的话，就找下一个使目标函数值严格减少的基本可行点，……。如此进行下去，直到找到最优解。

这里，亟待解决的问题有：①如何找到第一个基本可行点；②如何判别当前的基本可行点是否为最优解；③如果当前的基本可行点不是最优解的话，如何找下一个使目标函数值严格减少的基本可行点或判定目标函数值无下界；④从任意一个基本可行点出发，可否仅经过有限次迭代就能找到最优解。

我们先回答问题②～④，至于第 1 个问题，我们将在下一节讨论。

设现在已经找到了 $\boldsymbol{A}$ 的一个 m 阶子式 $\boldsymbol{B}$，使得 $\boldsymbol{B}^{-1}b \geqslant 0$。那么，在此情况下，我们可以将式(10.1)写成

$$\min \quad c_{\boldsymbol{B}}^{\mathrm{T}}\boldsymbol{B}^{-1}b + (c_{\boldsymbol{N}}^{\mathrm{T}} - c_{\boldsymbol{B}}^{\mathrm{T}}\boldsymbol{B}^{-1}\boldsymbol{N})x_{\boldsymbol{N}}$$

$$\text{s.t.} \quad \begin{pmatrix} x_{\boldsymbol{B}} \\ x_{\boldsymbol{N}} \end{pmatrix} = \begin{pmatrix} \boldsymbol{B}^{-1}b \\ 0 \end{pmatrix} + \begin{pmatrix} -\boldsymbol{B}^{-1}\boldsymbol{N} \\ I \end{pmatrix} x_{\boldsymbol{N}}, \quad \begin{pmatrix} x_{\boldsymbol{B}} \\ x_{\boldsymbol{N}} \end{pmatrix} \geqslant \begin{pmatrix} 0 \\ 0 \end{pmatrix}$$

并且，$x^* = \begin{pmatrix} \boldsymbol{B}^{-1}b \\ 0 \end{pmatrix}$ 是一个基本可行点(因为 $\boldsymbol{B}^{-1}b \geqslant 0$)。那么，这个基本可行点 x^* 是否为最优解呢？我们来考察目标函数

$$c^{\mathrm{T}}x = c_{\boldsymbol{B}}^{\mathrm{T}}\boldsymbol{B}^{-1}b + (c_{\boldsymbol{N}}^{\mathrm{T}} - c_{\boldsymbol{B}}^{\mathrm{T}}\boldsymbol{B}^{-1}\boldsymbol{N})x_{\boldsymbol{N}} = c^{\mathrm{T}}x^* + (c_{\boldsymbol{N}}^{\mathrm{T}} - c_{\boldsymbol{B}}^{\mathrm{T}}\boldsymbol{B}^{-1}\boldsymbol{N})x_{\boldsymbol{N}}$$

显然，如果检验向量 $c_{\boldsymbol{N}}^{\mathrm{T}} - c_{\boldsymbol{B}}^{\mathrm{T}}\boldsymbol{B}^{-1}\boldsymbol{N} \geqslant 0$，则对于任一可行点 x 来说，总有

$$c^{\mathrm{T}}x \geqslant c^{\mathrm{T}}x^*$$

这表明：$\boldsymbol{B}^{-1}b \geqslant 0$、$c_N^{\mathrm{T}} - c_B^{\mathrm{T}}\boldsymbol{B}^{-1}\boldsymbol{N} \geqslant 0$同时成立，其意味着基本可行点$x^* = \begin{pmatrix} \boldsymbol{B}^{-1}b \\ 0 \end{pmatrix}$便是一个最优解。如果检验向量$c_N^{\mathrm{T}} - c_B^{\mathrm{T}}\boldsymbol{B}^{-1}\boldsymbol{N} \geqslant 0$不成立，则存在$i \in \boldsymbol{I}_N$，使得

$$c_i - c_B^{\mathrm{T}}\boldsymbol{B}^{-1}\boldsymbol{A}_i < 0 \tag{10.7}$$

下面，分两种情形进行讨论。

情形 1　$\boldsymbol{B}^{-1}\boldsymbol{A}_i \leqslant 0$。记$d^i = \begin{pmatrix} -\boldsymbol{B}^{-1}\boldsymbol{A}_i \\ e_i \end{pmatrix}$，其中$e_i$表示$n$阶的单位阵的第$i$列中后$n-m$个分量所生成的向量，则对于任意的正数$\lambda$，有

$$x(\lambda) = \begin{pmatrix} \boldsymbol{B}^{-1}b \\ 0 \end{pmatrix} + \lambda d^i$$

总是可行点(为什么？)。而且

$$c^{\mathrm{T}}x(\lambda) = c_B^{\mathrm{T}}\boldsymbol{B}^{-1}b + \lambda c^{\mathrm{T}}d^i = c^{\mathrm{T}}x^* + \lambda(c_i^{\mathrm{T}} - c_B^{\mathrm{T}}\boldsymbol{B}^{-1}\boldsymbol{A}_i) \to -\infty, \quad \lambda \to +\infty$$

对于此种情形，目标函数无下界。

情形 2　$\boldsymbol{B}^{-1}\boldsymbol{A}_i \leqslant 0$不成立。对于此种情况，为了简化讨论，我们默认$\boldsymbol{B}^{-1}b > 0$。令

$$\lambda_0 = \min\left\{\frac{(\boldsymbol{B}^{-1}b)_j}{a_{ij}} : a_{ij} > 0\right\} = \frac{(\boldsymbol{B}^{-1}b)_l}{a_{il}}$$

其中，a_{ij}表示m维向量$\boldsymbol{B}^{-1}\boldsymbol{A}_i$的第$j$个分量。取

$$x = \begin{pmatrix} \boldsymbol{B}^{-1}b \\ 0 \end{pmatrix} + \lambda_0 \begin{pmatrix} -\boldsymbol{B}^{-1}\boldsymbol{A}_i \\ e_i \end{pmatrix} \tag{10.8}$$

则x仍是一个基本可行点。实际上，只需证

$$\boldsymbol{A}_1、\cdots、\boldsymbol{A}_{l-1}、\boldsymbol{A}_i、\boldsymbol{A}_{l+1}、\cdots、\boldsymbol{A}_m \text{线性无关}$$

即可。若不然，由原来的向量组$A_1,\cdots,A_m$的线性无关性可知，A_i必可由其余$m-1$向量线性表示，即

$$\boldsymbol{A}_i = \sum_{j \neq l} t_j \boldsymbol{A}_j \tag{10.9}$$

另一方面，考虑到

$$\boldsymbol{A}_i = \boldsymbol{B}(\boldsymbol{B}^{-1}\boldsymbol{A}_i) = (\boldsymbol{A}_1, \cdots \boldsymbol{A}_m)\begin{pmatrix} a_{i1} \\ \vdots \\ a_{im} \end{pmatrix}$$

我们有

$$\boldsymbol{A}_i = \sum a_{ij}\boldsymbol{A}_j \tag{10.10}$$

由式(10.10)减去式(10.9)，得

$$a_{il}\boldsymbol{A}_l+\sum_{j\neq l}(a_{il}-t_j)\boldsymbol{A}_j=0$$

已知，$a_{il}\neq 0$，从而 $\boldsymbol{A}_1,\cdots,\boldsymbol{A}_m$ 线性相关。与前述矛盾。因此 x 实际上仍是一个基本可行点，并且由式(10.7)、式(10.8)可知，

$$c^{\mathrm{T}}x=c^{\mathrm{T}}x^*+\lambda_0(c_i-c_B^{\mathrm{T}}\boldsymbol{B}^{-1}\boldsymbol{A}_i)<c^{\mathrm{T}}x^*$$

由此生成的单纯形法从几何上讲，它所访问的极点依次相邻且使目标函数值严格地递减。这样就保证了所有的极点不会被重复访问。而极点的个数是有限的，因为它等于基本可行点的个数，从而不超过 C_n^m。所以，当 $\boldsymbol{B}^{-1}b>0$ 总成立时，单纯形法必然经过有限次迭代后终止。

思考：单纯形法的步骤应该怎么写？

刚才的讨论实际上回答了问题②～④。

下面，我们给出了一个实际例子。考察一个四维的线性规划

【例 10.1】

$$\begin{aligned}\min\quad & -x_1-2x_2\\ \text{s.t}\quad & x_1+x_2+x_3=40\\ & 2x_1+x_2+x_4=60\\ & x_1,x_2,x_3,x_4\geqslant 0\end{aligned}$$

解：容易验证$(20,20,0,0)^{\mathrm{T}}$是一个基本可行点，相应的

$$\boldsymbol{B}=\begin{pmatrix}1&1\\2&1\end{pmatrix},\quad \boldsymbol{N}=\begin{pmatrix}1&0\\0&1\end{pmatrix}$$

检验向量为

$$\begin{aligned}c_N^{\mathrm{T}}-c_B^{\mathrm{T}}\boldsymbol{B}^{-1}\boldsymbol{N}&=(0,0)-(-1,-2)\begin{pmatrix}1&1\\2&1\end{pmatrix}^{-1}\begin{pmatrix}1&0\\0&1\end{pmatrix}\\ &=(0,0)-(-1,-2)\begin{pmatrix}-1&1\\2&-1\end{pmatrix}^{-1}\begin{pmatrix}1&0\\0&1\end{pmatrix}\\ &=(0,0)-(-3,1)\\ &=(3,-1)\end{aligned}$$

可见

$$c_4-c_B^{\mathrm{T}}\boldsymbol{B}^{-1}\boldsymbol{A}_4=-1<0\qquad \boldsymbol{B}^{-1}\boldsymbol{A}_4=\begin{pmatrix}-1&1\\2&-1\end{pmatrix}\begin{pmatrix}0\\1\end{pmatrix}=\begin{pmatrix}1\\-1\end{pmatrix}$$

注意到

$$\boldsymbol{B}^{-1}b=\begin{pmatrix}-1&1\\2&-1\end{pmatrix}\begin{pmatrix}40\\60\end{pmatrix}=\begin{pmatrix}20\\20\end{pmatrix}$$

即 $\boldsymbol{B}^{-1}b>0$ 成立，于是

$$\lambda_0=\min\left\{\frac{20}{1}\right\}=20$$

计算

$$\begin{pmatrix} \boldsymbol{B}^{-1}b \\ 0 \end{pmatrix} + \lambda_0 \begin{pmatrix} -\boldsymbol{B}^{-1}\boldsymbol{A}_4 \\ e_4 \end{pmatrix} = \begin{pmatrix} 20 \\ 20 \\ 0 \\ 0 \end{pmatrix} + 20 \begin{pmatrix} -1 \\ 1 \\ 0 \\ 1 \end{pmatrix} = \begin{pmatrix} 0 \\ 40 \\ 0 \\ 20 \end{pmatrix}$$

这时

$$\tilde{\boldsymbol{B}} = \begin{pmatrix} 1 & 0 \\ 1 & 1 \end{pmatrix}, \ \tilde{\boldsymbol{N}} = \begin{pmatrix} 1 & 1 \\ 2 & 0 \end{pmatrix}, \ c_{\tilde{B}}^{\mathrm{T}} = (-2,0), \ c_{\tilde{N}}^{\mathrm{T}} = (-1,0)$$

检验向量

$$c_{\tilde{N}}^{\mathrm{T}} - c_{\tilde{B}}^{T}\tilde{\boldsymbol{B}}^{-1}\tilde{\boldsymbol{N}} = (-1,0) - (-2,0)\begin{pmatrix} 1 & 0 \\ 1 & 1 \end{pmatrix}^{-1}\begin{pmatrix} 1 & 1 \\ 2 & 0 \end{pmatrix} = (1,2)$$

这表明基本可行点$(0,40,0,20)^{\mathrm{T}}$是一个最优解。

10.3.1 修正单纯形法的基本思想

在上面，我们介绍了(原始的)单纯形法。它的缺点之一是：在每一次迭代中，都要计算一下相应的基矩阵的逆阵。而简单的观察发现：当前的基矩阵 $\boldsymbol{B}$ 和下一个基矩阵 $\tilde{\boldsymbol{B}}$ 实际上仅差一列。那么，要求的 $\tilde{\boldsymbol{B}}$ 的逆阵和已知的 $\boldsymbol{B}$ 的逆阵之间是否有一种简单有力的联系呢？答案是肯定的。

不失一般性，设

$$\boldsymbol{B} = (\boldsymbol{A}_1,\cdots,\boldsymbol{A}_{l-1},\boldsymbol{A}_l,\boldsymbol{A}_{l+1},\cdots,\boldsymbol{A}_m), \quad \tilde{\boldsymbol{B}} = (\boldsymbol{A}_1,\cdots,\boldsymbol{A}_{l-1},\boldsymbol{A}_i,\boldsymbol{A}_{l+1},\cdots,\boldsymbol{A}_m)$$

则

$$\tilde{\boldsymbol{B}} = \boldsymbol{B}(e_1,\cdots,e_{l-1},\boldsymbol{B}^{-1}\boldsymbol{A}_i,e_l,\cdots,e_m)$$

其中，$e_i(i \neq l)$表示 m 阶单位阵第 i 列。仍用 a_{ij} 表示 m 维向量 $\boldsymbol{B}^{-1}A_i$ 的第 j 个分量，则

$$(e_1,\cdots,e_{l-1},\boldsymbol{B}^{-1}\boldsymbol{A}_i,e_l,\cdots,e_m)$$

的逆阵不仅存在而且可以表示为

$$(e_1,\cdots,e_{l-1},c_i,e_l,\cdots,e_m)$$

这里，$c_i = (-a_{1l}/a_{il},\cdots,-a_{l-1,l}/a_{il},1/a_{il},-a_{l+1,l}/a_{il},\cdots,-a_{ml}/a_{il})^{\mathrm{T}}$。这个简单的事实说明了 $\tilde{\boldsymbol{B}}$ 的逆阵可以由 $\boldsymbol{B}$ 的逆阵表示。

(原始的)单纯形法揉合了这样的基矩阵求逆技巧，便形成了修正单纯形法。

最近，潘平奇给出了单纯形法的一个新的变形。它在解决一些大规模线性规划时显示出的高效率引起了人们的广泛关注。

10.3.2 单纯形法面临的困难

从本质上讲，单纯形法面临如下困难。

(1)初始极点不易确定。这对于大规模线性规划来说，显得尤其突出。

(2)如果 $\boldsymbol{B}^{-1}b>0$ 并不是总成立的，则单纯形法可能循环反复地访问某些极点，从而导致它无法终止。尽管存在一些解决方法，如 Bland 规则等。然而，它们的使用会大大地降低单纯形法在合理的时间内找到最优解的能力。

(3)可能访问可行域的所有极点。在 1972 年，Klee 和 Minty 构造了一个 n 维的例子，使得单纯形法不得不进行 2^n-1 次迭代才找到最优解。

10.3.3 启动单纯形法

为了使用单纯形法求解线性规划问题，必须预先确定一个基本可行点。然而，对于大规模线性规划来说，这却不是一件容易的事情。它往往和求解一个线性规划一样困难。

下面要介绍的两阶段法可以看作处理这方面问题的一种常用技巧。它部分回答了本章第 3 节中的问题①。

阶段 I 对于线性规划问题式(10.1)，通过引入人工变量 z 并重新定义目标函数，可以得到下面的线性规划

$$\min \ e^{\mathrm{T}}z \tag{10.11a}$$

$$\text{s.t.} \quad \boldsymbol{A}x+\boldsymbol{E}z=b\ ,\ (x,z)\geqslant 0 \tag{10.11b}$$

其中，$z\in R^m$、$e\in R^m$ 且所有分量均为 1。$\boldsymbol{E}$ 是一个 m 阶对角阵，且对角线上的元素 $\boldsymbol{E}_{ii}$ 只取 1(当 $b_i\geqslant 0$ 时)或–1(当 $b_i<0$ 时)。

显然，由 $x=0$、$z_i=|b_i|\,(i=1,2,\cdots,m)$所确定的$(x,z)$是线性规划问题式(10.11)的一个基本可行点。设

$$\hat{x}^*=(x_1^*,\cdots,x_n^*,x_{n+1}^*\cdots,x_{n+m}^*)^{\mathrm{T}}$$

为使用单纯形法后找到的一个最优解。分三种情况来讨论。

情形 1 $x_{n+1}^*,\cdots,x_{n+m}^*$ 不全为 0。此时，线性规划问题式(10.1)无可行点。

情形 2 $x_{n+1}^*,\cdots,x_{n+m}^*$ 全为 0 且人工变量均为非基变量。此时，$(x_1^*,\cdots,x_n^*)^{\mathrm{T}}$ 便是线性规划问题式(10.1)的一个基本可行点。

情形 3 $x_{n+1}^*,\cdots,x_{n+m}^*$ 全为 0 且存在某个人工变量为基变量。这种情况的讨论比较复杂，读者可参考[51]。

阶段 II 从阶段 I 得到的基本可行点出发，利用单纯形法便可找出线性规划问题式(10.1)的一个最优解或判定其无下界。

10.4 线性规划的对偶理论

这一节，我们介绍线性规划的对偶理论。它不仅结构完美，而且能够使人们对线性规划的解的性质有着更为深刻的认识。

首先来考察线性规划问题式(10.1)。我们已经知道，一个基本可行点 x 是最优解当且仅当非基变量所对应的检验向量

$$c_N^{\mathrm{T}} - c_B^{\mathrm{T}} \boldsymbol{B}^{-1} \boldsymbol{N} \geqslant 0$$

如果记 $\lambda^{\mathrm{T}} = c_B^{\mathrm{T}} \boldsymbol{B}^{-1}$，则 $c_N^{\mathrm{T}} - \lambda^{\mathrm{T}} N \geqslant 0$。另一方面，$c_B^{\mathrm{T}} - \lambda^{\mathrm{T}} \boldsymbol{B} = 0$。则，

$$c^{\mathrm{T}} - \lambda^{\mathrm{T}} \boldsymbol{A} \geqslant 0 \quad \Leftrightarrow \quad \boldsymbol{A}^{\mathrm{T}} \lambda \leqslant c$$

于是，对于基本可行点 x 来说，总有

$$c^{\mathrm{T}} x - (\boldsymbol{A}x)^{\mathrm{T}} \lambda \geqslant 0 \quad \Leftrightarrow \quad c^{\mathrm{T}} x - b^{\mathrm{T}} \lambda \geqslant 0 \tag{10.12}$$

这表明，线性规划问题式(10.1)与下面的问题

$$\max \ b^{\mathrm{T}} \lambda, \ \text{s.t.} \ \boldsymbol{A}^{\mathrm{T}} \lambda \leqslant c \tag{10.13}$$

是密切相关的。以后，我们称之为线性规划问题式(10.1)的对偶问题。此时，线性规划问题式(10.1)称为原始问题。

原始–对偶的关系是对称的：对于线性规划问题式(10.1)(原始问题)来说，其对偶的对偶问题仍是原始问题。为了说明这一点，我们将问题式(10.13)写成如下的标准形式

$$\min \quad \begin{bmatrix} -b \\ b \\ 0 \end{bmatrix}^{\mathrm{T}} \begin{bmatrix} u \\ v \\ s \end{bmatrix}$$

$$\text{s.t.} \quad \begin{bmatrix} \boldsymbol{A}^{\mathrm{T}} & -\boldsymbol{A}^{\mathrm{T}} & \boldsymbol{I} \end{bmatrix} \begin{bmatrix} u \\ v \\ s \end{bmatrix} = c, \quad \begin{bmatrix} u \\ v \\ s \end{bmatrix} \geqslant 0$$

其对偶问题为

$$\begin{aligned} \max \quad & c^{\mathrm{T}} z \\ \text{s.t.} \quad & \begin{bmatrix} \boldsymbol{A} \\ -\boldsymbol{A} \\ \boldsymbol{I} \end{bmatrix} z \leqslant \begin{bmatrix} -b \\ b \\ 0 \end{bmatrix} \end{aligned}$$

令 $z = -x$，则上式可以等价地写成

$$\begin{aligned} \min \quad & c^{\mathrm{T}} x \\ \text{s.t.} \quad & \boldsymbol{A}x = b, \ x \geqslant 0 \end{aligned}$$

这样我们又得到了原始问题。

下面，我们来揭示线性规划的原始问题和对偶问题的解之间的内在联系。

定理 10.4(弱对偶性)　设 x、λ 分别为原始、对偶问题的可行点，则 $c^{\mathrm{T}} x \geqslant b^{\mathrm{T}} \lambda$。

注意：当 x、λ 分别为原始、对偶问题的可行点时，我们称非负实数 $c^{\mathrm{T}} x - b^{\mathrm{T}} \lambda$ 为原始–对偶间隔。

推论 10.1 设 x^*、λ^*分别为原始、对偶问题的可行点，且 $c^{\mathrm{T}}x^*=b^{\mathrm{T}}\lambda^*$。则 x^*、λ^*分别为原始、对偶问题的最优解。

证明： 设 x、λ 分别为原始、对偶问题的可行点，则由弱对偶性定理可知

$$c^{\mathrm{T}}\lambda\leqslant c^{\mathrm{T}}x^*=b^{\mathrm{T}}\lambda^*\leqslant c^{\mathrm{T}}x$$

这表明 x^*、λ^*分别为原始、对偶问题的最优解。

推论 10.2 若原始(对偶)问题无下(上)界，则对偶(原始)问题无可行点。

定理 10.5(强对偶性) 原始、对偶问题同时存在有限的最优解，且目标函数值相等。

证明： 设 $x^*=\begin{pmatrix}\boldsymbol{B}^{-1}b\\0\end{pmatrix}$为原始问题的一个最优解，其中 $\boldsymbol{B}^{-1}b\geqslant 0$。则

$$c^{\mathrm{T}}-c_B^{\mathrm{T}}\boldsymbol{B}^{-1}\boldsymbol{A}\geqslant 0$$

记 $(\lambda^*)^{\mathrm{T}}=c_B^{\mathrm{T}}\boldsymbol{B}^{-1}$，则 $\boldsymbol{A}^{\mathrm{T}}\lambda^*\leqslant c$。从而 λ^* 是对偶问题的可行点，且 $c^{\mathrm{T}}x^*=c_B^{\mathrm{T}}\boldsymbol{B}^{-1}b=b^{\mathrm{T}}\lambda^*$。由弱对偶性定理可知命题成立。

由 KKT 条件，我们可以直接得到下面的重要结论。

定理 10.6 设 x^*，λ^*分别为原始–对偶问题的可行点，那么 x^*，λ^*为最优解当且仅当存在 s^*，使得 x^*、λ^*、s^*满足

$$\boldsymbol{A}x^*=b \tag{10.14a}$$

$$x^*\geqslant 0 \tag{10.14b}$$

$$\boldsymbol{A}^{\mathrm{T}}\lambda^*+s^*=c \tag{10.14c}$$

$$s^*\geqslant 0 \tag{10.14d}$$

$$(x^*)^{\mathrm{T}}s^*=0 \tag{10.14e}$$

注意： 我们通常把式(10.14e)称作互补条件，把式(10.14b)、式(10.14d)、式(10.14e)称作互补问题。

定理 10.8 在线性规划中起着基本的作用，它不仅深刻地揭示了线性规划的解的性质，而且也开辟了求解线性规划的新途径。

第 11 章　线性规划：内点法

在第 10 章中，我们介绍了一种求解线性规划的基本方法——单纯形法。对于大多数实际问题，单纯形法表现出了较好的解题能力。而对于个别的例子，它的迭代次数随着问题的维数呈指数增长。

于是，人们梦想能够找到一个算法：用它来解线性规划的时候，所需的迭代次数不再随着问题的维数呈指数增长。

在 1979 年，这样的梦想终于实现了：Khachiyan 改进了 Shor、Nemirovsky 和 Yudin 于 1972 年提出的椭球算法，并证明了用这种改进了的椭球算法来解线性规划的时候，所需的迭代次数随着问题的维数呈多项式增长。

然而，令人深为遗憾的是，对于大多数实际问题，这种椭球算法的解题能力远不如单纯形法好。

后来，人们提出求解线性规划的原始–对偶内点法。这种方法的优点在于：用它来解线性规划的时候，所需的迭代次数仅仅随着问题的维数呈多项式增长，且对于大规模线性规划的解题能力一点也不逊色于单纯形法。

11.1　原始–对偶算法

考察下面的线性规划问题：

$$\begin{aligned}\min\quad & c^{\mathrm{T}}x \\ \text{s.t.}\quad & \boldsymbol{A}x=\mathrm{b},\ x\geqslant 0\end{aligned} \tag{11.1}$$

式中：c、x 是 n 维向量；$\boldsymbol{A}$ 是一个 $m\times n$ 矩阵，其对偶问题为

$$\begin{aligned}\max\quad & b^{\mathrm{T}}\lambda \\ \text{s.t.}\quad & \boldsymbol{A}^{\mathrm{T}}\lambda+s=c,\ s\geqslant 0\end{aligned} \tag{11.2}$$

式中：λ 是 m 维向量；s 是 n 维向量。

由定理 10.8 可知，问题式(11.1)、问题式(11.2)的原始–对偶解应满足

$$\boldsymbol{A}^{\mathrm{T}}\lambda+s=c \tag{11.3a}$$

$$\boldsymbol{A}x=b \tag{11.3b}$$

$$x_i s_i=0,\quad i=1,2,\cdots,n \tag{11.3c}$$

$$(x,\ s)\geqslant 0 \tag{11.3d}$$

为了给出原始–对偶法，我们引入一个映射：$F:R^{2n+m}\to R^{2n+m}$，并将条件式(11.3)写成下面的等价形式

$$F(x,\ \lambda,\ s)=\begin{bmatrix}\boldsymbol{A}^{\mathrm{T}}\lambda+s-c\\ \boldsymbol{A}x-b\\ \boldsymbol{XS}e\end{bmatrix} \tag{11.4a}$$

$$(x,\ s) \geqslant 0 \tag{11.4b}$$

式中：$\boldsymbol{X} = \mathrm{diag}(x_1, x_2, \cdots, x_n)$; $\boldsymbol{S} = \mathrm{diag}(s_1, s_2, \cdots, s_n)$; $e = (1,1,\cdots,1)^{\mathrm{T}}$ (11.5)

原始–对偶算法生成的迭代点 (x^k, λ^k, s^k) 严格满足式(11.4b)，即

$$x^k > 0,\ s^k > 0$$

这解释了人们使用术语“内点”的原因。

为了叙述的方便，分别定义

$$F = \{(x, \lambda, s): \boldsymbol{A}x = b,\ \boldsymbol{A}^{\mathrm{T}}\lambda + s = c, (x,s) \geqslant 0\} \tag{11.6a}$$

$$F^0 = \{(x, \lambda, s): \boldsymbol{A}x = b,\ \boldsymbol{A}^{\mathrm{T}}\lambda + s = c, (x,s) > 0\} \tag{11.6b}$$

为原始–对偶可行集和原始–对偶严格可行集。

对于大多数的内点法，它们要求所产生的迭代点 (x^k, λ^k, s^k) 满足

$$(x^k, \lambda^k, s^k) \in F^0$$

下面要详细介绍的原始–对偶内点法，包含两个基本部分：计算搜索方向和确定步长。如果当前的迭代点 $(x^k, \lambda^k, s^k) \in F^0$ 是严格可行的，则可以取下面线性方程组

$$\begin{bmatrix} 0 & \boldsymbol{A}^{\mathrm{T}} & \boldsymbol{I} \\ \boldsymbol{A} & 0 & 0 \\ \boldsymbol{S}^k & 0 & \boldsymbol{X}^k \end{bmatrix} \begin{bmatrix} \Delta x \\ \Delta\lambda \\ \Delta s \end{bmatrix} = \begin{bmatrix} 0 \\ 0 \\ -\boldsymbol{X}^k \boldsymbol{S}^k e \end{bmatrix} \tag{11.7}$$

的解 $(\Delta x^k, \Delta\lambda^k, \Delta s^k)$ 作为搜索方向。然后，沿着这样的仿射尺度方向式(11.7)确定步长 α_k 使

$$(x^k, \lambda^k, s^k) + \alpha(\Delta x^k, \Delta\lambda^k, \Delta s^k) \in F^0$$

且满足式(11.4b)。

不幸的是，由此所确定的步长 α_k 往往是非常非常小的正数。这大大地限制了迭代点序列趋于最优解的速度。而原始–对偶算法则从两个方面修正了刚才所说的计算搜索方向和确定步长的技巧。

(1)修正由方程组(11.7)所对应的仿射下尺度方向，使其容许较大的步长 α_k。

(2)使 (x^k, s^k) 的每个分量都不过早地靠近区域 $\{(x,s):(x,s) \geqslant 0\}$ 的边界。

我们依次考虑几个常用的修正版本。

首先，考虑原始–对偶中心路径法。设 $\tau > 0$，考察下面一组关系式

$$\boldsymbol{A}^{\mathrm{T}}\lambda + s = c \tag{11.8a}$$

$$\boldsymbol{A}x = b \tag{11.8b}$$

$$x_i s_i = \tau,\ i=1,2\cdots,n \tag{11.8c}$$

$$(x,s) > 0 \tag{11.8d}$$

它与式(11.3)的不同之处仅在于式(11.3c)中右端的 0 被换成了正数 τ。设

$(x_\tau, \lambda_\tau, s_\tau)$ 为式(11.8)的解，则定义

$$C = \{(x_\tau, \lambda_\tau, s_\tau) : \tau > 0\}$$

为中心路径。

可以证明：对于每个 $\tau > 0, (x_\tau, \lambda_\tau, s_\tau)$ 是唯一确定的当且仅当 $F^0 \neq \varnothing$。

另一种定义中心路径的方式是利用式(11.4)中的 F 并且记

$$F(x_\tau, \lambda_\tau, s_\tau) = \begin{bmatrix} 0 \\ 0 \\ \tau e \end{bmatrix}, \quad (x_\tau, s_\tau) > 0 \tag{11.9}$$

显然，当 τ 趋于 0 时，方程组(11.8)越来越逼近式(11.3)。当 $\tau \downarrow 0$ 时，中心路径 C 必收敛于线性规划的一个原始–对偶解。

对于正数 τ 的选取，则需细心对待。一般来讲，人们可以取

$$\tau = \mu \sigma$$

其中 $\sigma \in [0,1]$ 以及

$$\mu = \frac{1}{n} x^{\mathrm{T}} s \tag{11.10}$$

运用 Newton 法解式(11.9)，我们有

$$\begin{bmatrix} 0 & \boldsymbol{A}^{\mathrm{T}} & \boldsymbol{I} \\ \boldsymbol{A} & 0 & 0 \\ \boldsymbol{S}^k & 0 & \boldsymbol{X}^k \end{bmatrix} \begin{bmatrix} \Delta x \\ \Delta \lambda \\ \Delta s \end{bmatrix} = \begin{bmatrix} 0 \\ 0 \\ -\boldsymbol{X}^k \boldsymbol{S}^k e + \sigma_k \mu_k e \end{bmatrix} \tag{11.11}$$

它的解 $(\Delta x^k, \Delta \lambda^k, \Delta s^k)$ 便可作为搜索方向。

注意：如果 $\sigma_k \equiv 1$，则由式(11.11)所确定的方向为中心化方向；另一个极端的例子是 $\sigma_k \equiv 0$，此时，由式(11.11)所确定的方向为仿射尺度方向。

基于这些概念和记号，我们给出原始–对偶中心路径法。

算法 11.1(原始–对偶中心路径法)

任取 $(x^0, \lambda^0, s^0) \in F^0$；

for $k = 0,1,2,\cdots$

解

$$\begin{bmatrix} 0 & \boldsymbol{A}^{\mathrm{T}} & \boldsymbol{I} \\ \boldsymbol{A} & 0 & 0 \\ S^k & 0 & \boldsymbol{X}^k \end{bmatrix} \begin{bmatrix} \Delta x \\ \Delta \lambda \\ \Delta s \end{bmatrix} = \begin{bmatrix} 0 \\ 0 \\ -\boldsymbol{X}^k S^k e + \sigma_k \mu_k e \end{bmatrix}, \tag{11.12}$$

其中，$\sigma_k \in [0,1]$; $\mu_k = (x^k)^{\mathrm{T}} s^k / n$

令

$$(x^{k+1}, \lambda^{k+1}, s^{k+1}) = (x^k, \lambda^k, s^k) + \alpha_k (\Delta x^k, \Delta \lambda^k, \Delta s^k) \tag{11.13}$$

取 α_k 使得 $(x^{k+1}, s^{k+1}) > 0$

end (for)。

显然，如果初始点 $(x^0,\lambda^0,s^0)\in F^0$，那么由算法 11.1 产生迭代点序列

$$\{(x^k,\lambda^k,s^k)\}\subset F^0$$

然而，严格可行的初始点未必容易得到；不可行内点法仅仅要求 $(x^0,s^0)>0$ 而不要求

$$\boldsymbol{A}^{\mathrm{T}}\lambda^0+s^0=c,\ \boldsymbol{A}x^0=b$$

记

$$r_b^k=\boldsymbol{A}x^k-b,\quad r_c^k=\boldsymbol{A}^{\mathrm{T}}\lambda^k+s^k-c \tag{11.14}$$

不可行内点法的搜索方向 $(\Delta x^k,\Delta\lambda^k,\Delta s^k)$ 满足

$$\begin{bmatrix}0 & \boldsymbol{A}^{\mathrm{T}} & I\\ \boldsymbol{A} & 0 & 0\\ \boldsymbol{S}^k & 0 & \boldsymbol{X}^k\end{bmatrix}\begin{bmatrix}\Delta x\\ \Delta\lambda\\ \Delta s\end{bmatrix}=\begin{bmatrix}-r_c^k\\ -r_b^k\\ -\boldsymbol{X}^k\boldsymbol{S}^k e+\sigma_k\mu_k e\end{bmatrix} \tag{11.15}$$

下面我们考虑原始–对偶路径跟踪法。在原始–对偶算法中，中心路径法实际上是将 Newton 法应用于中心路径，并要求迭代点序列在顺着中心路径的某个邻域趋于最优解。

关于中心路径的邻域，人们最感兴趣的有 2–模邻域

$$N_2(\theta)=\{(x,\lambda,s)\in F^0:\|\boldsymbol{XS}e-\mu e\|\leqslant\theta\mu\}。 \tag{11.16}$$

其中，$\theta\in[0,1]$ 以及 ∞–模邻域

$$N_{-\infty}(\gamma)=\{(x,\lambda,s)\in F^0:\ x_is_i\geqslant\gamma\ \mu\quad(i=1,2,\cdots,n)\} \tag{11.17}$$

其中，$\gamma\in[0,1]$。

显然，当 γ 充分小时，$N_{-\infty}(\gamma)\in F^0$ 可以看作 F^0 的一个近似。而且，它还是中心路径的一个大邻域。利用 Newton 法解由式(11.13)所得到的搜索方向容许的尽可能大的步长，只要每个迭代点都在 $N_{-\infty}(\gamma)$ 内即可。

引入记号

$$(x^k(\alpha),\lambda^k(\alpha),s^k(\alpha))=(x^k,\lambda^k,s^k)+\alpha(\Delta x^k,\Delta\lambda^k,\Delta s^k)\ , \tag{11.18a}$$

$$\mu_k(\alpha)=x^k(\alpha)^{\mathrm{T}}s^k(\alpha)/n \tag{11.18b}$$

算法 11.2(步长路径跟踪法)

选取 $\gamma\in(0,1)$ 以及 σ'、σ''，使得 $0<\sigma'<\sigma''<1$。任取 $(x^0,\lambda^0,s^0)\in N_{-\infty}(\gamma)$；

for k=0,1,2,⋯

选取 $\sigma_k\in[\sigma',\sigma'']$；

解方程(11.12)，得 $(\Delta x^k,\Delta\lambda^k,\Delta s^k)$；

选取最大的 $\alpha\in[0,1]$ 使得

$$(x^k(\alpha),\lambda^k(\alpha),s^k(\alpha))\in N_{-\infty}(\gamma)\ ;$$

记这个最大的 α 值为 α_k，并且令

$$(x^{k+1},\lambda^{k+1},s^{k+1})=(x^k(\alpha_k),\lambda^k(\alpha_k),s^k(\alpha_k));\tag{11.19}$$

end(for)。

在算法 11.2 中，γ的经验值为 10^{-3}。我们求 $\sigma'>0$ 的目的在于：在迭代过程的前期，所产生的迭代点离 F^0 的边界不会太近。

现在，我们来分析算法 11.2 的收敛性。

引理 11.1　设 u，v 分别为 R^n 中的两个向量。假设 $u^{\mathrm{T}}v\geqslant 0$，那么

$$\|\boldsymbol{UVe}\|\leqslant 2^{-3/2}\|u+v\|^2,$$

其中

$$\boldsymbol{U}=\mathrm{diag}(u_1,u_2,\cdots,u_n);\qquad \boldsymbol{V}=\mathrm{diag}(v_1,v_2,\cdots,v_n)。$$

证明：将指标集 $\{1,2,\cdots,n\}$ 分成两部分：

$$P=\{i:u_iv_i\geqslant 0\};\qquad M=\{i:u_iv_i<0\}。$$

由假设可知

$$0\leqslant u^{\mathrm{T}}v=\sum_{u_iv_i\geqslant 0}u_iv_i+\sum_{u_iv_i<0}u_iv_i=\sum_{i\in P}|u_iv_i|-\sum_{i\in M}|u_iv_i|$$

另一方面，

$$\begin{aligned}\|\boldsymbol{UVe}\|^2&=\sum_{i=1}^{n}(u_iv_i)^2\\&\leqslant(\sum_{i\in P}u_iv_i)^2+(\sum_{i\in M}u_iv_i)^2\\&=(\sum_{i\in P}|u_iv_i|)^2+(\sum_{i\in M}|u_iv_i|)^2\\&\leqslant 2(\sum_{i\in P}|u_iv_i|)^2\\&\leqslant 2(\sum_{i\in P}\frac{1}{4}(u_i+v_i)^2)^2\\&\leqslant 2(\sum_{i=1}^{n}\frac{1}{4}(u_i+v_i)^2)^2\\&=2^{-3}\|u+v\|^4\end{aligned}$$

注意：第二个不等式用到关系式(11.20)，即

$$\sum_{i\in M}|u_iv_i|\leqslant\sum_{i\in P}|u_iv_i|\tag{11.20}$$

引理 11.2　如果 $(x,\lambda,s)\in N_{-\infty}(\gamma)$，那么

$$\|\Delta\boldsymbol{X}\Delta\boldsymbol{S}e\|\leqslant 2^{-3/2}(1+1/\gamma)n\mu$$

$$\Delta X = \mathrm{diag}(\Delta x_1, \Delta x_2, \cdots, \Delta x_n), \qquad \Delta S = \mathrm{diag}(\Delta s_1, \Delta s_2, \cdots \Delta s_n)。$$

证明：由式(11.13)可知

$$\Delta x = \boldsymbol{D}(\boldsymbol{I} - \tilde{A}^{\mathrm{T}}(\tilde{\boldsymbol{A}}\tilde{\boldsymbol{A}}^{\mathrm{T}})^{-1}\tilde{\boldsymbol{A}})\boldsymbol{D}\boldsymbol{X}^{-1}(-\boldsymbol{XS}e + \sigma\mu e),$$

$$\Delta\lambda = -(\tilde{\boldsymbol{A}}\tilde{\boldsymbol{A}}^{\mathrm{T}})^{-1}\boldsymbol{A}\boldsymbol{S}^{-1}(-\boldsymbol{XS}e + \sigma\mu e)$$

$$\Delta s = \boldsymbol{A}^{\mathrm{T}}(\tilde{\boldsymbol{A}}\tilde{\boldsymbol{A}}^{\mathrm{T}})^{-1})\boldsymbol{A}\boldsymbol{S}^{-1}(-\boldsymbol{XS}e + \sigma\mu\, e)$$

其中

$$\boldsymbol{D} = (\boldsymbol{S}^{-1}\boldsymbol{X})^{1/2}, \tilde{\boldsymbol{A}} = \boldsymbol{AD}$$

直接验证，可得

$$\Delta x^{\mathrm{T}}\Delta s = 0 \tag{11.21}$$

再由式(11.13)可知，

$$\boldsymbol{S}\Delta x + \boldsymbol{X}\Delta s = -\boldsymbol{XS}e + \sigma\mu e$$

两端乘以 $\boldsymbol{S}^{-1/2}\boldsymbol{X}^{-1/2}$,可得

$$\boldsymbol{D}^{-1}\Delta x + \boldsymbol{D}\Delta s = \boldsymbol{S}^{-1/2}\boldsymbol{X}^{-1/2}(-\boldsymbol{XS}e + \sigma\mu e)$$

由于 $(\boldsymbol{D}^{-1}\Delta x)^{\mathrm{T}}(\boldsymbol{D}\Delta s) = \Delta x^{\mathrm{T}}\Delta s = 0$，根据引理 11.1，我们有

$$\begin{aligned}\|(\Delta\boldsymbol{X}\Delta\boldsymbol{S})e\| &= \|(\boldsymbol{D}^{-1}\Delta\boldsymbol{X})\|\|(\boldsymbol{D}\Delta\boldsymbol{S})e\| \\ &\leqslant 2^{-3/2}\|\boldsymbol{D}^{-1}\Delta x + \boldsymbol{D}\Delta s\|^2 \\ &= 2^{-3/2}\|\boldsymbol{S}^{-1/2}\boldsymbol{X}^{-1/2}(-\boldsymbol{XS}e + \sigma\mu\, e)\|^2\end{aligned}$$

展开上式右边的平方项，并利用 $x^{\mathrm{T}}s = n\mu$ 以及 $e^{\mathrm{T}}e = n$,可以得到

$$\begin{aligned}\|\Delta\boldsymbol{X}\Delta\boldsymbol{S}e\| &\leqslant 2^{-3/2}[x^{\mathrm{T}}s - 2\sigma\mu e^{\mathrm{T}}e + \sigma^2\mu^2\sum_{i=1}^{n}\frac{1}{x_i s_i}] \\ &\leqslant 2^{-3/2}[x^{\mathrm{T}}s - 2\sigma\mu e^{\mathrm{T}}e + \sigma^2\mu^2\frac{n}{\gamma\mu}] \\ &\leqslant 2^{-3/2}[1 - 2\sigma + \sigma^2/\gamma]n\mu \\ &\leqslant 2^{-3/2}[1 + 1/\gamma]n\mu\end{aligned}$$

定理 11.1　对于算法 11.2 来说，必然存在一个正数 $\delta > 0$，使得对于任意的 $k \geqslant 0$，总有

$$\mu_{k+1} \leqslant (1 - \frac{\delta}{n})\mu_k$$

证明：我们先证

$$(x^k(\alpha),\lambda(\alpha),s^k(\alpha))\in N_{-\infty}(\gamma)\,,\quad \forall\alpha\in[0,\ 2^{3/2}\gamma\frac{1-\gamma}{1+\gamma}\frac{\sigma_k}{n}] \tag{11.22}$$

对于任意的 i=1、2、…、n，由引理 11.2 可知

$$|\Delta x_i^k\Delta s_i^k| \leqslant \|\Delta \boldsymbol{X}^k\Delta \boldsymbol{S}^k e\| \leqslant 2^{-3/2}(1+1/\gamma)\,n\mu_k \tag{11.23}$$

由式(11.13)、式(11.23)及 $x_i^k s_i^k \geqslant \gamma\mu_k$，可得

$$\begin{aligned}x_i^k(\alpha)s_i^k(\alpha) &= (x_i^k+\alpha\Delta x_i^k)(s_i^k+\alpha\Delta s_i^k)\\ &= x_i^k s_i^k+\alpha(x_i^k\Delta s_i^k+s_i^k\Delta x_i^k)+\alpha^2\Delta x_i^k\Delta s_i^k \end{aligned}\tag{11.24a}$$

$$\begin{aligned}&\geqslant x_i^k s_i^k(1-\alpha)+\alpha\sigma_k\mu_k-\alpha^2|\Delta x_i^k\Delta s_i^k|\\ &\geqslant \gamma\mu_k(1-\alpha)+\alpha\sigma_k\mu_k-\alpha^2 2^{-3/2}(1+1/\gamma)n\mu_k\end{aligned}\tag{11.24b}$$

将式(11.24a)关于 i=1,2…,n 相加，并利用式(11.21)与式(11.13)，可得

$$\begin{aligned}\sum_{i=1}^n x_i^k(\alpha)s_i^k(\alpha) &= \sum_{i=1}^n x_i^k s_i^k+\alpha\sum_{i=1}^n(x_i^k\Delta s_i^k+s_i^k\Delta x_i^k)+\alpha^2\Delta x^{\mathrm{T}}\Delta s\\ &= \sum_{i=1}^n x_i^k s_i^k+\alpha\sum_{i=1}^n(-x_i^k s_i^k+\sigma_k\mu_k)\end{aligned}$$

从而由 μ_k 和 $\mu_k(\alpha)$ 的定义，有

$$\mu_k(\alpha)=(1-\alpha+\alpha\sigma_k)\mu_k \tag{11.25}$$

于是，只要 α 满足下面的不等式

$$\gamma(1-\alpha)\mu_k+\alpha\sigma_k\mu_k-\alpha^2 2^{-3/2}(1+1/\gamma)n\mu_k \geqslant \gamma(1-\alpha+\alpha\sigma_k)\mu_k$$

或

$$\alpha \leqslant 2^{3/2}\gamma\frac{1-\gamma}{1+\gamma}\frac{\sigma_k}{n},$$

我们就有

$$x_i^k(\alpha)s_i^k(\alpha) \geqslant \gamma\mu_k(\alpha)$$

即式(11.22)成立。

由 α_k 的定义，必有

$$\alpha_k \geqslant 2^{3/2}\gamma\frac{1-\gamma}{1+\gamma}\frac{\sigma_k}{n}$$

现在，我们来估计 μ_k 的下降速度。由式(11.25)可知，

$$\mu_{k+1}=\mu_k(\alpha_k)$$

$$= (1-\alpha_k+\alpha_k\sigma_k)\mu_k$$
$$\leqslant (1-\frac{2^{3/2}}{n}\gamma\frac{1-\gamma}{1+\gamma}\sigma_k(1-\sigma_k))\mu_k$$
$$\leqslant (1-\frac{\delta}{n})\mu_k$$

其中

$$\delta = 2^{3/2}\gamma\frac{1-\gamma}{1+\gamma}\min\{\sigma'(1-\sigma'),\sigma''(1-\sigma'')\}\text{。}$$

注意：δ 是一个与 n 无关的正数。

定理 11.2　设 L 为表示线性规划所需要的二进制字符串的长度，若停止准则为

$$\mu_k < 2^{-L}$$

则算法 11.2 在 $O(nL)$ 内停止。

证明：由定理 11.3 可知，存在一个与 n 无关的 $\delta>0$，使得对于任意的 $k\geqslant 0$，总有

$$\mu_{k+1}\leqslant (1-\frac{\delta}{n})\mu_k$$

则

$$\mu_k \leqslant (1-\frac{\delta}{n})^k\mu_0$$

两边取对数得

$$\ln\mu_k \leqslant k\ln(1-\frac{\delta}{n})+\ln\mu_0$$

应用对数的性质

$$\ln(1+\beta)\leqslant\beta,\forall\beta>-1$$

以及 $\mu_0\leqslant 2^L$，有

$$\mu_k \leqslant 2^L\,\mathrm{e}^{-\delta k/n}$$

因此，只要 k 满足不等式

$$2^L\,\mathrm{e}^{-\delta k/n} < 2^{-L} \tag{11.26}$$

就有

$$\mu_k < 2^{-L}$$

解式(11.26)可得，

$$k > \frac{2\ln 2}{\delta}nL$$

这表明算法 11.2 停止前所需要的迭代次数不超过 $O(nL)$，即该算法是多项式时间的原始–对偶内点法。

11.2 补充说明

刚才，我们讨论了原始–对偶内点法的几个流行的版本。现在，作几点必要的补充说明。

(1)第一点要说明的是：线性方程组(11.15)的求解技巧。通常，其系数矩阵是一个大规模的稀疏矩阵。它的特殊结构允许人们将其写成更为紧凑的、易于求解的形式。

在式(11.15)中消去 Δs，并利用记号 $\boldsymbol{D}=\boldsymbol{S}^{-1/2}\boldsymbol{X}^{1/2}$，我们可以得到

$$\begin{bmatrix} 0 & \boldsymbol{A} \\ \boldsymbol{A}^{\mathrm{T}} & -\boldsymbol{D}^{-2} \end{bmatrix}\begin{bmatrix} \Delta\lambda \\ \Delta x \end{bmatrix}=\begin{bmatrix} -r_b \\ -r_c+s-\sigma\mu X^{-1}e \end{bmatrix} \tag{11.27a}$$

$$\Delta s=-s+\sigma\mu\boldsymbol{X}^{-1}e-\boldsymbol{X}^{-1}\boldsymbol{S}\Delta x \tag{11.27b}$$

方程组(11.27)称为增广系统。进一步消去 Δx，我们有

$$\boldsymbol{A}\boldsymbol{D}^2\boldsymbol{A}^{\mathrm{T}}\Delta\lambda=-r_b+\boldsymbol{A}(-\boldsymbol{S}^{-1}\boldsymbol{X}r_c+x-\sigma\mu\boldsymbol{S}^{-1}e) \tag{11.28a}$$

$$\Delta s=-r_c-\boldsymbol{A}^{\mathrm{T}}\Delta\lambda \tag{11.28b}$$

$$\Delta x=-x+\sigma\mu\boldsymbol{S}^{-1}e-\boldsymbol{S}^{-1}\boldsymbol{X}\Delta s \tag{11.28c}$$

这种形式称为法方程。原因是式(11.28a)可以看作系数矩阵为 $\boldsymbol{D}\boldsymbol{A}^{\mathrm{T}}$ 的线性最小二乘问题的法方程。

为了求解式(11.28a)，我们只需用稀疏 Cholesky 算法将式(11.28)的系数矩阵因子分解，然后解出 $\Delta\lambda$ 就行了。

(2)第二点要说明的是：求解线性规划问题的原始–对偶算法可以稍作修正，以便用来解单调线性互补问题。后者是指对于给定的正半定阵 $\boldsymbol{M}\in R^{n\times n}$ 以及向量 $q\in R^n$，来找一个 $x\in R^n$ 使得

$$x\geqslant 0,\ \boldsymbol{M}x+q\geqslant 0,\ x^{\mathrm{T}}(\boldsymbol{M}x+q)=0 \tag{11.29}$$

令人满意的是，人们已经找到了求解式(11.29)的多项式时间的原始–对偶算法。

(3)最后一点要说明的是：对于现在的一个研究热点——半定规划来说，原始–对偶内点法一直都是首选的一类有效算法。所说的半定规划，是指在一个矩阵不等式约束下极小化一个线性函数。它可以写成

$$\min c^{\mathrm{T}}x,\quad \text{s.t.}\ \boldsymbol{F}(x)\geqslant 0 \tag{11.30}$$

其中

$$\boldsymbol{F}(x)=\boldsymbol{F}_0+\sum_{i=1}^{n}x_i\boldsymbol{F}_i\ ;$$

$c\in R^n$；$\boldsymbol{F}_0,\boldsymbol{F}_1,\cdots,\boldsymbol{F}_n$ 是 $n+1$ 个 $n\times n$ 对称矩阵。$F(x)\geqslant 0$ 是指 $\boldsymbol{F}(x)$是正半定的。

这里，有必要指出：半定规划可以看作线性规划的一个推广。比如，取

$$\boldsymbol{F}_0 = \mathrm{diag}(b_1,\cdots,b_m),\ \ \boldsymbol{F}_i = \mathrm{diag}(a_{1i},\cdots,a_{mi}),\quad i=1,2,\cdots,n$$

则半定规划式(11.30)就可以写成

$$\begin{aligned} &\min \quad c^{\mathrm{T}} x \\ &\text{s.t.} \quad \boldsymbol{A}x + b \geqslant 0 \end{aligned}$$

其中，

$$b = \begin{pmatrix} b_1 \\ \vdots \\ b_m \end{pmatrix},\ \boldsymbol{A} = \begin{pmatrix} a_{11} \cdots a_{1n} \\ \vdots \\ a_{m1} \cdots a_{mn} \end{pmatrix}$$

而这恰是一个线性规划。

第 12 章　二次规划

二次规划问题是一类特殊的约束优化问题，它的目标函数是二次的，且所有的约束均为线性函数。一般地二次规划具有以下形式：

$$\min_{x} \quad f(x)=\frac{1}{2}x^{\mathrm{T}}\boldsymbol{G}x+c^{\mathrm{T}}x \tag{12.1a}$$

$$\text{s.t.} \quad x^{\mathrm{T}}a^{i}=b_{i},\ i=1,2,\cdots,l \tag{12.1b}$$

$$x^{\mathrm{T}}a^{j}\geqslant b_{j},\ j=1,2,\cdots,m \tag{12.1c}$$

其中，$\boldsymbol{G}=\boldsymbol{G}^{\mathrm{T}}\in R^{n\times n}$，如果 $\boldsymbol{G}$ 是正半定的，那么我们就把优化问题式(12.1)称为凸二次规划。

在这一章，我们主要讨论凸二次规划问题。

12.1　等式约束二次规划

12.1.1　等式约束二次规划的性质

设二次规划问题中有 l 个等式约束，$l\leqslant n$，则问题式(12.1)可以写成

$$\min_{x} \quad f(x)=\frac{1}{2}x^{\mathrm{T}}\boldsymbol{G}x+c^{\mathrm{T}}x \tag{12.2a}$$

$$\text{s.t.} \quad \boldsymbol{A}x=b \tag{12.2b}$$

其中，$\boldsymbol{A}$ 是行满秩的。x^{*} 为问题式(12.2)的解的一阶必要条件，存在向量 λ^{*} 使得下面方程式成立

$$\begin{pmatrix}\boldsymbol{G} & -\boldsymbol{A}^{\mathrm{T}}\\ \boldsymbol{A} & 0\end{pmatrix}\begin{pmatrix}x^{*}\\ \lambda^{*}\end{pmatrix}=\begin{pmatrix}-d\\ b\end{pmatrix} \tag{12.3}$$

其中，λ^{*} 为 Lagrange 乘子，式(12.3)中的 x^{*} 用 $x+d$ 替换

$$\begin{pmatrix}\boldsymbol{G} & \boldsymbol{A}^{\mathrm{T}}\\ \boldsymbol{A} & 0\end{pmatrix}\begin{pmatrix}-d\\ \lambda^{*}\end{pmatrix}=\begin{pmatrix}g\\ h\end{pmatrix} \tag{12.4}$$

这种形式在计算中非常有用。其中 x 是 x^{*} 的一个估计值，这里

$$h=\boldsymbol{A}x-b,\ g=\boldsymbol{G}x+c,\ d=x^{*}-x$$

并且我们称式(12.3)中的矩阵 $\begin{pmatrix}\boldsymbol{G} & -\boldsymbol{A}^{\mathrm{T}}\\ \boldsymbol{A} & 0\end{pmatrix}$ 称为 Karush–Kuhn–Tucker(KKT)矩阵。

下面的引理给出了 KKT 矩阵非奇异的条件，我们用 $\boldsymbol{Z}$ 表示 $n\times(n-l)$矩阵，这个矩阵的列向量组成了矩阵 $\boldsymbol{A}$ 的零空间的一组基，即 $\boldsymbol{AZ}=0$。

引理 12.1 设 A 是行满秩的，并且既约 Hesse 阵 $Z^{\mathrm{T}}GZ$ 是正定的，则 KKT 矩阵

$$\boldsymbol{K}=\begin{pmatrix}\boldsymbol{G} & \boldsymbol{A}^{\mathrm{T}}\\ \boldsymbol{A} & 0\end{pmatrix} \tag{12.5}$$

是非奇异的并且存在唯一的向量对 (x^*,λ^*) 满足式(12.3)。

证明：假设存在向量 d、v 使得

$$\begin{pmatrix}\boldsymbol{G} & \boldsymbol{A}^{\mathrm{T}}\\ \boldsymbol{A} & 0\end{pmatrix}\begin{pmatrix}d\\ v\end{pmatrix}=0 \tag{12.6}$$

成立，又因为 $\boldsymbol{A}d=0$，则有

$$0=\begin{pmatrix}d\\ v\end{pmatrix}^{\mathrm{T}}\begin{pmatrix}\boldsymbol{G} & \boldsymbol{A}^{\mathrm{T}}\\ \boldsymbol{A} & 0\end{pmatrix}\begin{pmatrix}d\\ v\end{pmatrix}=d^{\mathrm{T}}\boldsymbol{G}d$$

因为 d 在矩阵 $\boldsymbol{A}$ 的零空间中，则 d 可以写成 $d=\boldsymbol{Z}u(u\in R^{n-l})$，因而有 $0=d^{\mathrm{T}}\boldsymbol{G}d=u^{\mathrm{T}}\boldsymbol{Z}^{\mathrm{T}}\boldsymbol{GZ}u$ 成立。又因为 $\boldsymbol{Z}^{\mathrm{T}}\boldsymbol{GZ}$ 正定，所以 $u=0$，则 $d=0$。再由方程(12.6)有 $\boldsymbol{A}^{\mathrm{T}}v=0$，又由 $\boldsymbol{A}$ 是行满秩的，故 $v=0$。所以当且仅当 $d=0$ 且 $v=0$ 时，方程(12.6)成立。即方程(12.6)只有零解，从而其系数矩阵 $\boldsymbol{K}$ 非奇异，方程(12.3)有唯一解 (x^*,λ^*)。

【例 12.1】 解下列二次规划问题

$$\min\quad f(x)=3x_1^2+2x_1x_2+x_1x_3+2.5x_2^2+2x_2x_3+2x_3^2-8x_1-3x_2-3x_3$$

$$\text{s.t.}\quad x_1+x_3=3,\quad x_2+x_3=0$$

解：令

$$\boldsymbol{G}=\begin{pmatrix}6&2&1\\2&5&2\\1&2&4\end{pmatrix},\quad c=\begin{pmatrix}-8\\-3\\-3\end{pmatrix},\quad \boldsymbol{A}=\begin{pmatrix}1&0&1\\0&1&1\end{pmatrix},\quad b=\begin{pmatrix}3\\0\end{pmatrix}$$

则上述问题可以写成式(12.2)的形式。由等式约束 $\boldsymbol{A}x=b$ 取解点的估计值 $\bar{x}=(3,0,0)^{\mathrm{T}}$，$\boldsymbol{A}$ 的零空间的基矩阵 $\boldsymbol{Z}=(-1,\ -1,\ 1)^{\mathrm{T}}$。由于 $\boldsymbol{G}$ 是正定矩阵，由引理 5.3 知此问题对应的方程(12.3)有唯一解

$$x^*=(2,\ -1,\ 1)^{\mathrm{T}}\quad,\quad \lambda^*=(3,\ -2)^{\mathrm{T}}$$

又由引理 12.1 可知，存在唯一的向量对 (x^*,λ^*) 满足一阶必要条件(12.3)。事实上，在 (x^*,λ^*) 处二阶充分条件也满足，因此 x^* 为式(12.2)的严格局部极小点。下面的定理可以说明 x^* 也是式(12.2)的唯一全局极小点。

定理 12.1 设 A 是行满秩的，且既约 Hesse 阵 $Z^{\mathrm{T}}\boldsymbol{GZ}$ 是正定的。若 x^* 满足式(12.3)，则 x^* 也是式(12.2)的唯一的全局极小点。

证明：假设 x 是任意一个满足 $\boldsymbol{A}x=b$ 的可行点，令 $d=x^*-x$，因为 $\boldsymbol{A}x^*=\boldsymbol{A}x=b$，所以 $\boldsymbol{A}d=\boldsymbol{A}(x^*-x)=0$。把 $\boldsymbol{A}d=0$ 代入式(12.2a)中，得

$$
\begin{aligned}
f(x) &= \frac{1}{2}(x^* - d)^{\mathrm{T}} \boldsymbol{G}(x^* - d) + c^{\mathrm{T}}(x^* - d) \\
&= \frac{1}{2} d^{\mathrm{T}} \boldsymbol{G} d - d^{\mathrm{T}} \boldsymbol{G} x^* - c^{\mathrm{T}} d + f(x^*)
\end{aligned} \tag{12.7}
$$

又由式(12.3)，得

$$\boldsymbol{G}x^* = -c + \boldsymbol{A}^{\mathrm{T}} x^*$$

把上式的左边乘以 c，注意到 $\boldsymbol{A}d=0$，则有

$$d^{\mathrm{T}} \boldsymbol{G} x^* = d^{\mathrm{T}}(-c + \boldsymbol{A}^{\mathrm{T}} x^*) = -d^{\mathrm{T}} c$$

把上述关系式代入到式(12.7)中，得

$$f(x) = \frac{1}{2} d^{\mathrm{T}} \boldsymbol{G} d + f(x^*)$$

因为 d 包含在矩阵 $\boldsymbol{A}$ 的零空间中，故 $d=\boldsymbol{Z}u(\,u \in R^{n-l}\,)$，从而

$$f(x) = \frac{1}{2} u^{\mathrm{T}} \boldsymbol{Z}^{\mathrm{T}} \boldsymbol{G} \boldsymbol{Z} u + f(x^*)$$

又因为 $\boldsymbol{Z}^{\mathrm{T}}\boldsymbol{G}\boldsymbol{Z}$ 正定，所以当 $u \neq 0$ 时，$f(x) > f(x^*)$；而当 $u=0$ 时，$d=0$，此时有 $x = x^*$。故 x^* 是问题式(12.2)的唯一全局极小点。

当 $\boldsymbol{Z}^{\mathrm{T}}\boldsymbol{G}\boldsymbol{Z}$ 不是正定矩阵时，问题式(12.2)除特殊情况外一般都没有有界的解。为了说明这种情况，假设存在向量对 (x^*, λ^*) 满足问题式(12.2)，向量 u 满足 $u^{\mathrm{T}}\boldsymbol{Z}^{\mathrm{T}}\boldsymbol{G}\boldsymbol{Z}u \leqslant 0$，令 $d=\boldsymbol{Z}u$，则对任意 $\alpha > 0$ 有 $\boldsymbol{A}(x^* + \alpha d) = b$，所以 $x^* + \alpha d$ 是可行点，又注意到 $\boldsymbol{G}x^* + c = \boldsymbol{A}^{\mathrm{T}}\lambda^*$ 且 $d^{\mathrm{T}}\boldsymbol{A}^{\mathrm{T}}\lambda^* = u^{\mathrm{T}}\boldsymbol{Z}^{\mathrm{T}}\boldsymbol{A}^{\mathrm{T}}\lambda^* = 0$，则有

$$
\begin{aligned}
f(x^* + \alpha d) &= f(x^*) + \alpha d^{\mathrm{T}}(\boldsymbol{G}x^* + c) + \frac{1}{2}\alpha^2 d^{\mathrm{T}} \boldsymbol{G} d \\
&= f(x^*) + \frac{1}{2}\alpha^2 d^{\mathrm{T}} \boldsymbol{G} d \\
&\leqslant f(x^*)
\end{aligned}
$$

故对任何满足方程(12.3)的点 x^* 都能找到可行方向 d，沿着可行方向 d，$f(x)$不会增加。事实上，只要 $\boldsymbol{Z}^{\mathrm{T}}\boldsymbol{G}\boldsymbol{Z}$ 有负的特征值，就总能找到 $f(x)$的严格下降方向。

12.1.2　求解 KKT 系统

下面我们来讨论求解 KKT 系统式(12.3)、系统式(12.4)的几种常用的方法。

12.1.2.1　值域空间方法

值域空间方法的基本思想是在矩阵 $\boldsymbol{G}$ 可逆的条件下，利用矩阵 $\boldsymbol{G}$ 对方程(12.4)进行块消去操作。首先计算 Lagrange 乘子λ^*，再计算向量 d。假设 $\boldsymbol{G}$ 是正定矩阵，因此 $\boldsymbol{G}^{-1}$ 存在，应用到方程(12.4)，则有

$$-\boldsymbol{G}d + \boldsymbol{A}^{\mathrm{T}}\lambda^* = g \tag{12.8}$$

在式(12.8)的两端左乘 $\boldsymbol{A}\boldsymbol{G}^{-1}$，注意到 $\boldsymbol{A}d=-h$，则

$$(\boldsymbol{A}\boldsymbol{G}^{-1}\boldsymbol{A}^{\mathrm{T}})\lambda^* = \boldsymbol{A}\boldsymbol{G}^{-1}g - h \tag{12.9}$$

求解方程(12.9)得到 λ^*，再代入到方程(12.8)就能得到

$$d = \boldsymbol{G}^{-1}\boldsymbol{A}^{\mathrm{T}}\lambda^* - \boldsymbol{G}^{-1}g \tag{12.10}$$

值域空间方法需要计算 $\boldsymbol{G}^{-1}$ 和 $\boldsymbol{A}\boldsymbol{G}^{-1}\boldsymbol{A}^{\mathrm{T}}$，因此在下述情况中，此方法是非常有效的。

(1)$\boldsymbol{G}$ 具有特殊结构。例如，当 $\boldsymbol{G}$ 为分块对角阵时，这样 $\boldsymbol{G}$ 的逆矩阵比较容易求出；

(2)等式约束个数很小，这样 $\boldsymbol{A}\boldsymbol{G}^{-1}\boldsymbol{A}^{\mathrm{T}}$ 比较易于计算；

(3)根据拟 Newton 校正公式可以直接求得 $\boldsymbol{G}^{-1}$。

值得注意的是，我们可以用下面的公式求得 KKT 矩阵的逆。

$$\begin{pmatrix} \boldsymbol{G} & \boldsymbol{A}^{\mathrm{T}} \\ \boldsymbol{A} & 0 \end{pmatrix}^{-1} = \begin{pmatrix} \boldsymbol{C} & \boldsymbol{E} \\ \boldsymbol{E}^{\mathrm{T}} & \boldsymbol{F} \end{pmatrix} \tag{12.11}$$

其中

$$\boldsymbol{C} = \boldsymbol{G}^{-1} - \boldsymbol{G}^{-1}\boldsymbol{A}^{\mathrm{T}}(\boldsymbol{A}\boldsymbol{G}^{-1}\boldsymbol{A}^{\mathrm{T}})^{-1}\boldsymbol{A}\boldsymbol{G}^{-1};$$
$$\boldsymbol{E} = \boldsymbol{G}^{-1}\boldsymbol{A}^{\mathrm{T}}(\boldsymbol{A}\boldsymbol{G}^{-1}\boldsymbol{A}^{\mathrm{T}})^{-1};$$
$$\boldsymbol{F} = -(\boldsymbol{A}\boldsymbol{G}^{-1}\boldsymbol{A}^{\mathrm{T}})^{-1}。$$

从而由式(12.4)，得

$$\begin{pmatrix} -d \\ \lambda^* \end{pmatrix} = \begin{pmatrix} \boldsymbol{G} & \boldsymbol{A}^{\mathrm{T}} \\ \boldsymbol{A} & 0 \end{pmatrix}^{-1} \begin{pmatrix} g \\ h \end{pmatrix}$$

求得 λ^*，d。

12.1.2.2 零空间方法

零空间方法不需要矩阵 $\boldsymbol{G}$ 非奇异，因此与值域空间方法相比有更广泛的应用，它可以用来解决一般的等式约束二次规划问题。零空间方法仅要求 $\boldsymbol{A}$ 是行满秩的，并且既约 Hesse 阵 $\boldsymbol{Z}^{\mathrm{T}}\boldsymbol{G}\boldsymbol{Z}$ 是正定的(其中，$\boldsymbol{Z}$ 是矩阵 $\boldsymbol{A}$ 的零空间的基矩阵)。

假设向量 d 被分成两部分，即

$$d = \boldsymbol{Y}d_Y + \boldsymbol{Z}d_Z \tag{12.12}$$

式中：$\boldsymbol{Y}$ 是任意一个使得$[\boldsymbol{Y}\ \boldsymbol{Z}]$非奇异的 $n\times l$ 矩阵；d_Y是 l 维向量；d_Z是 $n-l$ 维向量。把式(12.12)代入到 $\boldsymbol{A}d=-h$ 中，得到 $\boldsymbol{A}\boldsymbol{Z}=0$，则有

$$(\boldsymbol{A}\boldsymbol{Y})d_Y = -h \tag{12.13}$$

因为 $\boldsymbol{A}$ 的秩为 l，且$[\boldsymbol{Y}\ \boldsymbol{Z}]$非奇异，则 $\boldsymbol{A}[\boldsymbol{Y}\ \boldsymbol{Z}]=[\boldsymbol{A}\boldsymbol{Y}\ \ 0]$的秩也为 l，因此 $\boldsymbol{A}\boldsymbol{Y}$ 是一个 $l\times l$ 的非奇异矩阵，则

$$d_Y = -(\boldsymbol{A}\boldsymbol{Y})^{-1}h \tag{12.14}$$

再把式(12.12)代入到式(12.18)中，得

$$-\boldsymbol{G}\boldsymbol{Y}d_Y - \boldsymbol{G}\boldsymbol{Z}d_Z + \boldsymbol{A}^{\mathrm{T}}\lambda^* = g$$

将上式两端分别左乘 $\boldsymbol{Z}^{\mathrm{T}}$ 得

$$(\boldsymbol{Z}^{\mathrm{T}}\boldsymbol{G}\boldsymbol{Z})d_Z = -[\boldsymbol{Z}^{\mathrm{T}}\boldsymbol{G}\boldsymbol{Y}d_Y + \boldsymbol{Z}^{\mathrm{T}}g] \tag{12.15}$$

即 $$d_Z = -(Z^{\mathrm{T}}GZ)^{\mathrm{T}}[Z^{\mathrm{T}}GYd_Y + Z^{\mathrm{T}}g] \tag{12.16}$$

把式(12.14)、式(12.16)代入式(12.12)，得到 d。

为了求 Lagrange 乘子 λ^*。在式(12.8)两端左乘 A^{T}，得到线性系统

$$(AY)^{\mathrm{T}}\lambda^* = Y^{\mathrm{T}}(g + Gd) \tag{12.17}$$

求解线性系统式(12.17)就可以得到 Lagrange 乘子 λ^*。

【例 12.2】 解下列二次规划问题

$$\min \quad f(x) = 3x_1^2 + 2x_1x_2 + x_1x_3 + 2.5x_2^2 + 2x_2x_3 + 2x_3^2 - 8x_1 - 3x_2 - 3x_3$$

$$\text{s.t.} \quad x_1 + x_3 = 3；\ x_2 + x_3 = 0$$

解：令 $Y = \begin{pmatrix} 2/3 & -1/3 \\ -1/3 & 2/3 \\ 1/3 & 1/3 \end{pmatrix}$， $Z = (-1,\ -1,\ 1)^{\mathrm{T}}$

由于 Y 的特殊性，由 $AY=I$。$x = (0,\ 0,\ 0)^{\mathrm{T}}$ 满足式(12.4)，则有

$$h = Ax - b = -b，\quad g = c + Gx = c = (-8,\ -3,\ -3)^{\mathrm{T}}$$

通过计算，得

$$d_Y = (3,\ 0)^{\mathrm{T}}，\ d_Z = 0$$

因此 $d = x^* - x = Yd_Y + Zd_Z = (2,\ -1,\ 1)^{\mathrm{T}}$，再由式(12.17)，得

$$x^* = (2,\ -1,\ 1)^{\mathrm{T}}，\quad \lambda^* = (3,\ -2)^{\mathrm{T}}$$

当 $n-l$ 比较小时，零空间方法非常有效。

零空间方法的主要缺点是需要找矩阵 Z。在许多大规模问题的求解中，求 Z 的代价往往是很大的，而且矩阵 Z 的选择并不唯一，如果选择的不好，问题式(12.15)将变成一个坏条件的问题。

12.1.2.3 基于共轭性的方法

前面讨论的值域空间方法和零空间法方法都有广泛的应用。下面的方法应用范围比较小，但已经在实践上证明了它是解凸二次规划的一个非常有效的方法。当 G 是正定矩阵时，可以考虑用这种方法来求解二次规划问题。而且这种方法可以看作是零空间方法利用共轭性得到的，由下面方程计算 $n \times n$ 非奇异矩阵 W

$$W^{\mathrm{T}}GW = I，\quad AW = [0\ U] \tag{12.18}$$

其中，U 是 $l \times l$ 上三角矩阵，式(12.18)的第一个方程表明矩阵 W 的列向量关于 G 共轭；而第二个方程表明 W 的前 $n-l$ 列在矩阵 A 的零空间中。

我们由 QR 分解及 Cholesky 分解的变式，可以找到正交矩阵 Q 和 $l \times l$ 上三角矩阵 $\hat{U}$，

使得

$$AQ=[0\ \ \tilde{U}]$$

因为 $Q^{\mathrm T}GQ$ 是对称正定的，又由 Cholesky 分解 $Q^{\mathrm T}GQ=LL^{\mathrm T}$ (其中 L 是可逆的下三角矩阵)。令 $W=QL^{-\mathrm T}$， $U=\tilde{U}L^{-\mathrm T}$ 则式(12.18)成立。

另一方面，令 $W=[Z\quad Y]$(其中 Z 是前 $n-l$ 列；Y 是后 l 列；这里 Z, Y 满足式(12.12))。由式(12.18)，则有

$$Z^{\mathrm T}GZ=I,\quad Z^{\mathrm T}GY=0,\quad Y^{\mathrm T}GY=I \tag{12.19}$$

且

$$AY=U,\ AZ=0 \tag{12.20}$$

这些关系式使得求解 d_Y，d_Z，λ^*变得非常简单。事实上，

$$Ud_Y=-h \tag{12.21a}$$

$$d_Z=-Z^{\mathrm T}g \tag{12.21b}$$

$$U^{\mathrm T}\lambda^*=Y^{\mathrm T}g+d_Y \tag{12.21c}$$

通过简单的计算就得到了 d_Y、d_Z 及 λ^*，再把 d_Y、d_Z 代入式(12.12)就得到了 d。

12.2 二次规划的不等式约束问题

在这一章的后半部分，我们将讨论解决另外一类二次规划问题的几种算法，这类二次规划问题中含有不等式约束，也可能含有等式约束。比较典型的是积极约束集方法，这种方法既可以用在凸规划问题中也可以用在非凸规划问题中。而当问题中的约束变量有界时，梯度投影法是最有效的方法。内点法也是解决大规模凸二次规划问题的有效方法，下面我们将分别讨论这些方法。值得注意的是二次规划问题也可以用乘子法解决。

下面我们先来讨论不等式约束的最优性条件。根据 KKT 定理的结论，并注意到问题(12.1)的 Lagrange 函数为

$$L(x,\lambda)=\frac{1}{2}x^{\mathrm T}Gx+c^{\mathrm T}x-\sum_{i=1}^{l}\lambda_i(x^{\mathrm T}a^i-b_i)-\sum_{j=1}^{m}\lambda_j(x^{\mathrm T}a^j-b_j) \tag{12.22}$$

令积极约束集

$$I(x^*)=\{1,2,\cdots,l\}\cup\{j:x^{\mathrm T}a^j-b_j=0\} \tag{12.23}$$

由此我们得到问题式(12.1)的任意一个解 x^* 都满足下列一阶条件

$$Gx^*+c-\sum_{i\in I(x^*)}\lambda_i^*a^i=0 \tag{12.24a}$$

$$(x^*)^{\mathrm T}a^i=b_i,\ i\in I(x^*) \tag{12.24b}$$

$$(x^*)^{\mathrm T}a^j\geqslant b_j,\ j\in\{1,2,\cdots,m\},\text{且}j\notin I(x^*) \tag{12.24c}$$

$$\lambda_i^*\geqslant 0,\ i\in\{1,2,\cdots,m\}\cap I(x^*) \tag{12.24d}$$

12.2.1 凸二次规划的积极约束集方法

积极约束集方法是解决中小规模二次规划问题的最有效的方法，下面我们讨论凸二次规划的情形。在凸二次规划问题中 $\boldsymbol{G}$ 是正定的，又因为由式(12.1b)、式(12.1c)定义的可行域是凸集，从而凸二次规划问题中的任意局部极小点都是全局极小点。

我们把式(12.23)定义的积极约束集 $I(x^*)$称为最优积极约束集。如果事先知道最优积极约束集 $I(x^*)$，则可以用前面讨论的解决等式约束二次规划的方法来求解下面的问题

$$\min_{x} \quad f(x)=\frac{1}{2}x^{\mathrm{T}}\boldsymbol{G}x+x^{\mathrm{T}}c$$

$$\text{s.t.} \quad x^{\mathrm{T}}a^{i}=b_{i}, \ \ i\in I(x^{*})$$

得到的二次规划的最优解。一般情况下，$I(x^*)$往往是未知的。下面我们将会看到，如何求解 $I(x^*)$是解决不等式约束二次规划问题所面临的主要问题。

在前面，我们已经用积极约束集方法解决了线性规划问题。积极约束集方法首先估计积极约束集，如果证明当前估计是不正确的，则积极约束集方法重复利用梯度和 Lagrange 乘子中的信息，从 $I(x^*)$的当前估计中减少并且增加一个新指标。

解决二次规划问题的积极约束集方法有三种形式：原始积极约束集方法、对偶积极约束集方法、原始–对偶积极约束集方法。这里我们主要讨论原始积极约束集方法，这种方法生成的迭代序列都是可行的，且保证目标函数值稳健地下降。

原始积极约束集方法通常从一个初始点 x^0 出发，考虑某些积极约束的集合，我们称之为执行集，记为 W。在第 k 个迭代点 x^k 对应的执行集为 W_k，它是由等式积极约束集和不等式积极约束集的某一部分组成的，注意执行集 W_k 对应的约束梯度函数，其是线性无关的。

假设迭代点 x^k 对应的执行集为 W_k，我们首先检查一下 x^k 在由执行集定义的子空间上是否减小了二次函数 f 的值，如果没有，则通过解决下面问题来得到 d

$$\min_{d} \quad \frac{1}{2}d^{\mathrm{T}}\boldsymbol{G}d+d^{\mathrm{T}}g^{k} \tag{12.25a}$$

$$\text{s.t.} \quad d^{\mathrm{T}}a^{i}=0, \ \ i\in W_{k} \tag{12.25b}$$

式中：$d=x-x^{*}$；$g^{k}=\boldsymbol{G}x^{k}+c$。由下面的推导，得到式(12.25a)。

把 $x=d+x^k$ 代入到式(12.1a)中，得

$$f(x)=f(x^{k}+d)=\frac{1}{2}d^{\mathrm{T}}\boldsymbol{G}d+d^{\mathrm{T}}g^{k}+h$$

其中，$h=\frac{1}{2}(x^{k})^{\mathrm{T}}\boldsymbol{G}x^{k}+c^{\mathrm{T}}x^{k}$ 是常数项，去掉 h 并不影响问题的解，从而就得到了上面的式(12.25a)。

问题(12.25)的解记为 d^{k}。因为 $(x^{k}+d^{k})^{\mathrm{T}}a^{i}=(x^{k})^{\mathrm{T}}a^{i}=b_{i}\,(i\in W_{k})$，在 x^k 点处，只要 $(x^{k})^{\mathrm{T}}a^{i}=b_{i}$，则对任意 $\alpha>0$，在 $x^{k}+\alpha d^{k}$ 点处，$(x^{k}+\alpha d^{k})^{\mathrm{T}}a^{i}=b_{i}$ 也成立。当 $\boldsymbol{G}$ 是正定矩阵时，可以用前面介绍的求解等式约束二次规划问题的方法来求解问题式(12.25)。

设 $d^k \neq 0$，如果 $x^k + d^k$ 是可行点，令 $x^{k+1} = x^k + d^k$，否则，

令

$$x^{k+1} = x^k + \alpha_k d^k \tag{12.26}$$

其中

$$\alpha_k = \min\{1, \min_{i \notin W_k, (d^k)^{\mathrm{T}} a^i < 0} \frac{b_i - (x^k)^{\mathrm{T}} a^i}{(d^k)^{\mathrm{T}} a^i}\} \tag{12.27}$$

我们把问题式(12.27)中的约束 i 称为阻碍约束，此时沿 d^k 方向移动时会被 i 阻碍，那么把 i 添加到执行集 W_k 上这样就得到 W_{k+1}。按照这种方法进行迭代，最后得到执行集 $\hat{W}$，它对应问题式(12.25)的最优解 d=0。因为 d=0 满足最优解条件，因此问题(12.25)的最优解条件为

$$\sum_{i \in \hat{W}} \hat{\lambda}_i a^i = g = \boldsymbol{G}\hat{x} + c \tag{12.28}$$

式中：$\hat{x}$ 是目标函数在执行集 $\hat{W}$ 对应的子空间的最小点；$\hat{\lambda}_i$ ($i \in \hat{W}$)是 Lagrange 乘子。且 $\hat{\lambda}$ 与 $\hat{x}$ 满足 KKT 条件

$$\boldsymbol{G}x^* + d - \sum_{i \in I(x^*)} \lambda_i^* a^i = 0$$

当不等式约束 $j \notin \hat{W}$ 时，相应的乘子 $\hat{\lambda}_j = 0$，从而 $\hat{x}$ 也满足式(12.24b)、式(12.24c)。

算法 12.1(凸二次规划上的积极约束集方法)

先找一个初始可行点 x^0；设 W_0 是与 x^0 对应的执行集；

for　k=0,1,2,⋯
　求解问题(12.25)，找 d^k
　if　$d^k = 0$
　　计算满足条件(12.28)的 Lagrange 乘子 $\hat{\lambda}_i$
　　令 $\hat{W} = W_k$
　　if　$\hat{\lambda}_i \geqslant 0$　(i=1、2、⋯、l,且 $i \in W_k$)
　　end　$x^* = x^k$
　else
　　令 $j = \arg\min \hat{\lambda}_j$　(j=1、2、⋯、l、且 $j \in W_k$)
　　$x^{k+1} = x^k$，$W_{k+1} \leftarrow W_k \setminus \{j\}$
　else ($d^k \neq 0$)
　　由式(12.27)，求解 α_k
　　$x^{k+1} \leftarrow x^k + \alpha_k d^k$
　　if　存在阻碍约束 i_k
　　　$W_{k+1} \leftarrow W_k \cup \{i_k\}$
　　else
　　　$W_{k+1} \leftarrow W_k$

end(for)

下面我们讨论一下积极约束集方法的几个性质。

定理 12.2 设 $\hat{x}$ 满足下面的等式约束子问题的一阶充分条件，$\hat{x}$ 对应的执行集为 $\tilde{\boldsymbol{W}}$，也即 $\boldsymbol{A}_i^{\mathrm{T}}\hat{x}=b_i$ 且 $\sum_{i\in\hat{W}}\boldsymbol{A}_i\hat{\lambda}_i=g-\boldsymbol{G}\hat{x}+c$，设 $\hat{\boldsymbol{W}}$ 对应的约束函数梯度线性无关，并且存在 $j\in\hat{\boldsymbol{W}}$，使得 $\hat{\lambda}_j<0$，d 是下面子问题的最优解。

$$\min_{d}\quad \frac{1}{2}d^{\mathrm{T}}\boldsymbol{G}d+(\boldsymbol{G}\hat{x}+c)^{\mathrm{T}}d \tag{12.29a}$$

$$\text{s.t.}\quad \boldsymbol{A}_i^{\mathrm{T}}d=0,\ i\in\hat{\boldsymbol{W}},\text{且}\,i\neq j \tag{12.29b}$$

则对第 j 个约束而言，d 是一个可行方向，即 $A_j^{\mathrm{T}}d\geqslant 0$，而且如果 d 满足问题式(12.29)的二阶充分条件，则有 $A_j^{\mathrm{T}}d>0$。d 还是问题(12.1)中目标函数 $f(\cdot)$ 的一个下降方向。

证明：由于 d 是问题(12.29)一阶最优性条件，则存在 Lagrange 乘子 $\hat{\lambda}_i$（$i\in\hat{W}$ 且 $i\neq j$），使得

$$\sum_{i\in\hat{W},i\neq j}\tilde{\lambda}_i\boldsymbol{A}_i=\boldsymbol{G}d+(\boldsymbol{G}\hat{x}+c) \tag{12.30}$$

此外，根据二阶最优性必要条件，如果 $\boldsymbol{Z}$ 是下面矩阵的零空间的基向量，则 $\boldsymbol{Z}^{\mathrm{T}}\boldsymbol{G}\boldsymbol{Z}$ 正半定，其中矩阵为 $[\boldsymbol{A}_i]_{i\in\hat{W},i\neq j}^{\mathrm{T}}$，而且由于 d 包含在矩阵的零空间中，从而存在向量 d_Z，使得 $d=\boldsymbol{Z}d_Z$，则 $d^{\mathrm{T}}\boldsymbol{G}d\geqslant 0$。又因为 $\hat{x}$、$\hat{\lambda}_i$ 满足方程(12.28)，把方程(12.28)代入到式(12.30)中，得

$$\sum_{i\in\hat{W},i\neq j}(\tilde{\lambda}_i-\hat{\lambda}_i)\boldsymbol{A}_i-\hat{\lambda}_j\boldsymbol{A}_j=\boldsymbol{G}d \tag{12.31}$$

在式(12.31)两边左乘 d^{T}，并且注意到 $A_i^{\mathrm{T}}d=0$ ($i\in\hat{W}$且$i\neq j$)，得

$$-\hat{\lambda}_j\boldsymbol{A}_j^{\mathrm{T}}d=d^{\mathrm{T}}\boldsymbol{G}d \tag{12.32}$$

根据假设 $\hat{\lambda}_j<0$ 和刚刚所证明的结果 $d^{\mathrm{T}}\boldsymbol{G}d\geqslant 0$，有 $\boldsymbol{A}_j^{\mathrm{T}}d\geqslant 0$。

如果二阶充分条件满足，则 $\boldsymbol{Z}^{\mathrm{T}}\boldsymbol{G}\boldsymbol{Z}$ 正定，由式(12.32)知，$A_i^{\mathrm{T}}d=0$，当且仅当 $d^{\mathrm{T}}\boldsymbol{G}d=d_Z^{\mathrm{T}}\boldsymbol{Z}^{\mathrm{T}}\boldsymbol{G}\boldsymbol{Z}d_Z=0$ 成立。又由 $\boldsymbol{Z}^{\mathrm{T}}\boldsymbol{G}\boldsymbol{Z}$ 的正定性，$d_Z^{\mathrm{T}}\boldsymbol{Z}^{\mathrm{T}}\boldsymbol{G}\boldsymbol{Z}d_Z=0$ 的充要条件为 $d_Z=0$，此时 $d=\boldsymbol{Z}d_Z=0$，但是当 $d=0$ 时，把 $d=0$ 代入式(12.31)中，再利用 $\hat{\boldsymbol{W}}$ 对应的约束函数梯度的线性无关性，必有 $\hat{\lambda}_j=0$，这与假设 $\hat{\lambda}_j<0$ 矛盾，因而有 $\boldsymbol{A}_j^{\mathrm{T}}d>0$，故只要 d 满足问题(12.29)的二阶充分条件 $d^{\mathrm{T}}\boldsymbol{G}d>0$，就能得到 $\boldsymbol{A}_j^{\mathrm{T}}d>0$。注意要把式(12.30)代入式(12.29)中，目标函数值为 $\frac{1}{2}d^{\mathrm{T}}\boldsymbol{G}d<0$，这说明 d 是问题(12.1)的目标函数 $f(x)$ 的一个下降方向。

下面的定理说明：如果求解问题(12.25)得到的 d^k 不为 0，并且它在当前执行集上又满足二阶最优性条件，则 d^k 就是 $f(\cdot)$ 的一个严格下降方向。

定理 12.3 假设 d^k 是问题式(12.25)的解，$d^k\neq 0$，并且在 d^k 处，式(12.25)的二阶

最优性充分条件成立，则 d^k 是式(12.1)的目标函数 $f(x)$ 的一个严格下降方向。

证明：因为在 d^k 处，式(12.25)的二阶最优性充分条件成立，则 $\boldsymbol{Z}^{\mathrm{T}}\boldsymbol{G}\boldsymbol{Z}$ 正定，其中 $\boldsymbol{Z}$ 的列向量构成式(12.25b)中约束系数矩阵的零空间的一组基，再由定理 12.2 知，d^k 也是问题式(12.25)的唯一全局极小点，注意到 $d=0$ 是问题式(12.25)的一个可行点，所以有

$$\frac{1}{2}(d^k)^{\mathrm{T}}\boldsymbol{G}d^k+(g^k)^{\mathrm{T}}d^k<0 \tag{12.33}$$

又因为 $(d^k)^{\mathrm{T}}\boldsymbol{G}d^k\geqslant 0$，上面的不等式则说明 $(g^k)^{\mathrm{T}}d^k<0$，因而有

$$f(x^k+\alpha_k d^k)=f(x^k)+\alpha(g^k)^{\mathrm{T}}d^k+\frac{1}{2}\alpha^2(d^k)^{\mathrm{T}}\boldsymbol{G}d^k<f(x^k)$$

其中，$\alpha>0$ 且足够小，故 d^k 是问题式(12.1)的目标函数 $f(x)$ 的一个严格下降方向。

下面我们来看一个例子，在这个例子中，我们用下标表示向量的分量，而向量的上标则表示迭代的指标，即 x^k 表示第 k 次迭代。

【例 12.3】 用算法 12.1 求解下面简单的二次规划问题

$$\min\quad f(x)=(x_1-1)^2+(x_2-2.5)^2 \tag{12.34a}$$

$$\text{s.t.}\quad x_1-2x_2+2\geqslant 0 \tag{12.34b}$$

$$-x_1-2x_2+6\geqslant 0 \tag{12.34c}$$

$$-x_1+2x_2+2\geqslant 0 \tag{12.34d}$$

$$x_1\geqslant 0 \tag{12.34e}$$

$$x_2\geqslant 0 \tag{12.34f}$$

解：对于这个二维的问题，初始点的选取比较容易，取 $x^0=(2,\ 0)^{\mathrm{T}}$，执行集为 $W_0=\{3,\ 5\}$。

注意：我们可以选取 $W_0=\{3\}$ 或者 $W_0=\{5\}$ 甚至 $W_0=\varnothing$，不同的选取方式决定了不同的算法过程。

因为 x^0 位于可行域的极点上，(参看图 12.1)，显然 x^0 是目标函数 $f(x)$ 的极小点，也即式(12.25)的解 $d^0=0$，由式(12.28)可以找到 Lagrange 乘子 $\hat{\lambda}_3$、$\hat{\lambda}_5$。把问题中的数据代入式(12.28)，得

$$\begin{pmatrix}-1\\2\end{pmatrix}\hat{\lambda}_3+\begin{pmatrix}0\\1\end{pmatrix}\hat{\lambda}_5=\begin{pmatrix}2\\-5\end{pmatrix}$$

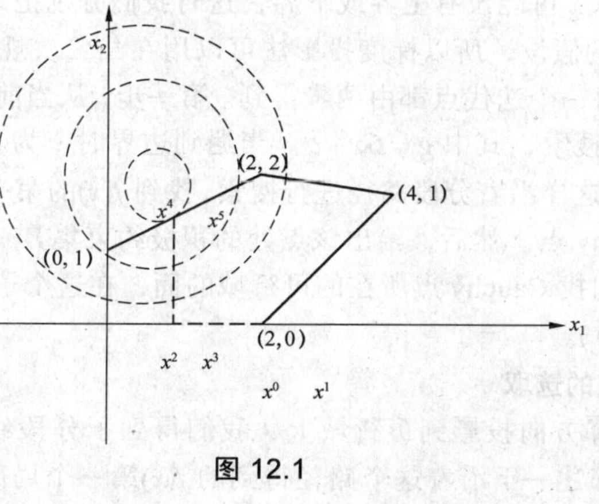

图 12.1

由此解得 $(\hat{\lambda}_3, \hat{\lambda}_5) = (-2, -1)$。因为 $\hat{\lambda}_3 = \min \hat{\lambda}_i$，从执行集中去掉约束 $i_1 = 3$ 后，可以得到新的执行集 $W_1 = \{5\}$，令 $x^1 = x^0$。

第 1 次迭代。求解问题式(12.25)，得最优解 $d^1 = (-1, 0)^{\mathrm{T}}$，由步长计算公式(12.27)得 $\alpha_1 = 1$，则 $x^2 = x^1 + d^1 = (1, 0)^{\mathrm{T}}$，此时没有阻碍约束，执行集保持不变 $W_2 = W_1 = \{5\}$。

第 2 次迭代。求解问题式(12.25)，得最优解 $d^2 = 0$，又由式(12.28)，得 Lagrange 乘子 $\hat{\lambda}_5 = -5$ 而 $\hat{\lambda}_5 = \min \hat{\lambda}_i$，去掉约束 $i_3 = 5$ 后，得执行集 $W_3 = \varnothing$，$x^3 = x^2 = (1, 0)^{\mathrm{T}}$。

第 3 次迭代。求解问题式(12.25)，得最优解 $d^3 = (0, 2.5)^{\mathrm{T}}$。由步长计算公式(12.27)，得 α_3=0.6。则 $x^4 = x^3 + \alpha_3 d^2 = (1, 1.5)^{\mathrm{T}}$，此时阻碍约束 $i_4 = 1$，令新的执行集 $W_4 = \varnothing \cup i_4 = \{1\}$。

第 4 次迭代。求解问题式(12.25)，得最优解 $d^4 = (0.4, 0.2)^{\mathrm{T}}$，由步长计算公式(12.27)得，$\alpha_4$=1。则 $x^5 = x^4 + d^4 = (1.4, 1.7)^{\mathrm{T}}$，此时没有阻碍约束，执行集保持不变 $W_5 = W_4 = \{1\}$。

第 5 次迭代。求解问题式(12.25)，得最优解 $d^5 = 0$。又由式(12.28)得 Lagrange 乘子 $\hat{\lambda}_1 = 1.25 > 0$，此时所有不等式约束对应的 Lagrange 乘子都非负，故算法停止。

所以用积极约束集方法得问题式(12.34)的最优解为 $x^* = x^5 = (1.4, 1.7)^{\mathrm{T}}$。

12.2.2 梯度投影法

前面讨论的积极约束集方法，由于积极约束集和执行集的变化非常慢，所以这个方法用到大规模问题上时需要许多步迭代才能求得问题的最优解。例如，如果初始点 x^0 没有积极约束，而解点有 200 个积极约束，则至少经过 200 步迭代才能找到此解点。梯度投影法则可以克服积极约束集方法的上述缺点。在梯度投影法中，积极约束集的变化是非常快的。当问题中的约束非常简单，特别是仅含有界约束时，梯度投影法是很有效的。

这一部分我们仅考虑下面的仅含有界约束的情形

$$\min_x \quad f(x) = \frac{1}{2} x^{\mathrm{T}} \boldsymbol{G} x + x^{\mathrm{T}} c \tag{12.35a}$$

$$\text{s.t.} \quad l \leqslant x \leqslant u \tag{12.35b}$$

式中：$\boldsymbol{G}$ 是对称矩阵；l 和 u 分别是 x 的上界和下界。凸二次规划的对偶形式就是含有有界约束的优化问题，这也说明了梯度投影法应用很广泛。式(12.35b)定义的可行域由于具有长方体形状，有时 x 可能没有上界或下界，这时我们分别把 l 和 u 定义为 $-\infty$ 与 $+\infty$。因为 $\boldsymbol{G}$ 没有正定性的假设，所以梯度投影法可以用在凸二次规划上。

梯度投影法的每一个迭代点都由两步得到。第一步，从当前点 x 沿着最速下降方向，也就是沿着 $-g$ 方向搜索，其中 $g = \boldsymbol{G}x + c$。当遇到边界时，为了保证迭代点仍在可行域内则改变搜索方向，这样沿着分段路径进行搜索，找到 $f(x)$的第一个局部极小点，记为 x^c。此时，x^c 称为 Cauchy 点。然后，给出该点处的积极约束集 $\boldsymbol{W} = \boldsymbol{I}(x^c)$。第二步，通过求解一个子问题，我们找 Cauchy 点所在的可行域的面，在这个子问题中，x 的第 i 个分量 x_i 的值为 x_i^c（$i \in I(x^c)$）。

12.2.2.1 Cauchy 点的选取

通过把最速下降方向投影到可行域上，我们得到了分段线性路径的一个具体表达式。下面我们就来简述一下沿着这个路径得到的 $f(x)$第一个局部极小点的搜索过程。

任意一个点 x 投影到可行域上有如下定义，下面的式子给出了第 i 个组成部分的表达式

$$p(x,\ l,\ u)_i=\begin{cases}l_i, & x_i<l_i\\ x_i, & l_i\leqslant x_i\leqslant u_i\\ u_i, & x_i>u_i\end{cases} \tag{12.36}$$

分段线性路径

$$x(t)=p(x^0-tg,\ l,\ u) \tag{12.37}$$

其中，$g=\nabla f(x^0)$。下面计算 Cauchy 点 x^c，x^c 是分段二次函数 $f(x(t))$（$t\geqslant 0$）的第一个局部极小点。为了使搜索过程得以进行，我们需要 $x(t)$ 中结点处 t 的值，由下面的式子可以求得沿 $-g$ 方向搜索时的值 $\overline{t}_i$，

$$\overline{t}_i=\begin{cases}(x_i^0-u_i)/g_i, & g_i<0且u_i<+\infty\\ (x_i^0-l_i)/g_i, & g_i>0且l_i>-\infty\\ \infty, & 其他\end{cases}$$

则对任意 t，$x(t)$的分量为

$$x_i(t)=\begin{cases}x_i^0-tg_i, & t\leqslant\overline{t}_i\\ x_i^0-\overline{t}_ig_i, & 其他\end{cases}$$

沿着 $p(x^0-tg,\ l,\ u)$ 为了搜索得到第一个局部极小点，从 $\{\overline{t}_1,\ \overline{t}_2,\ \cdots,\overline{t}_n\}$ 中去掉 0 和重复的数，重新整理，按升序排列，$0<t_1<t_2<t_3\leqslant\cdots$。下面依次检验区间 $[0,\ t_1]$、$[t_1,\ t_2]$、$[t_2,\ t_3]$、$\cdots$，假设对某个 j 已经检验到了 $[t_{j-2},\ t_{j-1}]$，则局部极小点在 $t\geqslant t_{j-1}$ 时取得。对 $[t_{j-1},\ t_j]$ 中第 $(j-1)$ 个分割点与第 j 个分割点，有

$$x(t)=x(t_{j-1})+\Delta td^{j-1}$$

其中，$\Delta t=t-t_{j-1}$（$\Delta t\in[0,\ t_j-t_{j-1}]$）；

$$d^{j-1}=\begin{cases}-g_i, & t_{j-1}<\overline{t}_i\\ 0, & 其他\end{cases} \tag{12.38}$$

这时二次函数(12.35)有如下形式

$$f(x(t))=d^{\mathrm{T}}(x(t_{j-1})-\Delta td^{j-1})+\frac{1}{2}(x(t_{j-1})+\Delta td^{j-1})^{\mathrm{T}}\boldsymbol{G}(x(t_{j-1})+\Delta td^{j-1})$$

其中，$\Delta t\in[0,\ t_j-t_{j-1}]$。

通过整理 1，Δt 和 $(\Delta t)^2$ 的系数为

$$f(x(t))=f_{j-1}+f'_{j-1}\Delta t+\frac{1}{2}f''_{j-1}(\Delta t)^2,\ \ \Delta t\in[0,\ t_j-t_{j-1}] \tag{12.39}$$

其中，系数 f_{j-1}，f'_{j-1}，f''_{j-1} 的定义如下

$$f_{j-1} = d^{\mathrm{T}} x(t_{j-1}) + \frac{1}{2} x(t_{j-1})^{\mathrm{T}} \boldsymbol{G} x(t_{j-1})$$

$$f'_{j-1} = d^{\mathrm{T}} d^{j-1} + x(t_{j-1})^{\mathrm{T}} \boldsymbol{G} d^{j-1}$$

$$f''_{j-1} = (d^{j-1})^{\mathrm{T}} \boldsymbol{G} d^{j-1}$$

对式(12.39)关于 Δt 求导，令求得式子为 0，得 $\Delta t^* = -f'_{j-1} \,/\, f''_{j-1}$，如果 $\Delta t^* \in [0,\ t_j - t_{j-1}]$ 且 $f''_{j-1} > 0$，则我们可以得出结论：在 $t = t_{j-1} + \Delta t^*$ 处有 $f(x(t))$ 的局部极小点。否则当 $f'_{j-1} > 0$ 时，在 $t = t_{j-1}$ 处有 $f(x(t))$ 的局部极小点，一般情况下我们将继续检验下一个区间 $[t_j,\ t_{j+1}]$ 继续搜索。我们需要由式(12.38)计算新的方向 d^j，在把 d^j 代入到 f_{j-1}，f'_{j-1}，f''_{j-1} 的定义式中重新计算 f_{j-1}，f'_{j-1}，f''_{j-1}。

12.2.2.2　子问题的极小化

根据前面的讨论，在获得每一步迭代点的第二步中需要求解一个子问题，其子问题具有如下形式

$$\min_{x} \quad f(x) = \frac{1}{2} x^{\mathrm{T}} \boldsymbol{G} x + x^{\mathrm{T}} c \tag{12.40a}$$

$$\text{s.t.} \quad x_i = x_i^c \tag{12.40b}$$

$$l_i \leqslant x_i \leqslant u_i \tag{12.40c}$$

实际上并不需要精确求解问题式(12.40)，而且求解子问题式(12.40)可能与求解原问题式(12.35)一样困难。在实际操作中，为了得到全局收敛性的结果，我们仅需要使得 $f(x^+) \leqslant f(x^c)$ 成立的近似解 x^+，且 x^+ 满足式(12.40b)、式(12.40c)。

算法 12.2(二次规划上的梯度投影法)

计算初始点 x^0，

for　k=0,1,2,⋯

　　if　x^k 满足式(12.35)的 KKT 条件

　　　　stop　当解 $x^* = x^k$ 时

　　令 $x = x^k$ 并且找 Cauchy 点 x^c；

　　找式(12.46)的满足 $f(x^+) \leqslant f(x^c)$ 的近似解 x^+，其中 x^+ 是可行点

　　$x^{k+1} \leftarrow x^+$

end(for)

12.2.3　内点法

把前面章节介绍的用于求解线性规划的原始–对偶内点法进行简单扩展就可以用来求解凸二次规划问题了。这个方法叙述起来比较简单、比较好用。而且在某些特殊情况很有效。内点法也可以用在非凸二次规划问题上，这里我们不做详细介绍。

为了简单起见，我们仅考虑含有不等式约束的凸二次规划问题，这个问题有如下形式

$$\min_x \quad f(x)=\frac{1}{2}x^{\mathrm{T}}Gx+c^{\mathrm{T}}x \tag{12.41a}$$

$$\text{s.t.} \quad \boldsymbol{A}x \geqslant b \tag{12.41b}$$

其中：$\boldsymbol{G}$ 是对称正半定矩阵。

由于 KKT 条件，如果 x^* 是问题式(12.41)的解点，则存在 Lagrange 乘子 λ^*，使得 $(x, \lambda)=(x^*, \lambda^*)$ 满足下面条件

$$\begin{aligned} \boldsymbol{G}x-\boldsymbol{A}^{\mathrm{T}}\lambda+c=0 \\ \boldsymbol{A}x-b\geqslant 0 \\ (\boldsymbol{A}x-b)_i\lambda_i=0, \quad i=1,2,\cdots,m \\ \lambda\geqslant 0 \end{aligned}$$

引入松弛变量 $y=\boldsymbol{A}x-b$，则上面的条件可以重新写成如下形式

$$\boldsymbol{G}x-\boldsymbol{A}^{\mathrm{T}}\lambda+c=0 \tag{12.42a}$$

$$\boldsymbol{A}x-y-b=0 \tag{12.42b}$$

$$y_i\lambda_i=0, \quad i=1,2,\cdots,m \tag{12.42c}$$

$$(y,\lambda)\geqslant 0 \tag{12.42d}$$

容易看出式(12.42)与线性规划问题的 KKT 条件相似，因为目标函数与可行域都是凸的，因此这里的 KKT 条件也是一个充要条件。故可以通过求解式(12.42)来求解凸规划问题式(12.41)。

第 13 章　约束优化的几种基本方法

求解约束优化的一类重要方法是将原来的约束问题转化为一系列无约束优化子问题。这类方法包括罚函数法、乘子法和对数障碍数等。

13.1　罚函数法

首先，我们考察只包含等式约束的情形

$$\begin{aligned} &\min \quad f(x) \\ &\text{s.t.} \quad h_j(x)=0, \quad j=1,\cdots,m \end{aligned} \tag{13.1}$$

所谓的罚函数法就是将它转化为下面的无约束优化问题

$$\min \quad P(x,\mu)=f(x)+\frac{1}{2\mu}\sum_{j=1}^{m}h_j^{\ 2}(x) \tag{13.2}$$

其中，$\mu>0$ 称为罚因子。从直觉上讲，我们可以选取一个严格递减且趋于 0 的正数列$\{\mu_k\}$，并通过求解 $\min\ P(x,\mu_k)$ 来得到 x^k。这样，问题式(13.1)解的信息可以从序列$\{x^k\}$中读出。

【例 13.1】　求解下面的仅包含等式约束的优化问题

$$\begin{aligned} &\min \quad x_1+x_2 \\ &\text{s.t.} \quad x_1-x_2^2=0 \end{aligned}$$

解：相应的罚函数为

$$P(x,\mu)=x_1+x_2+\frac{1}{2\mu}(x_1-x_2^2)^2$$

解方程

$$\nabla_x P(x,\mu)=0$$

可得

$$x_\mu=\begin{pmatrix}\frac{1}{4}-\mu \\ -\frac{1}{2}\end{pmatrix}$$

令 $\mu\to 0^+$，则

$$x_\mu\to x^*=\begin{pmatrix}\frac{1}{4} \\ -\frac{1}{2}\end{pmatrix}$$

可以直接验证：x^*就是原问题的极小点，对应的目标函数值为 $-\frac{1}{4}$。

13.1.1 一般的约束优化问题

$$\min \quad f(x) \tag{13.3}$$
$$\text{s.t.} \quad g_i(x) \geqslant 0, \ i=1,\cdots,l \tag{13.4}$$
$$h_j(x)=0, \ j=1,\cdots,l \tag{13.5}$$

其相应的罚函数为

$$P(x,\mu)=f(x)+\frac{1}{2\mu}\sum_{i=1}^{l}(\max\{0,-g_i(x)\})^2+\frac{1}{2\mu}\sum_{j=1}^{m}h_j^2(x)$$

在此情况下，$P(x,\mu)$的光滑程度与目标函数、约束函数相比，往往会变得差一点。

算法 13.1(罚函数法)

给出初始数据 $\mu_0>0$, $\tau_0>0$, x_s^0, $k:=0$;

for　k=0,1,2,…

　以 x_s^k 为初始点，找出 $P(x,\mu_k)$的近似极小点 x^k，并且

　当$\|\nabla P(x,\mu_k)\|\leqslant\tau_k$ 时停止

　if　x^k满足某个检验准则

　　stop　x^k即为原问题的一个近似解；

　选取新的罚因子 $\mu_{k+1}\in(0,\mu_k)$；

　选取新的初始点 x_s^{k+1};

end(for)。

从理论上讲，罚因子序列$\{\mu_k\}$的选取具有很大随意性，只要它是一个严格递减且趋于 0 的正数序列即可。然而，从数值计算的角度分析，最好采用下面的自适应方式进行选取。如果 $P(x, \mu_k)$的极小点能够比较容易地计算出来，我们可以选取μ_{k+1}=0.1μ_k；如果 $P(x, \mu_k)$的极小点计算起来比较困难的话，我们可以选取μ_{k+1}=0.8μ_k。

至于序列$\{\tau_k\}$的选取，我们仅要求它严格递减趋于 0。

这样一来，对于仅含等式约束的光滑优化问题来说，执行罚函数法似乎不会产生太多的困难，因为人们可以利用无约束优化方法来求解相应的子问题。然而，实际情况远非如此。当μ_k 变小时，$\nabla_{xx}^2\boldsymbol{Q}(x,\mu_k)$就变成一个坏条件的矩阵。在这种情况下，求解相应的线性方程组来确定 Newton 方向等往往会陷入数值上的困难。

13.1.2 罚函数法的收敛性

以下两个定理给出了算法 13.1 的一些收敛性质。

定理 13.1　假设 x^k是 $P(x,\mu_k)$的精确的极小点，并且 $\mu_k\downarrow 0$，那么序列$\{x^k\}$的每一个聚点都是问题式(13.1)的解。

证明：设 $\overline{x}$ 是问题式(13.1)的全局最优解，即对于所有满足 $h_j(x)$=0(j=1,…,m)的 x，有

$$f(\overline{x})\leqslant f(x)$$

因为 x^k 极小化 $P(x, \mu_k)$，有 $P(x^k, \mu_k)\leqslant P(\overline{x},\mu_k)$，因此

$$f(x^k)+\frac{1}{2\mu_k}\sum_{j=1}^{m}h_j^2(x^k)\leqslant f(\bar{x})+\frac{1}{2\mu_k}\sum_{j=1}^{m}h_j^2(\bar{x})=f(\bar{x}) \tag{13.6}$$

所以

$$\sum_{j=1}^{m}h_j^2(x^k)\leqslant 2\mu_k\left[f(\bar{x})-f(x^k)\right] \tag{13.7}$$

设 x^*是$\{x^k\}$的一个聚点，所以存在有限子列 K，使得

$$\lim_{k\in K}x^k=x^*$$

在式(13.7)两端，令 $k\to\infty,\ k\in K$，有

$$\sum_{j=1}^{m}h_j^2(x^*)=\lim_{k\in K}\sum_{j=1}^{m}h_j^2(x^*)\leqslant\lim_{k\in K}\ 2\mu_k[f(\bar{x})-f(x^k)]=0$$

其中，最后一个等号是由于 $\mu_k\downarrow 0$。因此，我们有 $h_j(x^*)=0(j=1,\cdots,m)$，从而 x^*是可行解。进一步，在式(13.6)中令 $k\to\infty$、$k\in K$，则有

$$f(x^*)\leqslant f(x^*)+\lim_{k\in K}\frac{1}{2\mu_k}\sum_{j=1}^{m}h_j^2(x^k)\leqslant f(\bar{x})$$

因为 x^*是一个可行点，并且 x^*的目标函数值不大于全局最小点 $\bar{x}$ 的目标函数值，所以 x^*也是一个全局最小点。

下面的定理给出了在不精确极小化 $P(x,\mu_k)$时，序列$\{x^k\}$的收敛性。同时，该定理也证明了$\{x^k\}$和 KKT 点有关，和全局最小点无关。

定理 13.2　令算法 13.1 中的τ_k满足

$$\lim_{k\to\infty}\tau_k=0$$

并且罚因子满足 $\mu_k\downarrow 0$。如果$\{x^k\}$的极限点 x^*满足 $\nabla h_j(x^*)$ 线性无关，则 x^*是问题式(13.1)的 KKT 点。对于 x^*，存在无穷子集 K，使得 $\lim_{k\in K}x^k=x^*$ 并且

$$\lim_{k\in K}-h_j(x^k)\ /\ \mu_k=\lambda_j^*,\quad j=1,\cdots,m \tag{13.8}$$

其中，λ^* 是满足 KKT 条件的乘子向量。

证明：对由问题式(13.1)定义的 $P(x,\mu_k)$求导，则有

$$\nabla_x P(x^k,\mu_k)=\nabla f(x^k)+\sum_{j=1}^{m}\frac{h_j(x^k)}{\mu_k}\nabla h_j(x^k) \tag{13.9}$$

对问题式(13.1)应用停止准则，有

$$\|\nabla f(x^k)+\sum_{j=1}^{m}\frac{h_j(x^k)}{\mu_k}\nabla h_j(x^k)\|\leqslant\tau_k \tag{13.10}$$

因此

$$\|\sum_{j=1}^{m}h_j(x^k)\nabla h_j(x^k)\|\leqslant\mu_k[\tau_k+\|\nabla f(x^k)\|] \tag{13.11}$$

当 $k\to\infty$、$k\in K$ 时，$\{\|\nabla f(x^k)\|\}$ 的极限趋于$\|\nabla f(x^*)\|$，又由于 $\mu_k\downarrow 0$，所以式(13.11)右端项趋于 0。所以

$$\sum_{j=1}^{m} h_j(x^*)\nabla h_j(x^*) = 0 \tag{13.12}$$

由于 $\nabla h_j(x^*)$ 是线性无关的，我们有 $h_j(x^*)=0\,(j=1,\cdots,m)$，所以 x^*是可行解。

因为 x^*是可行解，所以 KKT 条件的第二个条件成立。下面我们验证第一个条件，并且证明式(13.8)成立。

令 $\boldsymbol{A}(x)$表示约束梯度构成的矩阵，即

$$\boldsymbol{A}(x)^{\mathrm{T}} = [\nabla h_j(x)]_{j=1,\cdots,m} \tag{13.13}$$

并且令 λ_k 表示向量 $-h(x^k)\ /\ \mu_k$，则有

$$\boldsymbol{A}(x^k)^{\mathrm{T}}\lambda_k = \nabla f(x^k) - \nabla_x P(x^k,\mu),\quad \|\nabla_x P(x^k,\mu)\| \leqslant \tau_k \tag{13.14}$$

对于充分大的 $k(k\in K)$，矩阵 $A(x^k)$ 是列满秩的，所以 $\boldsymbol{A}(x^k)\boldsymbol{A}(x^k)^{\mathrm{T}}$ 是非奇异的。将式(13.14)乘以 $A(x^k)$，有

$$\lambda_k = [\boldsymbol{A}(x^k)\boldsymbol{A}(x^k)^{\mathrm{T}}]^{-1}\boldsymbol{A}(x^k)\ [\nabla f(x^k) - \nabla_x P(x^k,\mu)]$$

令 $k\to\infty$、$k\in K$，则有

$$\lim_{k\in K}\lambda_k = \lambda^* = \left[\boldsymbol{A}(x^*)\boldsymbol{A}(x^*)^{\mathrm{T}}\right]^{-1} A(x^*)\ \nabla f(x^*)$$

在式(13.10)中取极限，有

$$\nabla f(x^*) - \boldsymbol{A}(x^*)^{\mathrm{T}}\lambda^* = 0$$

所以λ^*满足 KKT 条件中的第一个条件，因此 x^*是一个 KKT 点，并且相应的 Lagrange 乘子向量λ^*是唯一的。

当约束梯度线性无关时，我们不能由式(13.12)得到 $h_j(x^*)=0$，所以 x^*可能不是可行点。因为 KKT 条件要求约束梯度是线性无关的，所以即使 x^*是可行的，并且λ^*存在且 KKT 条件成立，x^*仍然可能不是相应问题的解。当 x^*不可行时，由式(13.12)可知，x^*至少是函数$\|h(x)\|^2$ 的一个驻点。Newton 型算法也可以归结于这种类型的不可行解。该算法不能保证产生一个解，仅能保证产生一个驻点或者势函数的一个极小点。

我们通过考察坏条件下的 Hesse 阵的性质来结束本节。Hesse 阵定义为

$$\nabla_{xx}^2 P(x,\mu_k) = \nabla^2 f(x) + \sum_{j=1}^{m}\frac{h_j(x)}{\mu_k}\nabla^2 h_j(x) + \frac{1}{\mu_k}\boldsymbol{A}(x)^{\mathrm{T}}\boldsymbol{A}(x) \tag{13.15}$$

其中，$\boldsymbol{A}(x)$的定义如式(13.13)。当 x 接近 $P(x,\mu_k)$ 的极小点并且定理 13.2 的条件成立时，由式(13.8)可知，式(13.15)的右端的前两项约等于 Lagrange 函数的 Hesse 阵。特别的，当 x 接近于 $Q(x,\mu_k)$ 的极小点时，有

$$\nabla_{xx}^2 P(x,\mu_k) \approx \nabla_{xx}^2 L(x,\lambda^*) + \frac{1}{\mu_k}A(x)^{\mathrm{T}}A(x) \tag{13.16}$$

由这个表达式可以看出，当 $\mu_k\to 0$ 时，$\nabla_{xx}^2 P(x,\mu_k)$ 的性态变得越来越坏。

当 Hesse 阵 $\nabla_{xx}^2 P(x,\mu_k)$ 为坏条件时，$Q(x,\mu_k)$ 的 Newton 步长可能是不精确的，其中 Newton 步长由求解下面的方程组得到

$$\nabla_{xx}^2 P(x,\mu)\ d = -\nabla_x P(x,\mu) \tag{13.17}$$

在任何情况下，我们都可以利用其他公式代换式(13.17)，避免坏条件的发生。通过引入向量ζ并且利用式(13.15)，我们可以看到式(13.17)等价于下面的方程组

$$\begin{bmatrix} \nabla^2 f(x) + \sum_{j=1}^{m} \frac{h_j(x)}{\mu_k} \nabla^2 h_j(x) & \boldsymbol{A}(x)^{\mathrm{T}} \\ \boldsymbol{A}(x) & -\mu_k \boldsymbol{I} \end{bmatrix} \begin{bmatrix} d \\ \zeta \end{bmatrix} = \begin{bmatrix} -\nabla_x P(x,\mu) \\ 0 \end{bmatrix} \tag{13.18}$$

即向量 d 是它们的公共解。

13.2 对数障碍法

13.2.1 对数障碍法的性质

首先，我们给出不等式约束优化问题的障碍函数的概念。已知下面的问题

$$\min \quad f(x) \tag{13.19a}$$

$$\text{s.t.} \quad g_i(x) \geqslant 0, \quad i = 1,\cdots,l \tag{13.19b}$$

严格可行域定义为

$$F = \{x \in R^n : g_i(x) > 0, i = 1,\cdots,l\} \tag{13.20}$$

假设 F 非空，该问题的障碍函数满足：

(1)除在 F 中，它们是处处无界的；

(2)在 F 中，它们是光滑的；

(3)当 x 接近 F 的边界时，它们的值趋于 ∞。

最重要的障碍函数是对数障碍函数。对于约束集 $g_i(x) \geqslant 0 (i = 1,\cdots,l)$，对数障碍函数具有如下形式

$$-\sum_{i=1}^{l} \ln g_i(x) \tag{13.21}$$

其中，ln(·)表示自然对数。对于不等式约束优化问题式(13.19)，目标函数与障碍函数的复合函数定义为

$$B(x,\mu) = f(x) - \mu \sum_{i=1}^{l} \ln g_i(x) \tag{13.22}$$

其中，μ称为障碍因子。从现在开始，我们把 $B(x,\ \mu)$称为式(13.19)的对数障碍函数。在一定条件下，当 $\mu \downarrow 0$ 时，我们可以证明 $B(x,\ \mu)$的极小点趋近于式(13.19)的解。

【例 13.2】 考虑下面的单变量问题

$$\min \quad x \tag{13.23}$$

$$\text{s.t.} \quad x \geqslant 0, 1 - x \geqslant 0 \tag{13.24}$$

解：相应的对数障碍函数为

$$B(x,\mu)=x-\mu\ln x-\mu\ln(1-x)$$

解方程

$$\nabla_x B(x,\mu)=1-\frac{\mu}{x}+\frac{\mu}{1-x}=0$$

可得

$$x=\frac{1+2\mu-\sqrt{4\mu^2+1}}{2} \quad 或 \quad x=\frac{1+2\mu+\sqrt{4\mu^2+1}}{2}$$

考虑到$1-x\geqslant 0$，取

$$x=\frac{1+2\mu-\sqrt{4\mu^2+1}}{2}$$

令 $\mu\to 0$，有

$$x\to x^*=0$$

容易验证 $x^*=0$ 就是原问题的极小点。

因为 $B(x,\mu)$的极小点 $x(\mu)$在严格可行集 F^0 内(其中，没有约束是积极的)，原则上，可以通过相应的无约束极小化算法寻找极小点(这些方法需要做微小的修正以保持迭代点在 F^0 内)。然而，随着 $\mu\downarrow 0$，极小点 $x(\mu)$越来越难找到。函数 $B(x,\mu)$的尺度化越来越弱，并且二次 Taylor 近似不足以描述函数 $B(x,\mu)$的变化，除非它在 $x(\mu)$的较小邻域内。

为了进一步了解弱尺度化问题，我们观察 $B(x,\mu)$的梯度和它的 Hesse 阵的结构，有

$$\nabla_x B(x,\mu)=\nabla f(x)-\sum_{i=1}^{l}\frac{\mu}{g_i(x)}\nabla g_i(x) \tag{13.25}$$

$$\nabla_{xx}^2 B(x,\mu)=\nabla^2 f(x)-\sum_{i=1}^{l}\frac{\mu}{g_i(x)}\nabla^2 g_i(x)+\sum_{i=1}^{l}\frac{\mu}{g_i^2(x)}\nabla g_i(x)\nabla g_i(x)^{\mathrm{T}} \tag{13.26}$$

其中，x 接近极小点 $x(\mu)$，并且μ很小，由定理 13.4 和式(13.32)，则最优 Lagrange 乘子 $\lambda_i^*\ \ (i=1,\cdots,l)$，可由下式给出

$$\lambda_i^*\approx\mu/g_i(x)\quad(i=1,\cdots,l)$$

将上式代入式(13.26)，并由 Lagrange 函数 $L(x,\lambda)$的定义，可得

$$\nabla_{xx}^2 B(x,\mu)\approx\nabla_{xx}^2 L(x,\lambda^*)+\sum_{i=1}^{l}\frac{1}{\mu}(\lambda_i^*)^2\nabla g_i(x)\nabla g_i(x)^{\mathrm{T}} \tag{13.27}$$

注意：这个表达式与罚函数(13.16)的 Hesse 阵的相似之处。将式(13.27)的特征值做相似的分析。如果 t 个不等式约束在 x^*处是积极的，并且如果我们假设线性无关约束规格(LICQ)在极小点 $x(\mu)$处成立，那么 $\nabla_{xx}^2 B(x,\mu)$ 的特征值中的 t 个是与 $1/\mu$同阶的，而剩余 $n-t$ 个是与 1 同阶的。除了特殊情形 $t=0$ 和 $t=n$ 外，矩阵 $\nabla_{xx}^2 B(x,\mu)$ 随着μ接近于 0，在极小点 $x(\mu)$附近条件越来越坏。

与罚函数中的情形相似，$B(x,\mu)$ 的 Hesse 阵的性质可能导致更难解的 Newton 方程

$$\nabla_{xx}^2 B(x,\mu)\ d=-\nabla_x B(x,\mu) \tag{13.28}$$

然而，我们往往可以将它转化为类似于式(13.28)的形式，然后加以讨论。

13.2.2 基于对数障碍函数的算法

基于对数障碍函数的算法旨在识别 $B(x,\mu)$的近似极小点，对μ值减小的序列。它的一般算法与罚函数法(算法 13.1)非常相似。

算法 13.2(对数–障碍法)

给定 $\mu_0 > 0$,容许误差 $\tau_0 > 0$，以及初始点 x_s^0；

for　k=0,1,2,⋯

　找 $B(\cdot,\mu_k)$ 的一个近似点 x^k，从 x_s^k 出发，当$\|\nabla B(x,\mu_k)\| \leqslant \tau_k$ 时停止；

　if 最终的收敛测试成立

　　stop 输出近似解 x^k;

　选择新的障碍因子 $\mu_{k+1} \in (0,\mu_k)$；

　选择新的初始点 x_s^{k+1}；

end(for)

如上所述，对于较小的μ，$\nabla_{xx}^2 B(x,\mu)$ 的坏条件使得 Newton 法成为在这个算法的每步迭代时找近似极小点 x^k 的唯一有效技巧。由于二次 Taylor 展开式的逼近未必好，从而导致应用 Newton 法时面临着困难，但各种各样的技巧可以用来确保 Newton 法几步之内就能进入 $B(x,\mu_k)$ 的收敛区域内，从而后面的迭代很快收敛到 $x(\mu_k)$。这些技巧包括：

(1)使用一个技巧改变 Newton 法来保证全局收敛，例如线搜索法和信赖域法。它们保证迭代点仍在 $B(x,\mu)$的区域内，即严格可行域 F^0，并且它们也应该考虑对数障碍函数的特征；

(2)极小化 $B(x,\mu_k)$ 的一个好的初始点可以通过下述方法得到，沿着由先前的近似极小点 x^{k-1}、x^{k-2} 定义的路径；另外，我们可以计算在点 x^{k-1} 处的路径 $\{x(\mu) \mid \mu > 0\}$ 的近似切向量，通过对 $\nabla_x B(x,\mu)$ 关于μ做全微分，得到

$$\nabla_{xx}^2 B(x,\mu)\dot{x} + \frac{\partial}{\partial \mu}\nabla_x B(x,\mu) = 0$$

通过具体计算第二项，可得

$$\nabla_{xx}^2 B(x,\mu)\dot{x} - \sum_{i=1}^{l} \frac{1}{g_i(x)} \nabla g_i(x) = 0 \tag{13.29}$$

将 $x = x^{k-1}$，$\mu = \mu^{k-1}$ 代入这个表达式,可得近似切向量 $\dot{x}$，那么我们可以利用 $\dot{x}$ 得到算法 13.2 的第 k 步的初始点 x_s^k，为

$$x_s^k = x^{k-1} + (\mu_k - \mu_{k-1})\dot{x} \tag{13.30}$$

在每步迭代时，选择新的障碍因子 μ_{k+1} 的各种试探法已经给出。如果 $B(x,\mu_k)$ 的极小化问题不难解出，并且如果好的初始点 x_s^{k+1} 容易给出，μ_{k+1} 通常选作 $\mu_{k+1} = 0.2\mu_k$ 或 $\mu_{k+1} = 0.1\mu_k$。

尽管有效地执行对数障碍法存在困难，但是由于它们与原始–对偶内点法有联系，近些年来，很多人对之较感兴趣。原始–对偶内点法对于大规模线性规划问题和凸二次规划问题执行效果相当好。在后面我们说明它们的联系。

13.2.3 对数障碍函数和算法 13.2 的性质

现在，我们来描述对数障碍函数 $\boldsymbol{B}(x,\mu)$的一些主要性质，并且描述与算法 13.2 有关的一个基本收敛结果。

我们通过陈述关于凸规划问题的一个不加证明的定理开始。在这个结果中，我们使用下述记号。

S 是式(13.19)的解集；

f^*是目标函数 f 的最优值。

定理 13.3 **假设式(13.19)中的 f 和 $-g_i$ $(i=1,2,\cdots,l)$ 是凸函数，并且由式(13.20)定义的严格可行区域 F^0 非空。设$\{m_k\}$是一个满足 $\mu_k \downarrow 0$ 的下降序列，并且假设解集 S 非空有界。那么下面结论成立。**

(1) $\forall \mu > 0$, $B(x,\mu)$ 在 F^0 内是凸的，并且在 F^0 上达到极小点 $x(\mu)$(不一定唯一)。任意一个局部极小点 $x(\mu)$也是 $B(x,\mu)$ 的一个全局极小点。

(2)任意一个极小点序列 $\{x(\mu_k)\}$ 有一个收敛的子列，这类序列的所有可能的极限点在 S 内。

(3)对于极小点序列 $\{x(\mu_k)\}$，总有 $f(x(\mu_k)) \to f^*$ 且 $B(x(\mu_k),\mu_k) \to f^*$。

注意： 若 S 是空集(考虑 $\min x$, s.t. $-x \geqslant 0$)或 S 是无界的(考虑 $\min x_1$, s.t. $x_1 \geqslant 0$)，在这些情形下，定理的结论一般不成立。

对于一般不等式约束问题式(13.19)，相应的结果是局部的。给定问题的一个“好性质的”局部解点 x^*，对数障碍函数 $B(x,\mu)$对于所有充分小的值μ，有一个接近 x^*的局部极小点。然而，当严格可行域 F^0 无界时，障碍函数 $B(x,\mu)$可能无下界。

$B(x,\mu)$的极小点和满足优化问题式(13.19)的 KKT 条件的点(x,λ)之间有一个重要的关系。在极小点 $x(\mu)$处，$B(x,\mu)$的关于 $\boldsymbol{x}$ 的梯度是 0，即

$$\nabla_x B(x(\mu),\mu) = \nabla f(x(\mu)) - \sum_{i=1}^{l} \frac{\mu}{g_i(x(\mu))} \nabla g_i(x(\mu)) = 0 \tag{13.31}$$

如果我们由下式定义一个 Lagrange 乘子估计，

$$\lambda_i(\mu) = \frac{\mu}{g_i(x(\mu))}, \quad i=1,2,\cdots,l \tag{13.32}$$

式(13.31)可写为

$$\nabla f(x(\mu)) - \sum_{i=1}^{l} \lambda_i(\mu) \nabla g_i(x(\mu)) = 0 \tag{13.33}$$

这个条件与问题式(13.19)的 KKT 条件的第一个 $\nabla_x L(x,\lambda)=0$ 相同，其中 Lagrange 函数 L 由下式给出

$$L(x,\lambda) = f(x) - \sum_{i=1}^{l} \lambda_i g_i(x) \tag{13.34}$$

我们考虑不等式约束问题式(13.19)的其他 KKT 条件，有

$$g_i(x) \geqslant 0, \quad i=1,2,\cdots,l \tag{13.35a}$$

$$\lambda_i(x) \geqslant 0, \quad i=1,2,\cdots,l \tag{13.35b}$$

$$\lambda_i g_i(x) \geqslant 0,\ i=1,2,\cdots,l \tag{13.35c}$$

由 $x=x(\mu)$, $\lambda=\lambda(\mu)$ 可知非负条件式(13.35a)和式(13.35b)显然成立；事实上，$g_i(x(\mu))$ (i=1,2⋯,l)和 $\lambda_i(\mu)$ ($i=1,2,\cdots,l$)都严格大于 0。这时 KKT 条件中只有互补性条件式(13.35c)不满足。由定义式(13.32)，有

$$\lambda_i(\mu)\mathrm{g_i}(x(\mu))=\mu,\ i=1,2,\cdots,l \tag{13.36}$$

其中，μ>0。

由上述观察可知，随着 $\mu\downarrow 0$, $B(x,\mu)$ 的极小点 (x,μ) 和它的相关的 Lagrange 乘子估值 $\lambda(\mu)$ 将越来越满足式(13.19)的 KKT 条件。事实上，如果某些额外的假设在式(13.19)的解点 x^*处满足,我们可以证明 $(x(\mu),\lambda(\mu))$ 随着 $\mu\downarrow 0$，接近原始、对偶的最优解 (x^*,λ^*) 。

定理 13.4　设可行域内点集 F^0 非空，x^*是问题(13.19)的一个局部极小点，且存在 λ^* 使得 KKT 条件成立。若在点 x^*处，假设线性无关约束规格(LICQ)，严格互补条件，以及二阶最优性条件都成立，则有以下结论成立

(1)存在唯一连续可微的向量函数 $x(\mu)$，当μ充分小时，$x(\mu)$是 $p(x,\mu)$的一个局部最优解，且满足

$$\lim_{\mu\downarrow 0} x(\mu)=x^* \tag{13.37}$$

(2)对于(1)中的局部极小点 $x(\mu)$，若定义 Lagrange 乘子估计量 $\lambda_i(\mu)=\mu\ /\ g_i(x(\mu))$ $(i=1,2,\cdots,l)$，且满足

$$\lim_{\mu\to 0}\lambda(\mu)=\lambda^*$$

(3)对于充分小的 $\mu>0$，Hesse 阵 $\nabla^2_{xx}P(x,\mu)$ 是正定的。

此定理的证明，可以参考 Fiacco 和 McCormick 的专著。

轨道 C_p 定义为

$$C_p=\{x(\mu)\mid \mu>0\}$$

其中，C_p 一般称为中心路径(有时也称为原始中心路径，区别于下面将要讨论的原始–对偶中心路径 C_{pd})。

目前为止，我们仅仅讨论了在可行域内点集 F^0 非空条件下的不等式约束优化问题。下面，我们将讨论对数障碍法在一般非线性约束优化问题上的应用。此问题定义如下

$$\begin{aligned} \min\quad & f(x) \\ \text{s.t.}\quad & \mathrm{g_i}(x)\geqslant 0,\ i=1,\cdots,l \\ & h_\mathrm{j}(x)=0,\ j=1,\cdots,m \end{aligned} \tag{13.38}$$

我们不能简单地把等式约束 $h_\mathrm{j}(x)=0$ 改写成两个不等式约束 $h_\mathrm{j}(x)\geqslant 0$ 和 $-h_\mathrm{j}(x)\geqslant 0$，同时满足两个严格不等式的 x 是不存在的。换而言之，此时可行域内点集 F^0 为空集。

处理等式约束优化问题的一个重要方法就是罚函数法。如果我们令罚函数系数为 $\frac{1}{\mu}$(其中，μ是罚因子)。对于一般形式的约束优化问题式(13.38)，我们可以将罚函数和对数障碍函数结合考虑，可以考虑如下形式的混合罚函数

$$H(x,\mu)=f(x)-\mu\sum_{i=1}^{l}\ln g_i(x)+\frac{1}{2\mu}\sum_{j=1}^{m}h_j^2(x) \tag{13.39}$$

此函数同时具有对数障碍函数和罚函数的一些性质。算法设计的结构也类似于算法 13.1 和算法 13.2。此时需要考虑下列问题：当μ趋于 0 时，算法得到的近似解就是最优解 x^*；μ充分小时，Hesse 阵 $\nabla_{xx}^2 H(x,\mu)$ 可能是病态的；要选择合适的初始点进行迭代。

如果我们引入了松弛变量 $s_i(i=1,\cdots,l)$，将得到式(13.38)的一个等式约束优化问题

$$\min \quad f(x) \tag{13.40a}$$

$$\text{s.t.} \quad h_j(x)=0, \quad j=1,\cdots,m \tag{13.40b}$$

$$g_i(x)-s_i=0, \quad i=1,\cdots,l \tag{13.40c}$$

$$s_i \geqslant 0, \quad i=1,\cdots,l \tag{13.40d}$$

此问题的混合罚函数为

$$H(x,\mu)=f(x)-\mu\sum_{i=1}^{l}\ln s_i+\frac{1}{2\mu}\sum_{j=1}^{m}h_j^2(x)+\frac{1}{2\mu}\sum_{i=1}^{m}(g_i(x)-s_i)^2$$

此时，任意(x,s)(其中，$s>0$)都可以作为相应算法的初始点。

13.2.4　与原始–对偶法的关系

通过对对数障碍法做进一步的改进，我们可以得到著名的原始–对偶内点法，自从 1984 年此方法提出之后，一直都是研究的热点。在原始–对偶内点法中，Lagrange 乘子在计算中是与自变量相互独立的。类似于对数障碍法，我们需寻找满足条件式(13.33)、式(13,35a)、式(13.35b)和条件式(13.36)的对偶算子对 $(x(\mu),\lambda(\mu))$。

我们只讨论不等式约束下的原始–对偶法，等式约束下的问题比较简单，在此就不做讨论。若引入松弛变量 $s_i\ (i=1,\cdots,l)$，则问题(13.19)的 KKT 条件可以写成如下形式

$$\nabla f(x)-\sum_{i=1}^{l}\lambda_i\nabla g_i(x)=0 \tag{13.41a}$$

$$g(x)-s=0 \tag{13.41b}$$

$$\lambda_i\ s_i=\mu \tag{13.41c}$$

$$(\lambda,s)\geqslant 0 \tag{13.41d}$$

其中，$g_i(x)$、λ_i、$s_i(i=1, \cdots, l)$，分别为 $g(x)$、λ、s 的分量。如上所述，$(x(\mu),\lambda(\mu))$ 由式(13.31)和式(13.32)所定义。我们定义原始–对偶中心路径 C_{pd} 在原始自变量 x 的集合上的投影就是原始中心路径 C_p。

上面 KKT 条件中的式(13.41d)起着重要作用。满足式(13.41)前 3 个式子的原始–对偶点 (x,λ,s)，若不满足式(13.41d)时，可能就不是式(13.19)的解。因此，许多原始–对偶内点法就要求 λ 和 s 严格大于零。原始–对偶算法一般要运用修正 Newton 法来求解由式(13.41a)、式(13.41b)和式(13.41c)所组成的非线性方程系统。

为了应用修正 Newton 法，我们把条件(13.41)的前 3 个条件写成一个向量函数 F_μ 的形式，即

$$F_\mu(x,\lambda,s)=\begin{bmatrix}\nabla f(x)-\boldsymbol{A}(x)^{\mathrm T}\lambda\\ g(x)-s\\ DSe-\mu e\end{bmatrix} \tag{13.42}$$

其中，$\boldsymbol{D}$ 和 s 都是对角阵，其对角元素分别为 $\lambda_i\ (i=1,\cdots,l)$和 $s_i(i=1,\cdots,l)$。$e=(1,\cdots,1)$ 及 $\boldsymbol{A}(x)^{\mathrm T}=[\nabla g_i(x)]_i\ (i=1,\cdots,l)$。则关于 $\boldsymbol{F}_\mu(x,\lambda,s)$ 的修正 Newton 方程一般具有如下形式

$$\boldsymbol{DF}_\mu(x,\lambda,s)\begin{bmatrix}\Delta x\\ \Delta\lambda\\ \Delta s\end{bmatrix}=-\boldsymbol{F}_\mu(x,\lambda,s)+\begin{bmatrix}0\\0\\r_{\lambda s}\end{bmatrix}$$

将此式代入式(13.42)，可得

$$\begin{bmatrix}\nabla_{xx}^2 L(x,\lambda) & -\boldsymbol{A}(x)^{\mathrm T} & 0\\ \boldsymbol{A}(x) & 0 & -I\\ 0 & \boldsymbol{S} & \lambda\end{bmatrix}\begin{bmatrix}\Delta x\\ \Delta\lambda\\ \Delta s\end{bmatrix}=\begin{bmatrix}-\nabla f(x)+A(x)^{\mathrm T}\lambda\\ -g(x)+s\\ -\boldsymbol{DS}e+\mu e+r_{\lambda s}\end{bmatrix} \tag{13.43}$$

其中，$r_{\lambda s}$ 为修正项，可以由实际应用的需要来选择合适的 $r_{\lambda s}$ (可以参考线性规划中修正项的讨论)。

13.3 精确罚函数

我们知道罚函数和对数障碍函数都不是精确罚函数。并且在利用罚函数和对数障碍函数时，为了获得较好的近似最优解，通常不得不迫使罚因子和障碍因子逐渐地趋于 0，这样会造成计算上的困难。下面，我们给出精确罚函数的定义。即，形如

$$\phi_1(x,\mu)=f(x)+\frac{1}{\mu}\sum_{j=1}^{m}|h_j(x)|+\frac{1}{\mu}\sum_{j=1}^{m}\max\{-g_i(x),0\} \tag{13.44}$$

的罚函数即为精确罚函数。当障碍因子 μ 小于某一个正数时，极小化该罚函数就可以得到原来优化问题的最优解。但是，使用 $\phi_1(x,\mu)$ 也有一些困难，因为精确罚函数一般是非光滑的，这样就有可能造成数值计算方面的一些问题，而且它会产生令人不满的 Maratos 效应。

13.4 增广的 Lagrange 乘子法

为了减少罚函数以及障碍函数在求解约束优化问题时产生的病态问题，我们介绍一种新的求解约束优化问题的方法——增广的 Lagrange 乘子法。

我们首先考虑式(13.1)的等式约束优化问题，罚函数 $P(x,\mu)$ 中罚因子为 $\dfrac{1}{2\mu}$。由式(13.2)可知，近似最小值 x^k 处的 $P(x,\mu_k)$ 并不一定满足可行条件 $h_j(x)=0(j=1,\cdots,m)$。可能有微小的扰动。且满足

$$h_j(x^k)=-\mu_k\lambda_j^*,\quad \forall j=1,\cdots,m \tag{13.45}$$

对于等式约束优化问题，其 Lagrange 函数定义为

$$L_A(x,\lambda,\mu)=f(x)-\sum_{j=1}^{m}\lambda_j h_j(x)+\frac{1}{2\mu}\sum_{j=1}^{m}h_j^2(x) \tag{13.46}$$

此情况下，Lagrange 函数关于 x 的梯度向量为

$$\nabla_x L_A(x,\lambda,\mu)=\nabla f(x)-\sum_{j=1}^{m}[\lambda_j-h_j(x)\ /\ \mu]\nabla h_j\ (x) \tag{13.47}$$

现在我们设计含有障碍因子 μ 的迭代算法，假设在第 k 步迭代时，令罚因子 $\mu=\mu_k>0$，Lagrange 乘子 $\lambda=\lambda^k$，对 Lagrange 函数 $L_A(x,\lambda^k,\mu_k)$ 关于 x 进行极小化，得到相应的近似局部极小点 x^k。若 x^k 接近原来问题的 KKT 点，则

$$\lambda_j^*\approx\lambda_j^k-h_j(x^k)\ /\ \mu_k,\ j=1,2,\cdots,m \tag{13.48}$$

重新整理式(13.48)，可得

$$h_j(x^k)\approx-\mu_k(\lambda_j^*-\lambda_j^k),\ j=1,2,\cdots,m$$

我们可以看出，对于罚因子 μ_k，当 λ^k 接近于最优乘子向量 λ^* 时，x^k 的不可行性将大大降低，从而使求解过程变得更容易。

我们如何由目前所知的信息逐次地迭代乘子向量 λ^k，使它逐渐地趋于近似值 λ^* 呢？由式(13.48)可以得到公式

$$\lambda_j^{k+1}=\lambda_j^k-h_j(x^k)\ /\ \mu_k,\ \ j=1,\cdots,m \tag{13.49}$$

由前面的讨论我们可以得到下面的算法：

算法 13.3(乘子法–等式约束)

设 $\mu_0>0$、$\tau_0>0$，初始点为 x_0^s 和 λ^0；

for　$k=0,1,2,\cdots$

找到 $L_A(\ \cdot\ ,\lambda^k,\mu_k)$ 的一个近似极小点 x^k，从 x_k^s 出发，

当 $\|\nabla_x L_A(x,\lambda^k.\mu_k)\|\leqslant\tau_k$ 时结束。

if　终止准则满足

stop　等式约束优化问题的最优解取为 x^k；

由式(13.49)得到 Lagrange 乘子 λ^{k+1}，取 $\mu_{k+1}\in(0,\mu_k)$

置下次迭代的初始点 $x_s^{k+1}=x^k$

end (for)

值得指出的是，可以在算法 13.3 中动态地设定 τ_k，例如 $\tau_k=\min(\varepsilon_k,r_k\|g(x^k)\|)$ 其中，$\varepsilon_k\downarrow 0$、$r_k\downarrow 0$。

考虑问题式(13.3) ~ 式(13.5)，设增广 Lagrange 函数为

$$L_A(x,\lambda,\mu)=x_1+x_2-\lambda(x_1^2+x_2^2-2)+\frac{1}{2\mu}(x_1^2+x_2^2-2)^2 \tag{13.50}$$

最优解为 $x^*=(-1,-1)^{\mathrm{T}}$, 最优 Lagrange 乘子 $\lambda^*=-0.5$，假设在第 k 步迭代时，取 $\mu_k=1$，Lagrange 乘子近似值 $\lambda^k=-0.4$。求解二次罚函数 $P(x,1)$ 的极小值，得 $x^k\approx(-1.1,\ -1.1)^{\mathrm{T}}$。通过极小化增广 Lagrange 函数 $L_A(x,\lambda^k,\mu_k)$，得到更接近于最优解 x^* 的近似值 $\overline{x}^k\approx(-1.02,\ -1.02)^{\mathrm{T}}$。这个例子说明用极小化 Lagrange 函数方法考虑约束优化问题式(13.1)会得到更好的效果。

13.4.1 无约束优化

当问题中含有不等式约束时，我们可以引入松弛变量把不等式约束转化为等式约束。如

$$g_i(x)-s_i=0,\ s_i\geqslant 0,\quad i=1,2,\cdots,l \tag{13.51}$$

其中，$g_i(x)\geqslant 0$ 为不等式约束，s_i 为松弛变量。于是就可以仿照等式约束的情形处理含有不等式约束的优化问题。

假设问题中只含有不等式约束，则引入松弛变量后问题等价于如下形式：

$$\begin{aligned}&\min_{x,s}\quad f(x)\\&\text{s.t.}\quad g_i(x)-s_i=0,\ s_i\geqslant 0,\ i=1,2\cdots,l\end{aligned}$$

考虑约束 $g_i(x)-s_i=0$，我们得到下面的子问题：

$$\min_{x,s}\quad f(x)-\sum_{i=1}^{l}\lambda_i^k(g_i(x)-s_i)+\frac{1}{2\mu_k}(g_i(x)-s_i)^2 \tag{13.52a}$$

$$\text{s.t.}\quad s_i\geqslant 0,\ i=1,2,\cdots,l \tag{13.52b}$$

事实上，式(13.52a)是关于 s_i 的二次凸函数，可以先对 s_i 分别进行极小化，对式(13.52a)关于 s_i 求偏导数到关于 s_i 的式子 $\lambda_i^k-\dfrac{1}{\mu_k}(g_i(x)-s_i)$，当偏导数等于 0 时，得到式(13.52a)的关于 s_i 极小点，又由式(13.52b)中的 s_i 非负性，从而 s_i 的最优值为

$$s_i=\max\ (g_i(x)-\mu_k\lambda_i^k,\ \ 0),\ \ i=1,2,\cdots,l \tag{13.53}$$

把式(13.53)代入式(13.52)可以得到仅关于 x 的关系式，即

$$-\lambda_i^k(g_i(x)-s_i)+\frac{1}{2\mu_k}(g_i(x)-s_i)^2=\begin{cases}-\lambda_i^k g_i(x)+\dfrac{1}{2\mu_k}g_i^{\,2}(x), & g_i(x)-\mu_k\lambda_i^k\leqslant 0\\ -\dfrac{\mu_k}{2}(\lambda_i^k)^2, & \text{其他}\end{cases} \tag{13.54}$$

令

$$\psi(t,\sigma,\mu)=\begin{cases}-\sigma t+\dfrac{1}{2\mu}t^2, & t-\mu\sigma\leqslant 0\\ -\dfrac{\mu}{2}\sigma^2, & \text{其他}\end{cases} \tag{13.55}$$

因而，增广 Lagrange 子问题式(13.52)等价于

$$\min\quad L_A(x,\lambda^k,\mu_k)\triangleq f(x)+\sum_{i=1}^{l}\psi(g_i(x),\lambda_i^k,\mu_k) \tag{13.56}$$

这里 L_A 是 Lagrange 函数的自然推广，我们可用算法 13.3 解决这类不等式约束问题，但需要进一步的修改，一旦找到了近似解 x^k，则由下面的公式得到 λ^{k+1}。

$$\lambda_i^{k+1} = \max(\lambda_i^k - g_i(x^k) \ / \ \mu_k, 0), \ i = 1, 2, \cdots, l \tag{13.57}$$

由式(13.54)可得

$$\nabla_x L_A(x^k, \lambda^k, \mu_k) = \nabla f(x^k) - \sum_{i \in J} [\lambda_i^k - g_i(x^k)/\mu_k] \nabla g_i(x^k) \approx 0$$

其中，$J = \{1, \cdots, l\} \setminus \{i : g_i(x) \leqslant \mu_k \lambda_i^k\}$。将上式与不等式约束优化问题的 KKT 条件

$$\nabla f(x^*) - \sum_{i \in J'} \lambda_i^* \nabla g_i(x^*) = 0 \qquad (J' = \{1, \cdots, l\} \setminus \{i : g_i(x^*) = 0\})$$

通过比较可知 λ 是非负的，因为由 KKT 条件，我们知道不等式约束的最优 Lagrange 乘子非负。

$\psi(g_i(x), \lambda_i, \mu)$ 关于 x 连续可微，但是只要 $g_i(x) = \mu\lambda_i$（$i = 1, 2, \cdots, l$），$\psi(g_i(x), \lambda_i, \mu)$ 的二阶导数往往是不连续的。然而，当严格互补条件成立时，式(13.56)的近似极小点往往不靠近非光滑区域，因此它不会影响解决子问题的算法。为了说明这个结论，我们分别讨论 i 为积极约束指标和 i 为非积极约束指标时的情形。当 i 为积极约束指标时，对足够大的 k 有 $g_i(x^k) \approx 0$，而 λ_i^k 和 μ_k 都是比 0 大很多的数；当 i 为非积极约束指标时，有 $g_i(x^k) > 0$ 而 $\lambda_i^k \approx 0$。在这两种情形中，我们都希望 x^k 避开有不连续条件 $g_i(x) = \mu\lambda_i$ 成立的区域。

13.4.2 乘子法的特征

现在，我们证明两个结果，从这两个结果中可以验证应用增广 Lagrange 函数和乘子法的合理性。我们仅考虑，只含有等式约束的问题，即问题式(13.1)，它的增广 Lagrange 函数由式(13.46)给出。

定理 13.5 设 x^* 是问题式(13.1)局部极小点，在 x^* 点线性独立约束规格(LICQ)成立(即 $\nabla g_i(x^*)$ 线性无关)，且存在 a，使得

$$w^{\mathrm{T}} \nabla_{xx} L(x^*, \lambda^*) w \geqslant a \| w \|^2, w \in \mathrm{Null}\, \boldsymbol{A}$$

则存在 $\bar{\mu}$，使得 $\mu \in (0, \bar{\mu}]$ 时，x^* 为 $L_A(x, \lambda^*, \mu)$ 的严格局部极小点。

证明：为了证明 x^* 是 $L_A(x, \lambda^*, \mu)$ 的严格局部极小点，只需证明 x^* 满足下列两个条件即可。

$$\nabla_x L_A(x^*, \lambda^*, \mu) = 0 \tag{13.58}$$

$$\nabla_{xx}^2 L_A(x^*, \lambda^*, \mu) \succ 0 \tag{13.59}$$

由 KKT 条件和公式(13.47)，得

$$\begin{aligned} \nabla_x L_A(x^*, \lambda^*, \mu) &= \nabla f(x^*) - \sum_{i=1}^{l} [\lambda_i^* - g_i(x^*) \ / \ \mu] \nabla g_i(x^*) \\ &= \nabla f(x^*) - \sum_{i=1}^{l} \lambda_i^* \nabla g_i(x^*) \end{aligned}$$

$$=\nabla_x L(x^*,\lambda^*)$$
$$=0$$

这就证明了式(13.58)，下面证明式(13.59)成立。

由式(13.13)，有

$$A^{\mathrm{T}}=[\nabla g_i^*],\ i=1,2,\cdots,l$$

注意到由 LICQ 条件成立，知矩阵 $\boldsymbol{A}$ 满秩，又注意到

$$\nabla^2_{xx} L_A(x^*,\lambda^*,\mu)=\nabla^2_{xx} L(x^*,\lambda^*)+\frac{1}{\mu}\boldsymbol{A}^{\mathrm{T}}\boldsymbol{A} \tag{13.60}$$

由代数基本定理，任意一个向量 $u\in R^n$ 可分解为如下形式

$$u=w+\boldsymbol{A}^{\mathrm{T}}v$$

其中，$w\in \mathrm{Null}\,\boldsymbol{A};v\in R^l$。由式(13.60)及 w,v 的特征有

$$\begin{aligned}u^{\mathrm{T}}\nabla^2_{xx}L_A(x^*,\lambda^*,\mu)u&=w^{\mathrm{T}}\nabla^2_{xx}L(x^*,\lambda^*)w+2w^{\mathrm{T}}\nabla^2_{xx}L(x^*,\lambda^*)\boldsymbol{A}^{\mathrm{T}}v\\&\quad+v^{\mathrm{T}}\boldsymbol{A}\nabla^2_{xx}L(x^*,\lambda^*)\boldsymbol{A}^{\mathrm{T}}v+v^{\mathrm{T}}\boldsymbol{A}(\frac{1}{\mu}\boldsymbol{A}^{\mathrm{T}}\boldsymbol{A})\boldsymbol{A}^{\mathrm{T}}v\end{aligned} \tag{13.61}$$

下面找式(13.61)右端各项的下界。

由题设条件可知，存在 $a>0$，使得

$$w^{\mathrm{T}}\nabla_{xx}L(x^*,\lambda^*)w\geqslant a\|w\|^2,\ w\in \mathrm{Null}\ \boldsymbol{A}$$

其中，A 为由 $\nabla g_i(x^*)$ 的列向量构成的矩阵。上式给出了式(13.61)右端第一项的下界，对于第二项，令

$$b=\|\nabla^2_{xx}L(x^*,\lambda^*)\boldsymbol{A}^{\mathrm{T}}\|$$

从而有

$$2w^{\mathrm{T}}\nabla^2_{xx}L(x^*,\lambda^*)\boldsymbol{A}^{\mathrm{T}}v\geqslant -2b\|w\|\|v\|$$

上式给出了第二项的下界，对于第三项，令 $c=\|\boldsymbol{A}\nabla^2_{xx}\boldsymbol{L}(x^*,\lambda^*)\boldsymbol{A}^{\mathrm{T}}\|$，则有

$$v^{\mathrm{T}}\boldsymbol{A}\nabla^2_{xx}L(x^*,\lambda^*)\boldsymbol{A}^{\mathrm{T}}v\geqslant -c\|v\|^2$$

最后，设 d 为 $\boldsymbol{A}\boldsymbol{A}^{\mathrm{T}}$ 的最小特征值，有

$$v^{\mathrm{T}}\boldsymbol{A}(\frac{1}{\mu}\boldsymbol{A}^{\mathrm{T}}\boldsymbol{A})\boldsymbol{A}^{\mathrm{T}}v\geqslant\frac{1}{\mu}\|\boldsymbol{A}\boldsymbol{A}^{\mathrm{T}}v\|^2\geqslant\frac{d^2}{\mu}\|v\|^2$$

把这些下界代入到式(13.61)中，得

$$\begin{aligned}u^{\mathrm{T}}\nabla^2_{xx}L_A(x^*,\lambda^*,\mu)u&\geqslant a\|w\|^2-2b\|w\|\|v\|+(d^2/\mu-c)\|v\|^2\\&=a[\|w\|-(b/a)\|v\|]^2+(d^2/\mu-c-b^2/a)\|v\|^2\end{aligned} \tag{13.62}$$

显然，式(13.62)右端第一项非负，由于 $\boldsymbol{A}$ 满秩，故 $d>0$。设 $\bar{\mu}$ 是满足下式的任意值，则第二项也非负

$$d^2/\bar{\mu}-c-b^2/a>0$$

取 $\mu \in (0, \overline{\mu}]$。事实上，除了 $v=0$且$w=0$，式(13.62)的右端都严格大于 0，这意味着 $\nabla_{xx}^2 L_A(x^*, \lambda^*, \mu)$ 是正定的，从而式(13.59)成立，定理证毕。

定理 13.6 如果在 x^* 和 λ^* 处满足定理 13.5 中的假设，那么必然存在正数 σ、ε 和 M 使得下面的性质成立。

(1)如果 λ^k 和 μ_k 满足

$$\| \lambda^k - \lambda^* \| \leqslant \sigma / \mu_k, \quad \mu_k \leqslant \overline{\mu} \tag{13.63}$$

那么问题

$$\begin{aligned} \min_x \quad & L_A(x, \lambda^k, \mu_k) \\ \text{s.t.} \quad & \| x - x^* \| \leqslant \varepsilon \end{aligned}$$

有唯一的解 x^k，并且

$$\| x^k - x^* \| \leqslant M \mu_k \| \lambda^k - \lambda^* \|$$

(2)对于所有满足式(13.63)的 λ^k 和 μ_k，有

$$\| \lambda^{k+1} - \lambda^* \| \leqslant M \mu_k \| \lambda^k - \lambda^* \|$$

这里 λ^{k+1} 由公式(13.49)给出。

(3)对于所有满足式(13.63)的 λ^k 和 μ_k，矩阵 $\nabla_{xx}^2 L_A(x^k, \lambda^k)$ 是正定的，并且约束梯度 $\nabla h_j(x^k)$ ($j = 1, 2, \cdots, m$)是线性无关的。

背景材料

设 F 是 R^n 中的一个子集，并且假设 $\{x^k\}$ 是 F 中的一个序列。我们说序列 $\{x^k\}$ 收敛于某个点 x，记作 $\lim_{k\to\infty} x^k = x$，如果对于任意的 $\varepsilon > 0$，存在指标 K，使得

$$\|x^k - x\| \leqslant \varepsilon, \quad \forall k \geqslant K$$

例如，序列 $\{x^k\}$ 定义为 $x^k = 1-2^{-k}$，收敛于 1。

我们说 $\hat{x} \in R^n$ 是 $\{x^k\}$ 的一个聚点或者极限点，如果存在某个无穷子列(指标记为 $k_1, k_2, k_3, \cdots$)，使得

$$\lim_{k\to\infty} x^k = \hat{x}。$$

极限点的另外一种定义方式是：对于任意的 $\varepsilon > 0$ 和所有的正整数 K，有

$$\|x^k - x\| \leqslant \varepsilon, \quad 对于某个\ k \geqslant K。$$

下面的序列就是一个例子

$$1,\ \frac{1}{2},\ 1,\ \frac{1}{4},\ 1,\ \frac{1}{8}, \cdots \tag{A.1}$$

这个序列有两个极限点：$\hat{x} = 0$ 和 $\hat{x} = 1$。一个序列也可以有无穷多个极限点。例如，序列 $x^k = \sin k$，区间 $[-1,1]$ 上的每个点都是该序列的一个极限点。

如果 $\{t^k\}$ 是由实数构成的序列，我们定义下极限 liminf 和上极限 limsup，liminf 是最小的聚点；limsup 是最大的聚点。即 $\hat{t} = \limsup_{k\to\infty} t^k$，如果有下面两个条件成立：

(1)存在一个无穷子列 $k_1, k_2, \cdots$，使得 $\lim_{i\to\infty} t^{k_i} = \hat{t}$；

(2)不存在其他的极限点 t 使得 $t > \hat{t}$。

序列 $1, \frac{1}{2}, 1, \frac{1}{4}, 1, \frac{1}{8}, \ldots$ 的 liminf 是 0，limsup 是 1。

称集合 F 是有界的，如果存在某个实数 $M > 0$，使得

$$\|x\| \leqslant M, \quad \forall x \in F$$

称子集 $F \subset R^n$ 是开的，如果对于每个 $x \in F$，我们都可以找到一个正数 $\varepsilon > 0$，使得以 x 为球心以 ε 为半径的球包含在 F 中，即

$$\{\ y \in R^n : \|y - x\| \leqslant \varepsilon\ \} \subset F$$

称集合 F 是闭的，如果对于 F 中的所有序列 $\{x^k\}$，$\{x^k\}$ 的所有极限点都包含在 F 中。例如，集合 $F = (0,1) \cup (2,3)$ 是 $\mathbf{R}$ 的一个开子集，而 $F = [0,1] \cup [2,5]$ 是 $\mathbf{R}$ 的一个闭子集。集合 $F = (0,1]$ 是 $\mathbf{R}$ 的一个既不开又不闭的子集。

集合 F 的内部，记为 int$F$，是包含在 F 中的最大的开集。F 的闭包，记为 cl$F$，是包含 F 的最小的闭集。换言之，我们有 $x \in \mathrm{cl}\ F$，如果存在 F 中的某个序列 $\{x^k\}$ 并且 $\lim\limits_{k\to\infty} x^k = x$。如果 $F=(-1,1]\cup[2,4)$，那么

$$\mathrm{cl}\ F=[-1,1]\cup[2,4],\quad \mathrm{int}\,F=(-1,1)\cup(2,4)\text{。}$$

注意：如果 F 是开集，那么 $\mathrm{int}\,F=F$；如果 F 是闭集，那么 $cl\,F=F$。

称集合 F 是紧的，如果 F 中的每个序列 $\{x^k\}$ 都至少存在一个极限点，并且这些极限点都是 F 中的点。下面给出一个拓扑上的重要结果

$$F\subset R^n \text{是有界闭集} \Rightarrow\ F \text{是紧的}$$

给定一个点 $x\in R^n$，我们称 $N\subset R^n$ 是 x 的一个邻域，如果它是包含 x 的一个开集。一个特别有用的邻域是以 x 为球心以 ε 为半径的开球，记为 $B(x,\varepsilon)$；即，

$$B(x,\varepsilon)=\{\ y:\|y-x\|<\varepsilon\ \}$$

称集合 F 是一个锥，如果对于所有的 $x\in F$，有

$$x\in F\ \Rightarrow\ \alpha\, x\in F,\ \forall\alpha>0 \qquad \text{(A.2)}$$

例如，集合 $F\subset R^2$ 定义为

$$\{\ (x_1,x_2):\ x_1\geqslant 0, x_2\geqslant 0\ \}$$

是 R^2 中的一锥。

最后，我们定义集合的仿射包和相对内部。给定 $F\subset R^n$，仿射包是包含 F 的最小的仿射集，即

$$\mathrm{aff}\ F=\{x:x\ \text{是}F\text{中的向量的线性组合}\} \qquad \text{(A.3)}$$

例如，当 F 是由下面的式(A.26)定义的锥时，有 aff F=R^3，当 $F=\{(1,0,0),\ (0,2,0)\}$ 时，有

$$\mathrm{aff}\ F=\{(x_1,x_2,0):\text{对于所有的}x_1\text{和}x_2\}\text{。}$$

集合 F 的相对内部是它相对于 aff F 的内部。已知 $x\in F$，我们说 $x\in \mathrm{ri}\ F$，如果存在一个 $\varepsilon>0$，使得

$$(x+\varepsilon\, B)\ \cap\ \mathrm{aff}\ F\subset F\text{。}$$

再考虑锥(A.26)，有

$$\mathrm{ri}\ F=\left\{x\in R^3:x_3>2\sqrt{x_1^2+x_2^2}\ \right\}\text{。}$$

考虑两个弧立点构成的集合 F={(1,0,0),(0,2,0)}，我们有 ri $F=\varnothing$。考虑集合 F，定义如下：

$$F=\left\{x\in R^3:x_1\in[0,1],\ x_2\in[0,1],\ x_3=0\right\}$$

有

$$\mathrm{aff}\,F=\mathrm{R}\times\mathrm{R}\times\{0\},\quad \mathrm{ri}\ F=\left\{x\in R^3:x_1\in(0,1),\ x_2\in(0,1),\ x_3=0\right\}\text{。}$$

A.1 连续性和极限

设 f 是从 $D\subset R^n$ 到 R^m 上的函数。对于某个点 $x^0\in \text{cl}\ D$，我们记

$$\lim_{x\to x^0} f(x)=f(x^0) \tag{A.4}$$

如果对于所有的 $\varepsilon>0$，存在 $\delta>0$，使得

$$\|x-x^0\|<\delta \text{ 并且 } x\in D \Rightarrow \|f(x)-f(x^0)\|<\varepsilon \text{。}$$

我们说 f 在 x^0 处连续，如果 $x^0\in D$ 并且表达式(A.4)成立。我们说 f 在它的定义域 D 上连续，如果对于所有的 $x^0\in D$，f 是连续的。

例如，函数

$$f(x)=\begin{cases}-x, & x\in[-1,1],\ \text{且} x\neq 0\\ 5, & [-10,10]\ \text{内的其他点}\end{cases} \tag{A.5}$$

这个函数的定义域为[−10,10]并且在定义域内，除了点 $x=f(0)=0$ 、$x=\pm 1$ 外，$f(x)$ 是连续的。在 x=0 处，表达式(A.4)在 f(0)=0 时是成立的，但是函数在该点处不连续，因为 $f(0)=5\neq 0$。在 $x=-1$ 处，极限式(A.4)没有定义，因为在该点的邻域内的函数值既接近 5 又接近 −1。因此，在该点处函数当然是不连续的。同样的论述还可以应用到 $x=1$。

在 n=1 的情况下，我们还可以定义单边极限。给定的 $x^0\in \text{cl}\ D$，有

$$\lim_{x\downarrow x^0} f(x)=f(x^0) \tag{A.6}$$

如果对于所有的 $\varepsilon>0$，存在 $\delta>0$，使得

$$x^0<x<x^0+\delta \text{ 并且 } x\in D \Rightarrow \|f(x)-f(x^0)\|<\varepsilon \text{。}$$

相似地，有

$$\lim_{x\uparrow x^0} f(x)=f(x^0) \tag{A.7}$$

如果对于所有的 $\varepsilon>0$，存在 $\delta>0$，使得

$$x^0-\delta<x<x^0 \text{ 并且 } x\in D \Rightarrow \|f(x)-f(x^0)\|<\varepsilon$$

考虑由式(A.5)定义的函数，有

$$\lim_{x\downarrow 1} f(x)=5\text{，}\quad \lim_{x\uparrow 1} f(x)=5$$

函数 f 被称为是 Lipschitz 连续的，如果存在常数 L>0 使得对于 D 内的任意两点 x^0，x^1，有

$$\|f(x^1)-f(x^0)\|\leqslant L\|x^1-x^0\| \tag{A.8}$$

称函数 f 在点 $x^0\in \text{int}\, D$ 处是局部 Lipschitz 连续的，如果存在某个邻域 N 满足

$x^0 \in N \subset D$，使得式(A.8)对于 N 中的所有点都成立。

A.2 导数

令 $\phi: R \to \mathbf{R}$ 是一个实值函数。一阶导数 $\phi'(\alpha)$ 定义为

$$\frac{\mathrm{d}\phi(\alpha)}{\mathrm{d}\alpha} = \phi'(\alpha) = \lim_{\varepsilon \to 0} \frac{\phi(\alpha+\varepsilon)-\phi(\alpha)}{\varepsilon} \tag{A.9}$$

把该式中的 ϕ 换为 ϕ'，得到二阶导数，即

$$\frac{\mathrm{d}^2\phi(\alpha)}{\mathrm{d}\alpha^2} = \phi''(\alpha) = \lim_{\varepsilon \to 0} \frac{\phi'(\alpha+\varepsilon)-\phi'(\alpha)}{\varepsilon} \tag{A.10}$$

(假设 ϕ 是足够的光滑的，所以这些极限是存在的)。假设 α 还取决于另外一个量 β (记为 $\alpha = \alpha(\beta)$)。我们可以利用链式法则来计算 ϕ 关于 β 的导数：

$$\frac{\mathrm{d}\phi(\alpha(\beta))}{\mathrm{d}\beta} = \frac{\mathrm{d}\phi(\alpha(\beta))}{\mathrm{d}\alpha} \cdot \frac{\mathrm{d}\alpha}{\mathrm{d}\beta} = \phi'(\alpha)\alpha'(\beta) \tag{A.11}$$

现在考虑函数 $f: R^n \to \mathbf{R}$，它是一个实值函数。我们记 $x=(x_1,\cdots,x_n)$。F 的一阶导数即梯度定义为

$$\nabla f(x) = \begin{pmatrix} \dfrac{\partial f}{\partial x_1} \\ \vdots \\ \dfrac{\partial f}{\partial x_n} \end{pmatrix} \tag{A.12}$$

其中

$$\begin{aligned} \partial f / \partial x_i &= \lim_{\varepsilon \to 0} \frac{f(x_1,\cdots,x_{i-1},x_i+\varepsilon,x_{i+1},\cdots,x_n) - f(x_1,\cdots,x_{i-1},x_i,x_{i+1},\cdots,x_n)}{\varepsilon} \\ &= \lim_{\varepsilon \to 0} \frac{f(x+\varepsilon\, e_i) - f(x)}{\varepsilon} \end{aligned}$$

式中，e_i 为 n 阶单位阵第 i 列。f 的二阶偏导数构成的矩阵即 Hesse 阵，其定义见第 2 章。

我们说 f 是可微的，如果 f 的所有的一阶偏导数存在；如果这些导数还是关于 x 的连续函数，我们说 f 是连续可微的。相似地，称 f 是二次可微的，如果 f 的所有的二阶偏导数存在；如果它们还是关于 x 的连续函数，我们说 f 是二次连续可微的。

注意：当 f 二次连续可微的时候，Hesse 阵是对称阵，因为

$$\frac{\partial^2 f}{\partial x_i \partial x_j} = \frac{\partial^2 f}{\partial x_j \partial x_i}, \quad \forall\ i,\ j = 1,2,\cdots,n$$

当向量 x 取决于另外一个向量 t(即 $x = x(t)$)的时候，链式法则式(A.11)可以推广为如下形式：

$$\nabla_t f(x(t)) = \sum_{i=1}^{n} \frac{\partial f}{\partial x_i} \nabla x_i(t) \tag{A.13}$$

A.3 方向导数

若 f 是连续可微的，$d \in R^n$，则 f 沿方向 d 的方向导数由下式给出

$$D(f(x);d) = \lim_{\varepsilon \to 0} \frac{f(x+\varepsilon d)-f(x)}{\varepsilon} = \nabla f(x)^{\mathrm{T}} d \tag{A.14}$$

为了证明这个公式，我们定义函数

$$\phi(\alpha) = f(x+\alpha d) = f(y(\alpha)) \tag{A.15}$$

其中，$y(\alpha) = x + \alpha d$。

注意：

$$\lim_{\varepsilon \to 0} \frac{f(x+\varepsilon d)-f(x)}{\varepsilon} = \lim_{\varepsilon \to 0} \frac{\phi(\varepsilon)-\phi(0)}{\varepsilon} = \phi'(0)$$

通过对 $f(y(\alpha))$ 应用链式法则(A.13)，可得

$$\begin{aligned} \phi'(\alpha) &= \sum_{i=1}^{n} \frac{\partial f(y(\alpha))}{\partial y_i} \nabla y_i(\alpha) \\ &= \sum_{i=1}^{n} \frac{\partial f(y(\alpha))}{\partial y_i} d_i \\ &= \nabla f(y(\alpha)^{\mathrm{T}}) d \\ &= \nabla f(x+\alpha d)^{\mathrm{T}} d \end{aligned} \tag{A.16}$$

设 $\alpha = 0$，由上面两个表达式，可得式(A.14)。

即使函数 f 不可微，它的方向导数有时是有定义的。例如，若 $f(x) = \| x \|$，由定义式(A.14)，有

$$D(\| x \|_1; d) = \lim_{\varepsilon \to 0} \varepsilon^{-1} (\| x + \varepsilon d \|_1 - \| x \|_1) = \lim_{\varepsilon \to 0} \varepsilon^{-1} \sum_{i=1}^{n} (| x_i + \varepsilon d_i | - | x_i |)$$

如果 $x_i > 0$，对充分小的 ε，有 $| x_i + \varepsilon d_i | = | x_i | + \varepsilon d_i$；如果 $x_i < 0$，有 $| x_i + \varepsilon d_i | = | x_i | - \varepsilon d_i$；当 $x_i = 0$ 时，有 $| x_i + \varepsilon d_i | = \varepsilon | d_i |$。因此，可得

$$D(\| x \|_1;\ d) = \sum_{i | x_i < 0} -d_i + \sum_{i | x_i > 0} d_i + \sum_{i | x_i = 0} | d_i |$$

因此，对任意的 x 和 d，这个函数的方向导数存在。但是，当 x 的任一分量为 0 时，它的一阶导数不存在。

【例 A.1】 设 $f: R^2 \to \mathbf{R}$ 定义为 $f(x_1, x_2) = x_1^2 + x_1 x_2$，其中 $x_1 = \sin t_1 + t_2^2$，$x_2 = (t_1 + t_2)^2$，由链式法则式(A.13)可得

$$\begin{aligned}
&\nabla_t f(x(t)) \\
&= \sum_{i=1}^{n} \frac{\partial f}{\partial x_i} \nabla x_i(t) \\
&= (2x_1 + x_2)\begin{bmatrix} \cos t_1 \\ 2t_2 \end{bmatrix} + x_1 \begin{bmatrix} 2(t_1+t_2) \\ 2(t_1+t_2) \end{bmatrix} \\
&= \left[2(\sin t_1 + t_2^2) + (t_1+t_2)^2\right]\begin{bmatrix} \cos t_1 \\ 2t_2 \end{bmatrix} + (\sin t_1 + t_2^2)\begin{bmatrix} 2(t_1+t_2) \\ 2(t_1+t_2) \end{bmatrix}
\end{aligned}$$

另一方面，如果我们直接替换 f 的定义中的 x，可得

$$f(x(t)) = (\sin t_1 + t_2^2)^2 + (\sin t_1 + t_2^2)(t_1 + t_2)^2$$

可以证明这个表达式的梯度与通过应用链式法则得到的梯度相同。

A.4 中值定理

现在我们回忆一下一元函数的中值定理。给定一个连续可微函数 $\phi: R \to \mathbf{R}$ 和两实数 α_0、α_1，由 $\alpha_1 > \alpha_0$，有

$$\phi(\alpha_1) = \phi(\alpha_0) + \phi'(\zeta)(\alpha_1 - \alpha_0) \tag{A.17}$$

对某一 $\zeta \in (\alpha_0, \alpha_1)$。将这个结果推广到多元函数 $f: R^n \to \mathbf{R}$ 为

对任意向量 d，我们有

$$f(x+d) = f(x) + \nabla f(x + \alpha\, d)^{\mathrm{T}} d \tag{A.18}$$

对于某一个 $\alpha \in (0,1)$。(这个结果可以通过定义 $\phi(\alpha) = f(x + \alpha d)$、$\alpha_0 = 0$、$\alpha_1 = 1$，并且运用链式法则证明。)

式(A.18)也可以由二次可微函数表示为

$$f(x+d) = f(x) + \nabla f(x)^{\mathrm{T}} d + \frac{1}{2} d^{\mathrm{T}} \nabla^2 f(x + \alpha\, d)^{\mathrm{T}} d \tag{A.19}$$

对某一 $\alpha \in (0,1)$，事实上，这个表达式是第 2 章定理 2.1 中 Taylor 展开式的一种形式。

A.5 隐函数定理

隐函数定理在优化算法的局部收敛定理和最优性特征的一些重要结果中用到。我们给出它的一个简要概述。

定理 A.1　(隐函数定理)　设 $h: R^n \times R^m \to R^n$ 是一个函数，满足：

(1) $h(z^*, 0) = 0$，对某个 $z^* \in R^n$；

(2)函数 h 在 $(z^*, 0)$ 的某一邻域内 Lipschitz 连续可微；

(3) $\nabla_z h(z,t)$ 在点 $(z,t) = (z^*, 0)$ 是非奇异的，那么由隐式 $h(z(t),t) = 0$ 定义的函数

$z: R^m \to R^n$ **是确切定义的，且在原点的某一邻域内关于** $t \in R^n$ **Lipschitz 连续。**

这个定理经常应用到线性方程的参数化系统，z 由 $M(t)z = g(t)$ 的解得到，其中，$M(\cdot) \in R^{n\times n}$、$M(0)$ 是非奇异的，$g(\cdot) \in R^n$。为了应用这个定理，我们定义

$$h(z,t) = M(t)z - g(t)$$

若 $M(\cdot)$ 和 $g(\cdot)$ 在的某一邻域内是 Lipschitz 连续可微的，定理蕴含着 $z(t) = M(t)\,g(t)$ 是 0 的某一邻域内 t 的 Lipschitz 连续函数。

A.6 可行集的几何解释

在描述约束优化理论时，我们往往假设可行点集由代数方程描述，即我们旨在求函数 f 在集合 Ω 上的极小点

$$\Omega = \left\{x \in R^n:\ g_i(x) \geqslant 0, i = 1,\cdots,l; h_j(x) = 0, j = 1,\cdots,m\right\} \tag{A.20}$$

然而在某些情况下，我们仅考虑集合 Ω 本身而省略代数描述，这样做是有利的。这样一来，任一专门的代数描述不再约束 Ω。

注意：对任意给定的集合 Ω，可能存在无穷多约束函数的集合，使得等式(A.20)成立。

采用纯几何观点既有优点也有缺点。一方面，它不仅避免了专门的代数描述或不充分光滑约束引起的理论上的问题，同时也避免了一些实际问题，如不良尺度化。另一方面，约束优化中的大多数理论、算法和软件都假设 Ω 的一个代数描述是可利用的。如果我们选择不具体解出 Ω，我们必须根据 Ω 重新阐述最优性条件和算法，而不利用它的代数描述。许多这样的方法可以利用，而且它们已经在许多方面成功应用，包括优化控制。这里我们描述一些相关概念。

给定一个约束优化问题

$$\min\ f(x),\quad \text{s.t. } x \in \Omega \tag{A.21}$$

其中，Ω 是 R^n 的闭子集。许多理论围绕集合 Ω 在可行点 $x \in \Omega$ 处的切锥和法锥，其中 x 是变化的。

定义 A.1(切线) 向量 $w \in R^n$ 是集合 Ω 在点 $x \in \Omega$ 处的切线，若对所有的 $x^i \to x, x^i \in \Omega$ 的向量序列 $\{x^i\}$，以及所有正的数量序列 $t_i \downarrow 0$，存在一个序列 $w^i \to w$，使得对于所有的 i，$x^i + t_i w^i \in \Omega$。

切锥 $T_\Omega(x)$ 是 Ω 在 x 处所有切向量的全体。法锥 $N_\Omega(x)$ 是切锥的正交补；即

$$N_\Omega(x) = \left\{v \mid v^{\mathrm{T}} w \leqslant 0\ ,\quad \forall\, w \in T_\Omega(x)\right\} \tag{A.22}$$

注意：零向量属于 T_Ω 和 N_Ω。

不难根据式(A.2)证明 T_Ω 和 N_Ω 确实是锥。为了证明 T_Ω 是锥，我们取 $w \in T_\Omega(x)$，证明对于 $\alpha \geqslant 0$, $\alpha\, w \in T_\Omega(x)$。设序列 $\{x^i\}$ 和 $\{t_i\}$ 已给定，由 $\overline{t}_i = t_i / \alpha$ 定义序列 $\{\overline{t_i}\}$，因为根据定义 A.1，$\{\overline{t_i}\}$ 也为一有效的数量序列，那么存在向量序列 $\{\overline{w}^i\}$ 使得 $x^i + \overline{t}_i w^i \in \Omega$，($\overline{w}^i \to w$)。因此我们通过定义 $w^i = \alpha\, \overline{w}^i$，可得 $x^i + t_i w^i = x^i + \overline{t}_i \overline{w}^i \in \Omega$，从而我们给出了满

足定义 A.1 条件的序列{ w^i }，{ w^i }具有性质 $w^i \to \alpha w$，因此我们证明了 $\alpha w \in T_\Omega(x)$。

例如，考虑由一个等式约束定义的集合：

$$\Omega = \left\{ x \in R^n \mid h(x) = 0 \right\} \tag{A.23}$$

其中，$h: R^n \to \mathbf{R}$ 是光滑的，设 x 为满足 $\nabla h(x) \neq 0$ 的特殊点，若对于某一 $x \in \Omega$，则 $w \in T_\Omega(x)$。由定义 A.1 可知，存在一个序列 $w^i \to w$，使得 $x^i + t_i w^i \in \Omega$，对任一个序列 $t_i \downarrow 0$。(在定义中我们做合理的选择 $x^i \equiv x$)。因此，我们有

$$h(x + t_i w^i),\quad \forall i, h(x)=0$$

通过利用这个事实及一个 Taylor 系列扩张和 h 的光滑性，可得

$$0 = \frac{1}{t^i}[h(x + t_i w^i) - h(x)] = (w^i)^{\mathrm{T}} \nabla h(x) + o(t_i)/t_i \to w^{\mathrm{T}} \nabla h(x)$$

以隐函数定理为基础的一个论据可以用来证明反过来的情形，即 $w^{\mathrm{T}} \nabla h(x) = 0 \Rightarrow w \in T(x)$。因此我们有

$$T_\Omega(x) = \left\{ w \mid w^{\mathrm{T}} \nabla h(x) = 0 \right\} = \text{Null } (\nabla h(x)^{\mathrm{T}}) \tag{A.24}$$

由式(A.22)可知，上式的法锥为

$$N_\Omega(x) = \left\{ d\, \nabla h(x) \mid \alpha \in R \right\} = \text{Rang}(\nabla h(x)) \tag{A.25}$$

对于下面的例子，集合 Ω 的定义如下

$$\Omega = \{ x \in R^2 \mid x_1 \geqslant {x_2}^2, x_2 \geqslant {x_1}^2 \}$$

则在原点处的切锥和法锥分别为

$$T_\Omega(0,0) = \{ w \in R^2 \mid w_1 \geqslant 0, w_2 \geqslant 0 \}$$

$$N_\Omega(0,0) = \{ v \in R^2 \mid v_1 \leqslant 0, v_2 \leqslant 0 \}$$

则切向量(0,1)就符合定义 A.1，因为假设有可行序列 $x^i=(1/i^2, 1/i) \to (0,0)$以及序列 $t_i = 1/i \to 0$。如果定义 $w^i=(1/3i, 1)$，则对于任意 $i \in N$，$x^i + t_i w^i$ 是可行点并且 $w^i \to (0,1)$。即证得切向量(0,1)符合定义 A.1。

三维空间中，集合 Ω 定义如下

$$\Omega = \{ x \in R^3 \mid x_3 \geqslant 2\sqrt{x_1^2 + x_2^2} \} \tag{A.26}$$

则在原点 x=0 处，切锥恰好为可行点集，即

$$T_\Omega(0) = \Omega = \left\{ x \in R^3 \mid x_3 \geqslant 2\sqrt{x_1^2 + x_2^2} \right\}$$

法锥为

$$N_\Omega(0) = \{ v \mid v_3 \leqslant -\frac{1}{2}\sqrt{v_1^2 + v_2^2} \}$$

下面以二维空间的一个子集为例，设

$$\Omega = \{ x \in R^2 \mid x_2 \geqslant 0, x_2 \leqslant x_1^3 \} \tag{A.27}$$

则原点处的切锥为

$$T_{\Omega}(0) = \{(w_1,0) \mid w_1 \geqslant 0\} \tag{A.28}$$

即为(1,0)的所有正数乘向量的集合。

法锥为

$$N_{\Omega}(0) = \{v \mid v_1 \leqslant 0\} \tag{A.29}$$

最后，我们回忆集合 F 的仿射胞 aff F 和相对内部 ri Ω 的定义，对于由式(A.27)定义的集合 Ω，有

$$\text{ri } \Omega = \{x \mid x_2 > 0,\ x_2 < x_1^3\}$$

$$\text{ri } T_{\Omega} = \{(w,0) \mid w_1 > 0\}$$

$$\text{ri } N_{\Omega}(0) = \{(v_1,v_2) \mid v_1 < 0\}$$

A.7 阶的记法

在许多问题的分析中，都要考虑一个序列中元素的一些基本性质。阶的概念的引入可以更容易、更详细地阐述序列中元素的性质。

我们主要运用一种阶的记号：$o(\cdot)$。给定两个非负的实数列 $\{\eta_k\}$ 和 $\{v_k\}$，有

若序列 $\{\eta_k / v_k\}$ 趋于零 (当 $k \to \infty$)，即

$$\lim_{k\to\infty}\frac{\eta_k}{v_k} = 0$$

此时，我们记

$$\eta_k = O(v_k)$$

若当 $v \to 0$ 或 $v \to \infty$ 时，有

$$\eta(v) / v \to 0$$

我们也记作

$$\eta(v) = O(v) \tag{A.30}$$

A.8 标量方程根的求法

在第 11 章，我们讨论了非线性系统方程 $F(x) = 0$ 的解的求法，其中 $F: R^n \to R^n$。这里我们讨论当 n=1 时的一元方程根的求法。例如，第 4 章的信赖域方法就需要求解这一特殊情况的根。

标量方程情况下的 Newton 迭代法的基本步骤为

$$d^k = -F(x^k) / F'(x^k),\quad x^{k+1} \leftarrow x^k + d^k \tag{A.31}$$

可以用图像解释上述思路，首先做出函数 F 的图像 x^k 点处的切线，此切线与 x 轴的交点即为下一个迭代点 x^{k+1}。显然，若函数 F 接近于线性时，切线将非常近似于 F 的图像。因此，Newton 迭代法将会非常快地趋于 F 的根。

标量方程的割线法可以看作是 Broyden 方法当 n=1 时的一种特例，此时的讨论更简单。然而，由于割线方程(11.26)完全确定了 Hesse 阵 $\boldsymbol{B}_k$ 的近似值。因此，我们就不需再运用其他条件去确定 $\boldsymbol{B}_k$ 的值了。由式(11.24)和式(11.26)，我们可以得到 n=1 时割线法的迭代公式

$$\boldsymbol{B}_k = (F(x^k) - F(x^{k-1}))\ /\ (x^k - x^{k-1}) \tag{A.32a}$$

$$d^k = -F(x^k),\ x^{k+1} = x^k + d^k \tag{A.32b}$$

通过这一算法的阐述，我们可以明白此算法为何称为割线法，通过点 $(x^{k-1}, F(x^{k-1}))$ 和 $(x^k, F(x^k))$ 的割线 $\boldsymbol{B}_k$ 来近似函数 F 在 x^k 点处的斜率，下一个迭代点 x^{k+1} 就是割线与 x 轴的交点。

A.9 向量和矩阵

本书中我们只讨论元素都是实数的向量和矩阵。一般地，向量用小写字母表示，矩阵用大写字母表示，长度为 n 的实向量空间用 R^n 表示，$m \times n$ 阶矩阵的空间用 $R^{m\times n}$ 表示。

若 $\boldsymbol{A}^{\mathrm{T}}=\boldsymbol{A}$，我们称矩阵 $\boldsymbol{A}$ 为对称的。对于一个对称矩阵 $\boldsymbol{A}$，若存在正实数 α，使得

$$x^{\mathrm{T}}\boldsymbol{A}x \geqslant \alpha \| x \|^2,\quad \forall x \in R^n \tag{A.33}$$

则称 $\boldsymbol{A}$ 为正定阵。若上面定义中 $\alpha = 0$ 时仍成立，即

$$x^{\mathrm{T}}\boldsymbol{A}x \geqslant 0,\quad \forall x \in R^n$$

则称 $\boldsymbol{A}$ 为正半定阵。

A.10 范数

对于一个向量 $x \in R^n$，我们定义下面三种范数

$$\| x \|_1 \overset{\text{def}}{=} \sum_{i=1}^{n} | x_i | \tag{A.34a}$$

$$\| x \|_2 \overset{\text{def}}{=} (\sum_{i=1}^{n} x_i^{\,2})^{1/2} = (x^{\mathrm{T}}x)^{1/2} \tag{A.34b}$$

$$\| x \|_\infty \overset{\text{def}}{=} \max_{i=1,2,\cdots,n} | x_i | \tag{A.34c}$$

其中，范数 $\|\cdot\|_2$ 一般称为 Euclid 范数。所有这些范数都是测量某种意义下向量的长度。因此，它们在某种意义下是等价的，即

$$\| x \|_\infty \leqslant \| x \|_2 \leqslant \sqrt{n} \| x \|_\infty,\quad \| x \|_\infty \leqslant \| x \|_1 \leqslant n \| x \|_\infty \tag{A.35}$$

一般地，范数 $\|\cdot\|$ 是从 R^n 到非负实数的映射，且满足下列三条性质

$$\| x + z \| \leqslant \| x \| + \| z \|,\quad \forall x, z \in R \tag{A.36a}$$

$$\| x \| = 0 \ \Leftrightarrow\ x = 0 \tag{A.36b}$$

$$\| \alpha\, x \| = | \alpha | \| x \|,\quad \forall \alpha \in R,\ x \in R^n \tag{A.36c}$$

式(A.36a)中等式成立当且仅当向量 x、z 其中一个等于另一个的非负数乘向量。Euclid 范数 $\|\cdot\|=\|\cdot\|_2$ 的一个重要性质就是 Holder 不等式性，即

$$|x^{\mathrm{T}}z| \leqslant \|x\|\cdot\|z\|, \quad \forall x,z\in \mathbf{R} \tag{A.37}$$

其中，等号成立当且仅当向量 x、z 中的一个等于另一个向量的数乘向量。证明如下。由于

$$0\leqslant \|\alpha x+z\|^2=\alpha^2\|x\|^2+2\alpha x^{\mathrm{T}}z+\|z\|^2$$

上式右端记作 $f(\alpha)=\alpha^2\|x\|^2+2\alpha\ x^{\mathrm{T}}z+\|z\|^2$ ($\|x\|\neq 0$，因为当 $\|x\|=0$ 时，式(A.37)总成立)为关于 α 的一个一元二次函数。要使对任意 $\alpha\in R$，则需 $f(\alpha)\geqslant 0$ 总成立，则 $f(x)=0$ 至多有一个根。因此 $\Delta\leqslant 0$，即

$$(2x^{\mathrm{T}}z)^2\leqslant 4\|x\|^2\|z\|^2$$

所以式(A.37)成立。若式(A.37)中等号成立，则 $f(\alpha)=0$ 有唯一解。即 $\|\alpha\ x+z\|^2=0$，得 $\alpha\ x+z=0$，则存在 α 使得 $z=-\alpha\ x$ 成立。

证明完毕。

由向量模可以诱导出矩阵模。设 $\|\cdot\|$ 表示式(A.34)中的三种模，我们定义矩阵模如下：

$$\|\boldsymbol{A}\|=\sup_{x\neq 0}\frac{\|\boldsymbol{A}x\|}{\|x\|} \tag{A.38}$$

以这种形式定义的矩阵模是相容的。

与式(A.34)对应的三种模可以计算如下：

$$\|\boldsymbol{A}\|_1=\max_{j=1,\cdots,n}\sum_{i=1}^{n}|\boldsymbol{A}_{ij}| \tag{A.39a}$$

$$\|\boldsymbol{A}\|_2=\lambda_n(\boldsymbol{A}^{\mathrm{T}}\boldsymbol{A})^{1/2}\quad (\text{其中 } \lambda_n \text{ 定义最大特征值}) \tag{A.39b}$$

$$\|\boldsymbol{A}\|_\infty=\max_{i=1,\cdots,m}\sum_{j=1}^{n}|\boldsymbol{A}_{ij}| \tag{A.39c}$$

Frobenius 模 $\|\boldsymbol{A}\|_{\mathrm{F}}$ 定义如下：

$$\|\boldsymbol{A}\|_{\mathrm{F}}=(\sum_{i=1}^{m}\sum_{j=1}^{n}a_{ij}^2)^{1/2} \tag{A.40}$$

这种矩阵模适用于一些场合。不过，它不是相容的。

对于 Euclid 模 $\|\cdot\| = \|\cdot\|_2$，下列性质成立

$$\|\boldsymbol{AB}\|\leqslant\|\boldsymbol{A}\|\,\|\boldsymbol{B}\| \tag{A.41}$$

其中，$\boldsymbol{A}$、$\boldsymbol{B}$ 为任意的使乘积 $\boldsymbol{AB}$ 有意义的矩阵。

一个非奇异矩阵的条件数定义如下：

$$\kappa(\boldsymbol{A})=\|\boldsymbol{A}\|\,\|\boldsymbol{A}^{-1}\| \tag{A.42}$$

与式(A.39)相对应，我们有$\kappa_1(\boldsymbol{A})$, $\kappa_2(\boldsymbol{A})$和$\kappa_\infty(\boldsymbol{A})$。

模作为一种运算，它可以作用于标量、向量或矩阵值的函数。而且，下面的不等式成立

$$\| \int_a^b F(t)\mathrm{d}t \| \leqslant \int_a^b \| F(t) \| \mathrm{d}t$$

其中，F是一个定义在区间$[a,b]$上的标量、向量或矩阵值的函数。

A.11 子空间

S是Euclid空间R^n的一个子空间，当且仅当对于任意的实数α、β，总有

$$x, y \in S \Rightarrow \alpha x + \beta y \in S$$

比如，R^n、空集$\varnothing$以及单点集$\{0\}$都可以看作一个子空间。

设$a \in R^n$，则集合

$$S = \{z \in R^n : a^{\mathrm{T}} z = 0\} \tag{A.43}$$

是一个子空间。然而，集合

$$\{z \in R^n : a^{\mathrm{T}} z \geqslant 0\} \tag{A.44}$$

一般来讲构不成子空间。比如，令

$$a = \begin{pmatrix} 1 \\ 0 \end{pmatrix},\ x = \begin{pmatrix} 1 \\ 0 \end{pmatrix},\ y = \begin{pmatrix} 2 \\ 3 \end{pmatrix}$$

则显然存在两个实数α, β使得$\alpha x + \beta y$位于这个集合之外。

对于Euclid空间R^n中的任意子空间S，向量组

$$s_1, s_2, \cdots, s_m$$

称为是线性无关的，如果

$$\alpha_1 s_1 + \alpha_2 s_2 + \cdots + \alpha_m s_m = 0$$

当且仅当

$$\alpha_1 = \alpha_2 = \cdots = \alpha_m = 0$$

否则，向量组

$$s_1, s_2, \cdots, s_m,$$

称为是线性相关的。

集合

$$S = \{\alpha_1 s_1 + \alpha_2 s_2 + \cdots + \alpha_m s_m\}$$

称为由向量s_1、s_2、$\cdots$、s_m，扩展而成的集合。该向量组的极大无关组的个数，称为这个集合S的维数。

设$\boldsymbol{A}$是任给的实矩阵，子空间的零空间为

$$\mathrm{Null}(\boldsymbol{A}) = \{w : \boldsymbol{A}w = 0\}$$

而值域空间为

$$\text{Range}(\boldsymbol{A}) = \{w : w = \boldsymbol{A}v,\ v\text{为一向量}\}$$

线性代数的基本定理表明

$$\text{Null}(\boldsymbol{A}) \oplus \text{Range}(\boldsymbol{A}^{\mathrm{T}}) = R^n$$

其中，n 为矩阵 $\boldsymbol{A}$ 的列向量的个数。

A.12 特征值，特征向量，奇异值分解

一个标量值 λ 称为 $n\times n$ 矩阵 $\boldsymbol{A}$ 的一个特征值，如果存在非零向量 q，使得

$$\boldsymbol{A}q = \lambda q$$

则向量 q 称为 $\boldsymbol{A}$ 的一个特征向量。当且仅当所有的特征值都不为 0 矩阵 $\boldsymbol{A}$ 是非奇异的。

所有的 $m\times n$ 实矩阵 $\boldsymbol{A}$ 都可以写成三个特殊矩阵的乘积形式

$$\boldsymbol{A} = \boldsymbol{USV}^{\mathrm{T}} \tag{A.45}$$

式中：$\boldsymbol{U}$、$\boldsymbol{V}$ 分别是 $m\times m$、$n\times n$ 正交阵，即 $\boldsymbol{U}^{\mathrm{T}}\boldsymbol{U} = \boldsymbol{UU}^{\mathrm{T}} = \boldsymbol{I}$ 且 $\boldsymbol{V}^{\mathrm{T}}\boldsymbol{V} = \boldsymbol{VV}^{\mathrm{T}} = \boldsymbol{I}$。矩阵 $\boldsymbol{S}$ 是一个 $m\times n$ 的对角阵，对角元素为 σ_i（$i = 1,2,\cdots,\min\{m,n\}$），且满足

$$0 \leqslant \sigma_1 \leqslant \sigma_2 \leqslant \cdots \leqslant \sigma_{\min}\{m,n\}$$

这些对角元素称为 $\boldsymbol{A}$ 的奇异值，式(A.45)称为 $\boldsymbol{A}$ 的奇异值分解。

当 $\boldsymbol{A}$ 是对称的时候，它的 n 个实特征值 λ_1、λ_2、$\cdots$、λ_n 以及相关的特征向量 q_1、q_2、$\cdots$、q_n 可以用作表示 $\boldsymbol{A}$ 的谱分解。

$$\boldsymbol{A} = \sum_{i=1}^{n} \lambda_i q_i q_i^{\mathrm{T}}$$

用矩阵表示，则有

$$\boldsymbol{A} = \boldsymbol{QDQ}^{\mathrm{T}} \tag{A.46}$$

其中，$\boldsymbol{Q} = (q_1, q_2, \cdots, q_n)$；$\boldsymbol{D} = \text{diag}(\lambda_1, \lambda_2, \cdots, \lambda_n)$。

实际上，当 $\boldsymbol{A}$ 是对称正定时，有

$$\boldsymbol{U} = \boldsymbol{V} = \boldsymbol{Q}, \quad \boldsymbol{S} = \boldsymbol{D}$$

因此，式(A.45)中的奇异值 σ_i 与式(A.46)中的特征值 λ_i 相等。

对于 Euclid 模式(A.39b)的情形，有

$$\|\boldsymbol{A}\| = \sigma_n(\boldsymbol{A}) = \boldsymbol{A}\text{的最大特征值；}$$

$$\|\boldsymbol{A}^{-1}\| = [\sigma_1(\boldsymbol{A})]^{-1} = \boldsymbol{A}\text{的最小特征的倒数；}$$

从而，对于任意的 $x\in R^n$，下面的关系式成立

$$\sigma_1(\boldsymbol{A})\|x\|^2 = \|x\|^2 \ / \ \|\boldsymbol{A}^{-1}\| \leqslant x^{\mathrm{T}}\boldsymbol{A}x \leqslant \|\boldsymbol{A}\|\,\|x\|^2 = \sigma_n(\boldsymbol{A})\|x\|^2$$

特别地，对于正交矩阵 $\boldsymbol{Q}$，其 Euclid 模满足下面的关系

$$\|\boldsymbol{Q}x\| = \|x\|$$

且它的所有奇异值都为 1。

A.13 行列式和迹

一个 $n \times n$ 矩阵 $\boldsymbol{A}$ 的迹定义为

$$\text{trace}(\boldsymbol{A}) = \sum_{i=1}^{n} \boldsymbol{A}_{ii} \tag{A.47}$$

如果 $\boldsymbol{A}$ 的特征值为 λ_1、λ_2、⋯、λ_n，则

$$\text{trace}(\boldsymbol{A}) = \sum_{i=1}^{n} \lambda_i \tag{A.48}$$

也就是说，矩阵的迹等于它的所有特征值的和。

A.14 矩阵分解：Cholesky，*LU*，*QR*

矩阵分解在算法设计和算法分析中都是很重要的。一种分解是式(A.45)中定义的奇异值分解。这里，我们定义其他的重要分解。

下面所描述的所有分解算法都利用了置换矩阵。置换矩阵就是把单位矩阵的行向量重新排列。例如，设 $\boldsymbol{P}$ 是一个置换矩阵，$\boldsymbol{A}$ 是一个矩阵，我们可以通过将矩阵 $\boldsymbol{A}$ 左乘以置换矩阵 $\boldsymbol{P}$，把矩阵 $\boldsymbol{A}$ 的第一行与第四行交换，其中 $\boldsymbol{P}$ 是将单位矩阵的第一行与第四行互相交换得到的，并且 $\boldsymbol{P}$ 的维数与 $\boldsymbol{A}$ 相同。例如，假设 $\boldsymbol{A}$ 是一个 5×5 矩阵，则

$$\boldsymbol{P} = \begin{bmatrix} 0 & 0 & 0 & 0 & 1 \\ 0 & 1 & 0 & 0 & 0 \\ 0 & 0 & 1 & 0 & 0 \\ 1 & 0 & 0 & 0 & 0 \\ 0 & 0 & 0 & 0 & 1 \end{bmatrix} \tag{A.49}$$

用类似的技巧可以得到置换矩阵 $\boldsymbol{P}$，从而置换矩阵的列。

矩阵 A($A \in R^{n \times n}$)的 $\boldsymbol{LU}$ 分解定义为

$$PA = \boldsymbol{LU} \tag{A.50}$$

其中，$\boldsymbol{P}$ 是一个 $n \times n$ 置换矩阵(即通过重新排列 $n \times n$ 单位矩阵的行得到的)；$\boldsymbol{L}$ 是单位下三角矩阵(即对角线上元素为 1 的下三角矩阵)；$\boldsymbol{U}$ 是上三角矩阵。这个分解方法可以利用下面的过程有效地求解线性系统 $\boldsymbol{A}x=b$ 的解：

通过重新排列 b 的元素，构造 $\tilde{b} = \boldsymbol{P}b$；

利用向前代换三角矩阵来求解 $\boldsymbol{L}z = \tilde{b}$，得到向量 z；

再利用向后代换三角矩阵来求解 $\boldsymbol{U}_x=z$，得到向量 x。

$\boldsymbol{LU}$ 分解在带行选主元 Gauss 消去法中有所应用，当 $\boldsymbol{A}$ 稠密时，算法需要大约 $2n^3/3$ 次浮点运算。执行这个算法的标准软件(LAPACK)是很有效的。具体方法为：

算法 A.1(带行选主元 Gauss 消去法)

给定 $A \in R^{n \times n}$；

```
令  P=L, L=0;
for  i=1,2,…, n
    找一个指标 j∈{i,i+1,…n}, 使得|A_ji| = max_{k=i,i+1,…,n} |A_ki|
    if  |A_ji|=0
        stop; (*矩阵 A 是单值的*)
    if  i≠j
        互换矩阵 A 和 L 的第 i 和 j 行;
    (*消去步*)
    L_ij=1;
    for  k=i+1,i+2,…,n
        L_ki=A_ki / A_ii
        for  L=i+1,i+2,…,n
            A_kl=A_kl-L_ki A_il
        end(for)
    end(if)
end(for)
```

$\boldsymbol{U}$=由 $\boldsymbol{A}$ 的上三角部分构成的上三角矩阵。

基本算法的不同之处在于在分解时既允许对行重新排列，又允许对列重新排列，但是这样做并不会增加算法在应用时的稳定性。然而，当 $\boldsymbol{A}$ 稀疏时，并且确保 $\boldsymbol{L}$ 和 $\boldsymbol{U}$ 也稀疏时，列变换可以改善 Gauss 消去法的实际表现。

Gauss 消去法也可以应用在 $\boldsymbol{A}$ 不稀疏的情形。当 $\boldsymbol{A}$ 是 $m\times n(m>n)$阶时，标准行主元算法也会产生分解(A.50)，这里 $\boldsymbol{L}\in R^{m\times n}$ 是单位下三角矩阵，$\boldsymbol{U}\in R^{m\times n}$ 是上三角矩阵，当 $m<n$ 时，我们找到 $\boldsymbol{A}^{\mathrm{T}}$(而不是对 $\boldsymbol{A}$)的 $\boldsymbol{LU}$ 分解，即

$$\boldsymbol{P}\boldsymbol{A}^{\mathrm{T}}=\begin{bmatrix}\boldsymbol{L}_1\\ \boldsymbol{L}_2\end{bmatrix}\boldsymbol{U} \tag{A.51}$$

其中，$\boldsymbol{L}_1$ 是 $m\times m$ 阶稀疏单位下三角矩阵；$\boldsymbol{U}$ 是 $m\times m$ 阶上三角矩阵；$\boldsymbol{L}_2$ 是$(n-m)\times m$ 阶的一般矩阵。如果 $\boldsymbol{A}$ 是行满秩的，我们可以明显地用这个分解来计算它的零空间。

$$\boldsymbol{M}=\boldsymbol{P}^{\mathrm{T}}\begin{bmatrix}\boldsymbol{L}_1^{-\mathrm{T}}\boldsymbol{L}_2^{\mathrm{T}}\\ -\boldsymbol{I}\end{bmatrix}\boldsymbol{U}^{-\mathrm{T}} \tag{A.52}$$

思考：验证 $\boldsymbol{M}$ 是 $n\times(n-m)$阶矩阵且 $\boldsymbol{AM}=0$。

当 $\boldsymbol{A}\in\mathbf{R}^{n\times n}$ 对称正定时，可以计算一个类似的但更加特殊的分解，它的计算量仅约为 $m^3/3$。以 Cholesky 分解为例，这个算法产生一个矩阵 $\boldsymbol{L}$，使得

$$\boldsymbol{A}=\boldsymbol{L}\boldsymbol{L}^{\mathrm{T}} \tag{A.53}$$

(如果我们要求 $\boldsymbol{L}$ 的对角线元素是正的，那么 $\boldsymbol{L}$ 可以由这个公式唯一确定。)

算法 A.2(Cholesky 分解)

给定对称且正定的 $A \in R^{n\times n}$；

for i=1,2,⋯,n;

$L_{ii}=\sqrt{A_{ii}}$；

for $j=i+1,i+2,\cdots,n$

$L_{ji}=A_{ji}/L_{ii}$;

for $k=i+1,i+2,\cdots,j$

$A_{jk}=A_{jk}-L_{ji}L_{kj}$;

end(for)

end(for)

end(for)

注意：这个算法仅利用了 $\boldsymbol{A}$ 的下三角元素。事实上，在任何情况下仅需要存储这些元素即可，由对称性，它们可以被复制在上三角的位置上。

与 Gauss 消去法不同，Cholesky 算法可以产生一个对称正定矩阵的有效的分解，并且不用置换矩阵的行和列。然而，按同样的方式重新排列行和列，可以用来提高 $\boldsymbol{L}$ 的稀疏性。在这种情况下，对于部分可换矩阵 ，算法得到一个可交换的公式

$$\boldsymbol{P}^{\mathrm{T}}\boldsymbol{A}\boldsymbol{P}=\boldsymbol{L}\boldsymbol{L}^{\mathrm{T}}$$

Cholesky 分解可以应用于求解系统 $\boldsymbol{A}x=b$，通过分别执行 $\boldsymbol{L}$ 和 $\boldsymbol{L}^{\mathrm{T}}$ 的向前迭代和向后迭代，类似 Gauss 消去法中 $\boldsymbol{L}$ 和 $\boldsymbol{U}$ 的情况。

长方形矩阵 $\boldsymbol{A}\in\mathbf{R}^{n\times n}$ 具有另外一个很有用的分解，具有形式：

$$\boldsymbol{A}\boldsymbol{P}=\boldsymbol{Q}\boldsymbol{R} \tag{A.54}$$

其中，$\boldsymbol{P}$ 是 $n\times n$ 阶可交换矩阵；$\boldsymbol{A}$ 是 $m\times m$ 阶可交换矩阵；$\boldsymbol{R}$ 是 $m\times n$ 阶可交换矩阵；当 $m\times n$ 时，分解式(A.54)可用来计算形如 $\boldsymbol{A}x=b$ 线性系统的解，步骤为：

(1)设 $\tilde{b}=\boldsymbol{Q}^{\mathrm{T}}b$；

(2)对 z 执行向后替换来求解 $\boldsymbol{R}z=\tilde{b}$；

(3)通过重新排列 x 的元素来求解 $x=\boldsymbol{P}^{\mathrm{T}}z$。

对于稠密矩阵 $\boldsymbol{A}$，$\boldsymbol{QR}$ 分解的运算量约为 $4m^2n/3$。在分解稀疏矩阵的时候，它的计算量将是 Gauss 消去法进行 $\boldsymbol{LU}$ 分解的计算量的 2 倍。与 Gauss 消去法不同，$\boldsymbol{QR}$ 分解过程一般不能有效地应用于分解稀疏矩阵的情况。即，不论怎样选择列置换矩阵 $\boldsymbol{P}$，$\boldsymbol{Q}$ 和 $\boldsymbol{R}$ 一般都是稠密的。

执行 $\boldsymbol{QR}$ 分解的算法一般与 Gauss 消去法和 Cholesky 分解法一样简单。最常用的算法是通过对 $\boldsymbol{A}$ 应用一系列特殊正交矩阵来起作用，例如，Householder 转置法和 Gauss 消去法。

当 $\boldsymbol{A}$ 是长方形矩阵且 $m<n$ 时，我们可以对 $\boldsymbol{A}^{\mathrm{T}}$ 进行 $\boldsymbol{QR}$ 分解来寻找到一个矩阵，要求这个矩阵的列扩张成 $\boldsymbol{A}$ 的零空间。我们记为

$$\boldsymbol{A}^{\mathrm{T}}\boldsymbol{P}=\boldsymbol{Q}\boldsymbol{R}=\left[\boldsymbol{Q}_1\ \boldsymbol{Q}_2\right]\boldsymbol{R},$$

式中：Q_1包含 Q 的前 m 列；Q_2包含后 $n-m$ 列，很容易证明 Q_2 的列扩张成 A 的零空间，这个过程产生出一个比 Gauss 消去法的过程(A.52)更令人满意的基矩阵，因为 Q_2 的列是正交的并且是单位长度的，它的计算量可能更大，尤其当 A 是稀疏时。

当 A 是列满秩时，我们可以对 R 在式(A.54)和 Cholesky 分解之间做一个鉴定。

$$P^{\mathrm{T}}A^{\mathrm{T}}AP = R^{\mathrm{T}}Q^{\mathrm{T}}QP = R^{\mathrm{T}}R,$$

并与式(A.53)比较，我们可以看到 R^{T} 是对对称正定矩阵 $P^{\mathrm{T}}A^{\mathrm{T}}AP$ 的 Choleshy 分解元素的简单化。又由 L 是唯一定义的，当我们约定它的对角元素是正定的，这一点暗示了 R 对于置换矩阵 P 的一个给定选择也是唯一定义的，即假定 R 的对角元素正定。注意到，既然我们可以重排式(A.54)读 $APR^{-1}=Q$，在这种情况下我们就说 Q 也是唯一定义的。

注意：通过 Euclid 范数的定义和性质式(A.41)，并且由于在式(A.54)中矩阵 P 和 Q 的 Euclid 范数都是 1，我们有

$$\|A\| = \|QRP^{\mathrm{T}}\| \leqslant \|Q\|\|R\|\|P^{\mathrm{T}}\| = \|R\|$$

又由于

$$\|R\| = \|Q^{\mathrm{T}}AP^{\mathrm{T}}\| \leqslant \|Q^{\mathrm{T}}\|\|A\|\|P\| = \|A\|$$

从而得$\|A\|=\|R\|$；当 A 是稀疏时，有$\|A^{-1}\| = \|R^{-1}\|$。因此可以通过在式(A.42)用 A 代替 R 来对 A 的 Euclid–模条件数进行估计。

A.15 Sherman–Morrison–Woodbury 公式

如果非奇异 A 的秩 1 校正矩阵是

$$\bar{A} = A + ab^{\mathrm{T}}$$

其中，$a,b \in R^n$，则如果 $\bar{A}$ 是非奇异的，我们有

$$\bar{A}^{-1} = A^{-1} - \frac{A^{-1}ab^{\mathrm{T}}A^{-1}}{1+b^{\mathrm{T}}A^{-1}a} \tag{A.55}$$

这个公式是容易验证的。

这个公式可以推广为高阶的校正公式。设 U、V 是 $R^{n\times p}$ 中的矩阵，其中 p 介于 1 和 n 之间。如果我们定义

$$\hat{A} = A + UV^{\mathrm{T}},$$

那么

$$\hat{A}^{-1} = A^{-1} - A^{-1}U(I+V^{\mathrm{T}}A^{-1}U)^{-1}V^{\mathrm{T}}A^{-1} \tag{A.56}$$

我们可以利用这个公式求解线性方程组 $\bar{A}x = d$，因为

$$x = \hat{A}^{-1}d = A^{-1}d - A^{-1}U(I+V^{\mathrm{T}}A^{-1}U)^{-1}V^{\mathrm{T}}A^{-1}d$$

我们可以看到 x 可以通过求解以 $\boldsymbol{A}$ 为系数矩阵的 $P+1$ 阶的线性方程组得到。当 $p=n$ 时，$p\times p$ 阶矩阵 $\boldsymbol{I}+\boldsymbol{V}^{\mathrm{T}}\boldsymbol{A}^{-1}\boldsymbol{U}$ 的计算是相当容易的。

A.16　交错特征值定理

设 $\boldsymbol{A}\in\mathbf{R}^{n\times n}$ 是一个对称矩阵，其特征值为 λ_1、λ_2、…、λ_n 且满足：

$$\lambda_1\leqslant\lambda_2\leqslant\cdots\leqslant\lambda_n$$

设 $z\in R^n$ 且 $\|z\|=1$、$\alpha\in R$ 是一标量，则如果我们定义 $\boldsymbol{A}+\alpha zz^{\mathrm{T}}$ 的特征值为 ξ_1、ξ_2、…、ξ_n(递增顺序)，对 $\alpha>0$，有

$$\lambda_1\leqslant\xi_1\leqslant\lambda_2\leqslant\xi_2\leqslant\cdots\leqslant\lambda_n\leqslant\xi_n$$

其中

$$\sum_{i=1}^{n}(\xi_i-\lambda_i)=\alpha \tag{A.57}$$

如果 $\alpha<0$ 有

$$\xi_1\leqslant\lambda_1\leqslant\xi_2\leqslant\lambda_2\leqslant\cdots\leqslant\xi_n\leqslant\lambda_n$$

关系式(A.57)同样成立。

一般地，校正矩阵的特征值与初始矩阵的特征值交错在一起，如果系数 $\alpha>0$，它就带有一个非负的调整；如果系数 $\alpha<0$，它就带有一个非正的调整。调整的总长度为 α，这个长度等于 Euclid 范数 $\|\alpha zz^{\mathrm{T}}\|_2$。

A.17　误差分析

误差的讨论需要我们分清绝对误差和相对误差的概念。如果 x 是某一精确量(标量、向量、矩阵)，而 $\tilde{x}$ 是 x 的近似值，则绝对误差为

$$\|x-\tilde{x}\| \tag{A.58}$$

其中，范数可以是式(A.34a)、式(A.34b)和式(A.35c)中任何一种形式。相对误差为绝对误差与这个精确量的长度的比值，即

$$\frac{\|x-\tilde{x}\|}{\|x\|} \tag{A.59}$$

当上述比值小于 1 时，我们可以用 $\|\tilde{x}\|$ 代替上式中的分母 $\|x\|$，而不会对上式的值产生太大的影响。

A.18　预条件化和稳定性

预条件化和稳定性是两个术语，这两个术语在用的时候通常与数值计算联系比较紧密。然而，不同的作者对它们的意思给出了不同的表述。但是，下面的定义是被广泛接受的，本书中我们就采用这个定义。

预条件化是一个数值问题的特征，这些问题可以是线性代数问题、优化问题、微分

方程问题等。一个问题称为好条件的是指，它的解不会因为这个问题的数据的一个微小的变化而受到较大的影响。否则，它被称为坏条件的。

下面给出一个例子：

线性方程组

$$\begin{pmatrix}1 & 2\\ 1 & 1\end{pmatrix}\begin{pmatrix}x_1\\ x_2\end{pmatrix}=\begin{pmatrix}3\\ 2\end{pmatrix}$$

通过计算系数矩阵的逆，我们找到方程解：

$$\begin{pmatrix}x_1\\ x_2\end{pmatrix}=\begin{pmatrix}-1 & 2\\ 1 & -1\end{pmatrix}\begin{pmatrix}3\\ 2\end{pmatrix}=\begin{pmatrix}1\\ 1\end{pmatrix}$$

如果我们把上式中的 3 改为 3.00001，则解 $(x_1,x_2)^{\mathrm{T}}=(0.999\,99,1.000\,01)^{\mathrm{T}}$，它与精确解 $(1,1)^{\mathrm{T}}$ 只有微小差别。可以看到，如果我们改变上式右端其他处的值，结果与精确解也是只有微小差别，我们得出结论，这个问题是好条件的。相反，下面问题

$$\begin{pmatrix}1.00001 & 2\\ 1 & 1\end{pmatrix}\begin{pmatrix}x_1\\ x_2\end{pmatrix}=\begin{pmatrix}2.000\,01\\ 2\end{pmatrix}$$

是坏条件的。它的精确解为 $x=(1,1)^{\mathrm{T}}$，但是如果我们把右端的 2.000 01 改为 2，则解变为 $x=(0,2)^{\mathrm{T}}$。

对于通常的方线性系统 $\boldsymbol{A}x=b$，其中 $\boldsymbol{A}\in R^{n\times n}$，矩阵的条件数式(A.42)，用来度量预条件化。特别地，如果我们把 $\boldsymbol{A}$、b 分别通过微小变化为 $\tilde{A}$、$\tilde{b}$，而 $\tilde{x}$ 是 $\tilde{A}x=\tilde{b}$ 的解。则

$$\frac{\|x-\tilde{x}\|}{\|x\|}\approx\kappa(\boldsymbol{A})\left(\frac{\|\boldsymbol{A}-\tilde{\boldsymbol{A}}\|}{\|\boldsymbol{A}\|}+\frac{\|b-\tilde{b}\|}{\|b\|}\right)$$

因而，一个大的条件数 $\kappa(\boldsymbol{A})$ 意味着问题 $\boldsymbol{A}x=b$ 是坏条件的。相反，当条件数较小时，则意味着这个问题是好条件的。

注意到，预条件化这一个概念与某一特定的算法无关，而只与数值问题本身有关。

相反，稳定性是算法的特征，一个算法是稳定的是指这个算法对所有好条件的问题都能得出精确解结果。

作为例子，我们还来考虑线性方程 $\boldsymbol{A}x=b$，由算法 A.1 及三角替换，得计算结果 $\tilde{x}$，它的相对误差近似为

$$\frac{\|x-\tilde{x}\|}{\|x\|}\approx\kappa(\boldsymbol{A})\frac{\mathrm{growth}(\boldsymbol{A})}{\|\boldsymbol{A}\|}u \tag{A.60}$$

这里 growth($\boldsymbol{A}$)是最大元素的绝对值。在坏的情形下，比值 $\frac{\mathrm{growth}(\boldsymbol{A})}{\|\boldsymbol{A}\|}$ 可能在 2^{n-1} 周围波动，这意味着算法 A.1 是一个不稳定的算法，因为即使当 n(比如 n=200)不太大、$\kappa(\boldsymbol{A})$ 适中时，式(A.60)的右端也可能非常大。然而，在实际应用中，增长因子一般都不会太大，因而我们得出结论：算法 A.1 对所有实用问题是稳定的。

然而，不选主元的 Gauss 消去法是不稳定的。如果我们去掉算法 A.1 中的行交换的

策略，那么，即使对一个好条件的矩阵，如

$$A=\begin{pmatrix}0 & 1\\ 1 & 2\end{pmatrix}$$

此算法也得不到相应的因子分解。

对系统 $\boldsymbol{A}x=b$，其中 $\boldsymbol{A}$ 是对称正定阵。Cholesky 因子分解法及三角替换，组成了一个稳定的算法。

Kantorovich 不等式

设 $\boldsymbol{G}$ 为 $n\times n$ 对称正定矩阵，其特征值为 $\lambda_1\leqslant\cdots\leqslant\lambda_n$，则对任何 $x\in R^n$，总有

$$\frac{(x^{\mathrm T}x)^2}{(x^{\mathrm T}\boldsymbol{G}x)(x^{\mathrm T}\boldsymbol{G}^{-1}x)}\geqslant\frac{4\lambda_1\lambda_n}{(\lambda_1+\lambda_n)}$$

证明：设对称正定矩阵 $\boldsymbol{G}$ 的谱分解为

$$\boldsymbol{G}=\boldsymbol{UDU}^{\mathrm T},$$

令 $x=\boldsymbol{U}y$，则得

$$\frac{(x^{\mathrm T}x)^2}{(x^{\mathrm T}\boldsymbol{G}x)(x^{\mathrm T}\boldsymbol{G}^{-1}x)}=\frac{(y^{\mathrm T}y)^2}{(y^{\mathrm T}\boldsymbol{D}y)(y^{\mathrm T}\boldsymbol{D}^{-1}y)}$$

$$=\frac{(\sum_{i=1}^{n}y_i^2)^2}{(\sum_{i=1}^{n}\lambda_i y_i^2)(\sum_{i=1}^{n}\lambda_i^{-1}y_i^2)}$$

令

$$\xi_i=\frac{y_i^2}{\sum_{i=1}^{n}y_i^2}\,,\quad \phi(\lambda)=\frac{1}{\lambda}\,,$$

则

$$\frac{(x^{\mathrm T}x)^2}{(x^{\mathrm T}\boldsymbol{G}x)(x^{\mathrm T}\boldsymbol{G}^{-1}x)}=\frac{1}{(\sum_{i=1}^{n}\lambda_i\xi_i)(\sum_{i=1}^{n}\phi(\lambda_i)\xi_i)}\tag{B.1}$$

下面利用 ϕ 的凸性来估计的式(B.1)的右端。设

$$\lambda=\sum_{i=1}^{n}\lambda_i\xi_i\,,\quad \lambda_\phi=\sum_{i=1}^{n}\phi(\lambda_i)\xi_i$$

由于 $\xi_i\geqslant 0\ (i=1,\cdots,n)$、$\sum_{i=1}^{n}\xi_i=1$。故 $\lambda_1\leqslant\lambda\leqslant\lambda_n$。这样每个 λ_i 都可表示成 λ_1 与 λ_n 的如下凸组合

$$\lambda_i=\frac{\lambda_n-\lambda_i}{\lambda_n-\lambda_1}\lambda_1+\frac{\lambda_i-\lambda_1}{\lambda_n-\lambda_1}\lambda_n$$

由一元函数 $\phi(\lambda)$ 的凸性，

$$\phi(\lambda_i)\leqslant\frac{\lambda_n-\lambda_i}{\lambda_n-\lambda_1}\phi(\lambda_1)+\frac{\lambda_i-\lambda_1}{\lambda_n-\lambda_1}\phi(\lambda_n)$$

于是，

$$\begin{aligned}
\lambda_\phi &\leqslant \sum_{i=1}^{n}\left[\frac{\lambda_n-\lambda_i}{\lambda_n-\lambda_1}\phi(\lambda_1)+\frac{\lambda_i-\lambda_1}{\lambda_n-\lambda_1}\phi(\lambda_n)\right]\xi_i \\
&=\sum_{i=1}^{n}\frac{\lambda_1+\lambda_n-\lambda_i}{\lambda_1\lambda_n}\xi_i \\
&=\frac{\lambda_1+\lambda_n-\lambda_i}{\lambda_1\lambda_n}
\end{aligned}$$

由式(B.1)可知

$$\frac{(x^{\mathrm{T}}x)^2}{(x^{\mathrm{T}}\boldsymbol{G}x)(x^{\mathrm{T}}\boldsymbol{G}^{-1}x)}=\frac{1}{\lambda\lambda_\phi}\geqslant\frac{\lambda_1\lambda_n}{\lambda(\lambda_1+\lambda_n-\lambda)}\geqslant\frac{\lambda_1\lambda_n}{\max\limits_{\lambda\in[\lambda_1,\lambda_n]}\lambda(\lambda_1+\lambda_n-\lambda)}=\frac{4\lambda_1\lambda_n}{(\lambda_1+\lambda_n)^2}$$

参考文献

[1] M Al-Baali. Descent property and global convergence of the Fletcher-Reeves method with inexact line search[J]. IMA Journal on Numerical Analysis, 1985, 5: 121-124.

[2] R G Bland. New finite pivoting rules for the simplex method[J]. Mathematics of Operations Research, 1977, 2: 103-107.

[3] P T Boggs and J W Tolle. Convergence properties of a class rank-two updates[J]. SIAM Journal on Optimization, 1994, 4: 262-287.

[4] R Bulirsch and J Stoer. Introduction to Numerical Analysis[M]. New York: Springer-Verlag. 1980.

[5] R H Byrd, H F Khalfan and R B Schnabel. Analysis of a symmetric rank-one trust region method[J]. SIAM Journal on Optimization, 1996, 6: 1 025-1 039.

[6] R H Byrd, J Nocedal and Y Yuan. Global convergence of a class of quasi-Newton methods on convex problems[J]. SIAM Journal on Numerical Analysis, 1987, 24: 1 171-1 190.

[7] A Cohen. Rate of convergence of several conjugate gradient algorithms[J]. SIAM Journal on Numerical Analysis, 1972, 9: 248-259.

[8] A R Conn, N I M Gould and P L Toint. Convergence of quasi-Newton matrices generated by the symmetric rank one update[J]. Mathematical Programming, 1991, 50: 177-195.

[9] A R Conn, N I M Gould and P L Toint. Testing a class of algorithms for solving minimization problems with simple bounds on the variables[J]. Mathematics of Computation, 1988, 50: 399-430.

[10] H P Crowder and P Wolfe. Linear convergence of the conjugate gradient method[J]. IBM Journal of Research and Development, 1972, 16: 431-433.

[11] W C Davidon. Variable metric method for minimization[R]. Technical Report ANL-5990(revised), Argonne National Laboratory, 1959.

[12] W C Davidon. Variable metric method for minimization[J]. SIAM Journal on optimization, 1991, 1: 1-17.

[13] J E Dennis and J J Moré. Quasi-Newton methods, motivation and theory[J]. SIAM Review, 1977, 19: 46-89.

[14] J E Dennis and R B Schnabel. Numerical Methods for Unconstrained Optimization[M]. Prentice-Hall, Englewood Cliffs, NJ, 1983. Reprinted by SIAM Publications,1993.

[15] I I Dikin. Iterative solution of linear and quadratic programming[J]. Soviet Mathematics-Doklady, 1967, 8: 674-675.

[16] S C Fang and S Puthenpura. Linear Optimization and Extensions: Theory and Algorithms[M]. Englewood Cliffs: Prentice Hall, New Jersey, 1993.

[17] A V Fiacco and G P McCormick. Nonlinear Programming: Sequential Unconstrained Minimization Techniques[M]. New York: John Wiley & Sons, NY, 1968.

[18] R Fletcher. Practical Methods of Optimization[M]. second ed. New York: John Wiley & Sons, 1987.
[19] K R Frisch. The logarithmic potential method of convex programming[R]. University Institute of Economics, Oslo, Norway, 1955.
[20] P Gill, W Murray and M. H. Wright. Practical optimization[M]. New York: Academic Press, 1981.
[21] S P Han. Superlinearly convergent variable metric algorithms for general nonlinear programming problems[J]. Mathematical Programming, 1976, 11: 263-282.
[22] B S He. Solving trust region problem in large scale optimization[J]. Journal of Computational Mathematics, 2000, 18: 1-12.
[23] M R Hestenes and E. Stiefel. Methods of conjugate gradients for solving linear systems[J]. Journal of Research of the National Bureau of Standards, 1952, 49: 409-436.
[24] N J Higham. Accuracy and Stability of Numerical Algorithms[J]. SIAM Publications, Philadelphia,1996.
[25] T Illes and T Terlaky. Pivot versus interior point methods: pros and cons[J]. European Journal of Operational Research, 2002, 140: 170-190.
[26] C T Kelley. Iterative Methods for Linear and Nonlinear Equation[J]. SIAM Publications, Philadelphian, Penn., 1995.
[27] L G Khachiyan. A polynomial algorithm in linear programming[J]. Soviet Mathematics Doklday, 1979, 20: 191-194.
[28] H F Khalfan, R H Byrd and R B Schnabel. A theoretical and experimental study of an algorithm for rank one update[J]. SIAM Journal on Optimization, 1993, 3: 1-24.
[29] V L Klee and G J Minty. How good is the simplex algorithm[C].// O Shiasha. Inequalities 3. New York: Academic Press, 1972： 159-175.
[30] H W Kuhn and A W Tucker. Nonlinear programming[C].// J Neyman. In Proceedings of the Second Berkeley Symposium on Mathematical Statistics and Probability. Berkeley, CA: University of California Press, 1951: 481-492.
[31] D Luenberger. Introduction to Linear and Nonlinear Programming[M]. second ed. Addision Wesley, 1984.
[32] O L Mangasarian. Nonlinear Programming[M]. New York: McGraw-Hill, 1969, Reprinted by SIAM Publications, 1995.
[33] N Maratos. Exact penalty function algorithms for finite dimensional and control optimization problems[M]. Ph.D. thesis, University of London, 1978.
[34] S Mehrotra. On the implementation of a primal-dual interior point method[J]. SIAM Journal on Optimization, 1992, 2: 575-601.
[35] J J Moré and D C Sorensen. Newton's method, in studies in Numerical Analysis[J]. The Mathematical Association of America, 1984, 24: 29-82.
[36] A S Nemirovsky and D B Yudin. Problem complexity and method efficiency in

Optimization [M]. New York: John Wiley & Sons, 1983.
[37] Y E Nesterov and A S Nemirovsky. Interior Point Polynomial Methods in Convex Programming: Theory and Application[M]. Philadelphia: SIAM Publications, 1994.
[38] G N Newsam and G D Ramsdell. Estimation of sparse Jacobian matrices[J]. SIAM Journal on Algebraic and Discrete Methods, 1983, 4: 404-18.
[39] J Nocedal and S J Wright. Numerical Optimization[M]. New York: Springer, 1999.
[40] P Q Pan. Practical finite pivoting rules for the simplex method[J]. OR Spektrum, 1990, 12: 219-225.
[41] E Polak and G Ribière. Note sur la convergence de méthodes de directions conjuguées[J]. Revue Francaise d'Informatique et de Recherche Opérationnelle, 1969,16 : 35-43.
[42] G Schuller. On the order of convergence of certain quasi-Newton methods[J]. Numerische Mathematik, 1974, 23: 181-192.
[43] S Smale. On the average number of steps in the simplex method of linear programming[J]. Mathematical Programming, 1983, 27: 241-262.
[44] T Steihaug. The conjugate gradient method and trust regions in large scale optimization[J]. SIAM Journal on Numerical Analysis, 1983, 20, 626-637.
[45] G W Stewart. Introduction to Matrix Computations[M]. New York, London: Academic Press, 1973.
[46] L Vandenberghe and S Boyd. Semidefinite programming[J]. SIAM Review, 1996, 38: 49-95.
[47] 戴彧虹，袁亚湘. 非线性共轭梯度法[M]. 上海：上海科学技术出版社，2000.
[48] 邓乃扬. 无约束最优化计算方法[M]. 北京：科学出版社，1982.
[49] 刁在筠，等. 运筹学[M]. 2 版. 北京：高等教育出版社，2001.
[50] 杜藏. 最优化计算方法[M]. 天津：天津大学出版社，1996.
[51] 黄红选，韩继业. 数学规划[M]. 北京：清华大学出版社，2006.
[52] 林诒勋. 线性规划与网络流[M]. 开封：河南大学出版社，1996.
[53] 席少霖，赵凤治. 最优化计算方法[M]. 上海：上海科学技术出版社，1983.
[54] 徐增堃. 数学规划导论[M]. 北京：科学出版社，2001.
[55] 应玖茜，魏权龄. 非线性规划及其理论[M]. 北京：中国人民大学出版社，1994.
[56] 袁亚湘，孙文瑜. 最优化理论与方法[M]. 北京：科学出版社，1997.